U0270991

中国化工教育协会电类教材编写委员会

中等职业教育教学示范规划教材

机电一体化应用技术

梁倍源　主编
谭俊新　主审

化学工业出版社
·北京·

本书详细介绍了机电一体化装置组建的流程、传动形式，原理图设计和绘制，元器件选用，掌握机械系统的装配和调试；会安装调试传感器，会应用PLC、交流变频器、触摸屏；会编制满足控制要求的程序并进行调试和系统通调等。

本书以项目教学方式编写，教材以项目引领，任务驱动，反映了当前课程改革的新模式，符合学生学习的认知规律，注重实践技能的动手能力。

本书可作为中等职业学校电气类、机电类专业的教材，也可供企业技术工人培训或自学使用。

图书在版编目（CIP）数据

机电一体化应用技术/梁倍源主编. —北京：化学工业出版社，2014.8（2019.1重印）
中等职业教育教学示范规划教材
ISBN 978-7-122-21008-1

Ⅰ.①机… Ⅱ.①梁… Ⅲ.①机电一体化-中等专业学校-教材 Ⅳ.①TH-39

中国版本图书馆CIP数据核字（2014）第133812号

责任编辑：潘新文　　文字编辑：云　雷
责任校对：李　爽　　装帧设计：尹琳琳

出版发行：化学工业出版社（北京市东城区青年湖南街13号　邮政编码100011）
印　　装：大厂聚鑫印刷有限责任公司
787mm×1092mm　1/16　印张11¼　字数280千字　2019年1月北京第1版第3次印刷

购书咨询：010-64518888　　售后服务：010-64518899
网　　址：http://www.cip.com.cn
凡购买本书，如有缺损质量问题，本社销售中心负责调换。

定　　价：25.00元

序

为实现中国梦，社会进步、经济发展面临良好发展机遇，职业教育服务国家战略，更快、更好地适应新要求，是时代赋予的责任和义务。

在教育部的指导下，2011年5月中国化工教育协会召开了全国校企合作推进教学改革会议，进一步认识到只有通过校企合作完善人才培养模式、深化课程教材改革，才能提高教学质量，为此中国化工教育协会中职电仪类专业教学指导委员会组织全国有关企业和学校进行新一轮的专业教材改革研讨，并在广泛调研、总结成功经验的基础上，重新组建了中国化工教育协会中职电类教材编委会，并由电类教材编委会组织调研，从校企合作的视角组织编写有特色、受欢迎的教材，符合现代职教理念、又适合不同类型、不同教学模式。本套教材在原有基础上体现新的思路和教材改革的深化，具有以下优点：

1．教材的总体结构和内容选取经过了大量的企业调查研究，根据教育部颁布的专业目录中对电气技术应用、电气运行与控制专业核心课程的要求，结合调研中企业专家对电类专业职业能力培养的重点，兼顾普遍性和特殊性编写。由企业专家担任主审，在符合学生学习心理、提高教学有效性和企业的适应性方面具有鲜明的特色和探索成果。本套教材中等职业学校电类相关专业和职业培训都可使用，学校可整套选用也可单本选用。

2．《电工与电子技术》采用模块式结构，分基本模块和提高模块两部分。基本模块为非电类或以初级维修电工为主体能力目标的学员选用，是电类专业的学习必备基础。提高模块适用以中级维修电工为目标的学员，具有起点低、突出基本概念和基本技能，形象生动、理论实践一体化学习的特点。

其余八本书为“项目引领、任务驱动”型的项目化教材，《电子技术与应用实践》为电子类专业使用，也可供电气类专业选用；《电工技术与应用实践》为电气类专业使用，也可供电子类专业选用；《电器设备及控制技术》、《单片机应用技术》、《可编程控制器应用技术》、《变配电运行与维护》、《变流与控制应用技术》、《机电一体化应用技术》为电气类专业以中级维修电工为技能目标的学员使用，以岗位职业活动为基础，具有目标明确、由简单到综合、先形象后抽象，符合学生的学习心理特点。

3．为了使项目化教材有更广的适用范围，在项目设计时也予以考虑，每个任务编写内容由能力培养目标、使用材料与工具、任务实施与要求、考核标准与评价、知识要点、拓展提高、思考与练习组成，以适应当今理论实践一体化学习的要求，核心课程是多年来经验的积累，具有经典性和稳定性。教材的全部内容是项目化教学教材，如不用“知识要点”和“拓展提高”部分即可作为实验指导书。“项目”内容由难度不同的“任务”分别加以设计，为提高学员的积极性和学习潜力、进行分类指导提供了条件。

各学校在选用本套教材后可发挥各自的优势和特色，使教学内容和形式不断丰富和完善。

限于编者水平，教材中不足之处在所难免，敬请各位读者批评指正。

化工教指委中职电类教材编委会

2013年5月28日

前　言

本书是根据中国化工教育协会电仪类专业教学指导委员会制定的《全国中等职业教育电气运行与控制专业教学标准》编写的。本书从实际出发，按照"项目引领，任务驱动"方式，采用项目教学法，将能力培养渗透到中职教学中。

本书适用于中等职业学校电气运行与控制、电气技术、机电一体化、电气自动化、维修电工、机电技术应用、机电设备维修等专业及相关电类专业使用，也可供企业电气技术工人培训使用或自学。

中国职业教育迎来课程改革的新浪潮，但是课程体系的改革与之相配套的教材却非常缺乏，特别是与机电一体化技术应用课程相配套的教材相当少。为了更好地满足中等职业教育教学改革的需要，编写了以专业能力和综合能力为核心的工学结合的一体化教材。本书的主要特点如下。

(1) 项目引领，任务驱动　本书反映了当前课程改革的新模式。没有任务的项目是盲目的，没有项目，任务的学习缺乏载体。

(2) 递进式的课程结构模式　即工作任务按照难易程度由低到高排列，反映岗位的内容。

(3) 校企合作　本教材与柳州九鼎机电科技有限公司的高级技师谭俊新合作编写，在内容上更注重专业知识与企业需要相融合，为中职学校学生走上工作岗位奠定坚实的基础。

本套教材的编写得到了相关专家、领导和同仁的重视和支持，在此对为本教材提供帮助或提出宝贵意见的人员表示感谢。

本书由梁倍源任主编，莫慧、宋立国任副主编，谭俊新主审。本书共由7个项目、17个任务组成。具体分工为：项目1由梁倍源、杨明编写；项目2由庞广富编写；项目3由莫慧编写；项目4由邹火军编写；项目5由陈海娟编写；项目6由毕业倾编写；项目7由宋立国、梁倍源编写。

本书配有电子课件，可免费提供给采用本书作为教材的院校老师使用，可登陆化学工业出版社教学资源网（www.cipedu.com.cn）免费下载。

参加本教材编写的是各个学校的骨干教师，主审是柳州九鼎机电科技有限公司的高级技师谭俊新，使本教材的质量得到了充分的保证。但由于时间和编者水平有限，书中难免存在不妥之处，敬请读者不吝指正。

目　录

项目 1 气动机械手

任务 1.1 气动基础及继电控制

能力目标

① 能识别气缸、气动阀、气泵及三大件实物和职能符号；
② 能叙述气缸、气动阀、气泵及三大件的工作原理及各元件在系统中所起的作用；
③ 能运用常见的压力、方向、速度控制回路；
④ 会用继电控制方式控制气动回路。

使用材料、工具、设备

名称	型号或规格	数量	名称	型号或规格	数量
手旋阀		若干	减压阀		若干
杠杆式机械阀		若干	单电控二位五通阀		若干
单气控二位五通阀		若干	单电控二位三通阀		若干
双作用气缸	带磁性开关	若干	单向节流阀		若干
二位三通阀	旋钮式	若干	手控二位三通阀		若干
气控二位三通阀		若干	双电控二位五通阀		若干
双气控二位五通阀		若干	气管	$\phi4$，$\phi6$	若干
直流继电器	24V	若干			

学习组织形式

训练和学习以小组为单位，两人或多人为一小组，共同制订计划并实施，协作完成气路及电路的安装及调试。

任务实施及要求

(1) 任务实施

一个气动系统的实现方式有多种，用继电器来控制实现气动回路的过程是最基本的一种方式，本次任务例举了鼓风炉加料装置气动回路，学习用继电器来实现对它们的控制。气动回路如图 1.1.1 所示。

电磁铁动作顺序如下：

CT1－CT2－气缸 5、6 退回到底，上下门关

CT1＋气缸 5 开门

CT1－气缸 5 关门

CT2＋气缸 6 开门

CT2－气缸 6 关门

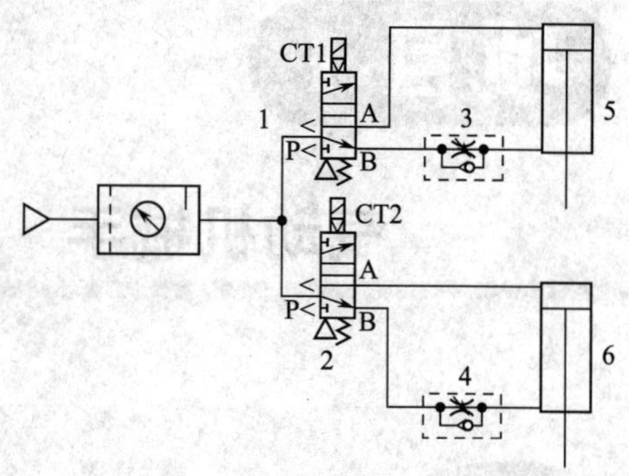

图 1.1.1　鼓风炉加料装置

操作过程如下。

① 根据回路图 1.1.1，选择所需的气动元件，将它们有布局的卡在铝型材上，再用气管将它们连接在一起，组成回路。

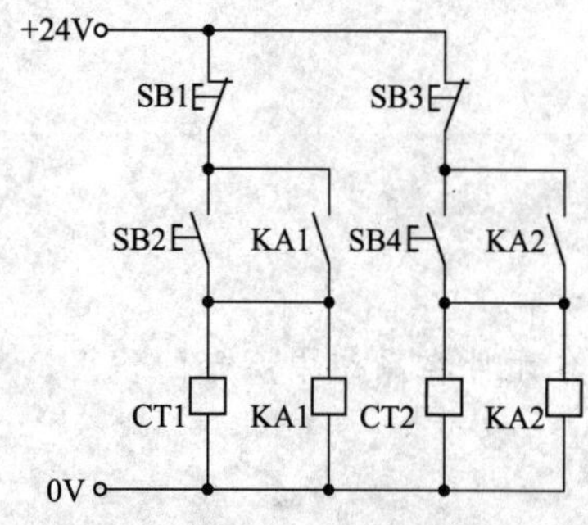

图 1.1.2　鼓风炉加料装置控制回路

② 按图 1.1.2，把电气连线接好。

③ 仔细检查后，按下主面板上的启动按钮，打开气泵的放气阀，压缩空气进入三联件，调节减压阀，使压力为 0.4MPa 后，当按下 SB2 后，CT1、KA1 得电，同时相应的触点也动作，气缸 5 前进（模拟上加料门打开），当按下 SB4 后，气缸 6 前进（模拟下加料门打开）。当需要关任何一个加料门时，只需相应地按下 SB1 或 SB3 即可。

（2）要求

① 正确连接控制回路及气路。

② 通电前应由教师检测后方可通电，通电过程中必须有一人进行监护。

③ 作业过程中要遵守安全操作规程。

考核标准及评价

不同组的成员之间进行互相考核，教师抽查。

序号	主要内容	考核要求	评分标准	配分	扣分	得分
1	安装	①按图纸的要求，正确使用工具和仪表，熟练安装气路； ②元件在配电板上布置要合理，安装要准确、紧固； ③按钮盒不固定在板上	①元件布置不整齐、不匀称、不合理，每个扣 2 分； ②元件安装不牢固、安装元件时漏装气管，每个扣 2 分； ③损坏元件，每个扣 4 分	15		
2	接线	①接线紧固美观； ②电源和电磁阀配线、按钮接线要接到端子排上，要注明引出端子标号； ③导线不能乱线敷设	①电磁阀运行正常，但未按电路图接线，扣 2 分； ②布线不散乱，气管裁剪合理，每根扣 1 分； ③接点松动、接头露铜过长、反圈、压绝缘层，标记线号不清楚、遗漏或误标，每处扣 1 分； ④损伤导线绝缘、线芯或气管，每根扣 1 分； ⑤导线、气管乱线敷设扣 15 分	20		

续表

序号	主要内容	考核要求	评分标准	配分	扣分	得分
3	电磁阀	正确动作	①电磁阀不能正确动作扣5分； ②未按要求设置扣10分； ③损坏电磁阀扣5分	30		
4	系统	系统正确性	①出错扣5分； ②气源压力设置错误扣5分	10		
5	系统调试	在保证人身和设备安全的前提下，通电试验一次成功	一次调试不成功扣5分；二次调试不成功扣10分；三次调试不成功扣20分	25		
6	安全文明	在操作过程中注意保护人身安全及设备安全（该项不配分）	①操作者要穿着和携带必需的劳保用品，否则扣5分； ②作业过程中要遵守安全操作规程，有违反者扣5～10分； ③要做好文明生产工作，结束后做好清理板面、台面、地面，否则每项扣5分； ④损坏仪器仪表扣10分； ⑤损坏设备扣10～99分； ⑥出现人身事故扣99分			
备注			合计	100		
			考核员签字	年　月　日		

知识要点

1.1.1 气动技术基本知识

(1) 气动技术中常用的单位

$$1\text{个大气压}=760\text{mmHg}=1.013\text{bar}=101\text{kPa}$$

压力单位换算：

$$1\text{N/m}^2=10^{-5}\text{bar}=1.02\times10^{-5}\text{kgf/cm}^2$$

$$1\text{kgf/cm}^2=0.1\text{MPa}$$

(2) 气动系统的组成

气动系统基本由下列装置和元件组成。

① 气源装置——气动系统的动力源提供压缩空气。

② 空气处理装置——调节压缩空气的洁净度及压力。

气源装置：压缩机、储气罐、后冷却器

空气处理装置：过滤器、油雾分离器、减压阀、油雾器、空气净化单元、干燥器、其他

③ 控制元件。

④ 逻辑元件——与或非。

• 方向控制元件——切换空气的流向

• 流量控制元件——调节空气的流量

⑤ 执行元件——将压力能转换为机械能。

⑥ 辅助元件——保证气动装置正常工作的一些元件。

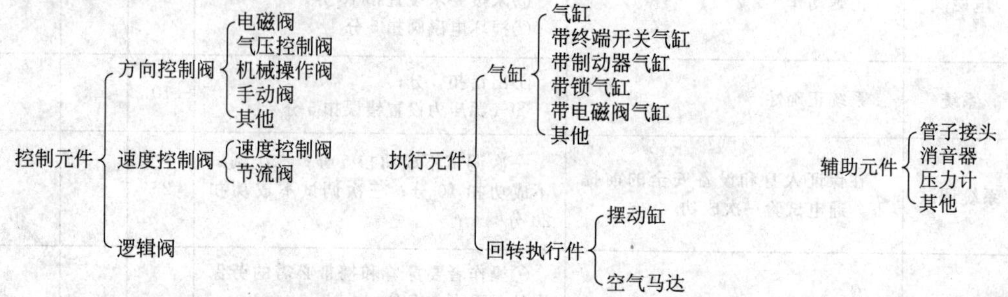

1.1.2 空气处理元件

压缩空气中含有各种污染物质。由于这些污染物质降低了气动元件的使用寿命。并且会经常造成元件的误动作和故障。表 1.1.1 列出了各种空气处理元件对污染物的清除能力。

表 1.1.1 污染物质的去除能力

污染物质	过滤器	油雾分离器	干燥器
水蒸气	×	×	○
微小水雾	×	○	○
微小油雾	×	○	×
水滴	○	○	○
固体杂质	○	○	×

(1) 空气滤清器

空气滤清器又称为过滤器、分水滤清器或油水分离器。它的作用在于分离压缩空气中的水分、油分等杂质，使压缩空气得到初步净化。

(2) 油雾分离器

油雾分离器又称除油滤清器。它与空气滤清器不同之处仅在于所用过滤元件不同。空气滤清器不能分离油泥之类的油雾，原因是当油粒直径小于 2～3μm 时呈干态，很难附着在物体上，分离这些微粒油雾需用凝聚式过滤元件，过滤元件的材料有：

① 活性炭；

② 用与油有良好亲和能力的玻璃纤维、纤维素等制成的多孔滤芯。

(3) 空气干燥器

为了获得干燥的空气只用空气滤清器是不够的，空气中的湿度还是几乎达 100%。当湿度降低时，空气中的水蒸气就会变成水滴。为了防止水滴的产生，在很多情况下还需要使用干燥器。干燥器大致可分为冷冻式和吸附式两类。

(4) 空气处理装置

空气滤清器、调压阀和油雾器等组合在一起，即称为空气处理装置。

① 空气处理三联件（FRL 装置）。空气处理三联件俗称气动三大件。它是由滤清器、调压阀和油雾器三件组成的。

② 空气处理双联件。这是由组合式过滤器减压阀与油雾器组成的空气处理装置。

③ 空气处理四联件。它是由滤清器、油雾分离器、调压阀和油雾器四件组成，用于需

要优质压缩空气的地方。

(5) 调压阀（减压阀）

调压阀是输出压力低于输入压力，并保持输出压力稳定的压力控制元件。由于大多是与滤清器和油雾器连成一体使用，所以把它分在空气处理元件一类中。

(6) 油雾器

气动系统中有很多装置都有滑动部分，如：气缸体与活塞，阀体与阀芯等。为了保证滑动部分的正常工作需要润滑，油雾器是提供润滑油的装置。

1.1.3 控制元件

1.1.3.1 方向控制阀

方向控制阀是气动控制回路中用来控制气体流动方向和气流通断，从而使气路中的执行元件能按要求方向进行动作的元件。在各类元件中，方向控制阀的种类最多。主要有换向阀和单向阀两大类。前者包括电磁阀、气控阀等，后者主要有单向阀、梭阀等，应用都很广泛。

(1) 换向阀

换向阀主要有转阀和滑阀两大类。

滑阀是依靠其中的滑柱式阀芯处在不同位置上来接通或切断气路的。一般地讲，阀芯的切换位置主要有两个或三个，即有二位阀和三位阀之分。

表 1.1.2 阀芯的切换位置

	二位	三位		
		中位封闭	中位加压	中位卸压
二通	A P　A P			
三通	A PR　A PR	A PR		
四通	AB PR	AB PR	AB PR	AB PR
五通	AB R1 PR2	AB R1 PR2	AB R1 PR2	AB R1 PR2

表 1.1.2 中□代表了阀的一个切换位置，因而有几个长方形就表示该阀是几位的。长方形中的箭头↑↓表示在该位置上气流流动的方向，⊥则表示在这一位置上气流被切断。

二位阀有自复位和自保持两种。三位阀的阀芯除了可以停在阀体的两端外，还可有一个中间位置。

气动阀通过气压信号切换阀芯，分成直接作动式和间接作动式两种，气动阀犹如去掉了电磁线圈后的电磁阀。由于采用气压信号控制，所以动作慢，不能指望像电磁阀那样高速动作，但寿命一般都较长。气动控制阀与电磁阀的区别是不用电磁铁，因而控制信号不是电信号而是气压信号，常用于防爆场合或不用电的简易生产线上。

(2) 单向阀

如图 1.1.3 所示单向阀只允许气流沿一个方向流动而不能反向流动。单向阀用在气路中需要防止空气逆流的场合，还可用在气源停止供气时需要保持压力的地方。梭阀相当于两个单向阀合成，有两个进气口，一个出气口，因而无论哪个进气口进气，出口总有输出，且出口总和压力高的进气口相连。双压阀则是“与”的功能，只有两口均有气流时才会使出口有输出。

图 1.1.4 为快速排气阀的工作原理。当 P 腔进气后，活塞上移，阀口 2 开，阀口 1 闭，P→A 接通。当排气时，活塞下移，阀口 2 闭 1 开，A→R 接通，管路气体从 R 口排出。快速排气阀主要用于气缸排气，以加速气缸的动作。

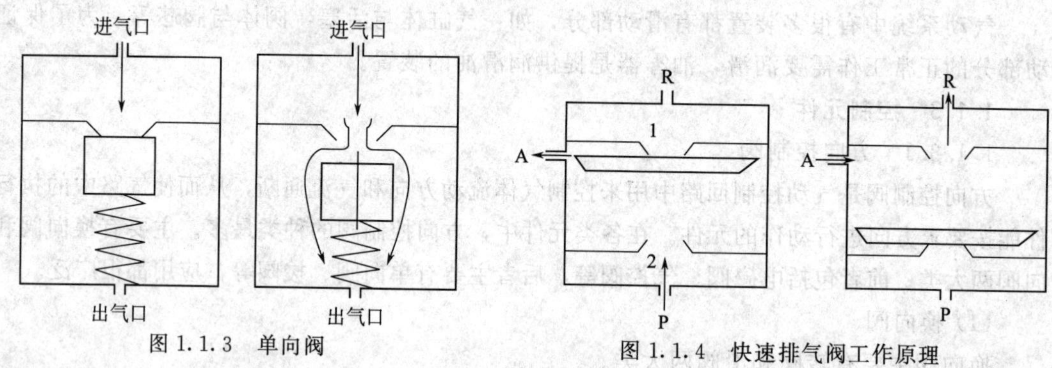

图 1.1.3　单向阀

图 1.1.4　快速排气阀工作原理

1.1.3.2　流量控制阀

在气动系统中，如要对气缸运动速度加以控制或需要延时元件计时时，就要控制压缩空气的流量。在流量控制时，只要设法改变管道的截面就可。

流量控制阀分为节流阀、速度控制阀和排气节流阀等。

(1) 节流阀

可调式节流阀依靠改变的流通面积来调节气流。

(2) 速度控制阀

速度控制阀由节流阀和单向阀组合而成，因而又叫单向节流阀，可通过调节流量达到控制执行元件速度的目的。

1.1.3.3　压力控制阀

压力控制阀是利用阀芯上的气压作用力和弹簧力保持平衡来进行工作的，平衡状态的任何破坏都会使阀芯位置产生变化，其结果不是改变阀口开度的大小（例如溢流阀、减压阀），就是改变阀口的通断（例如安全阀，顺序阀）。

(1) 溢流阀

溢流阀由进口（P）处的气压压力控制阀芯动作，当进口处压力达到预设值时阀芯克服弹簧力动作使得进、出口导通，从而实现溢流作用。如图 1.1.5 所示。

(2) 减压阀

减压阀则是由出口处压力驱动阀芯，当出口处压力达到预设值时阀芯克服弹簧力动作使得进、出口截断，从而实现减压作用，如图 1.1.6 所示。

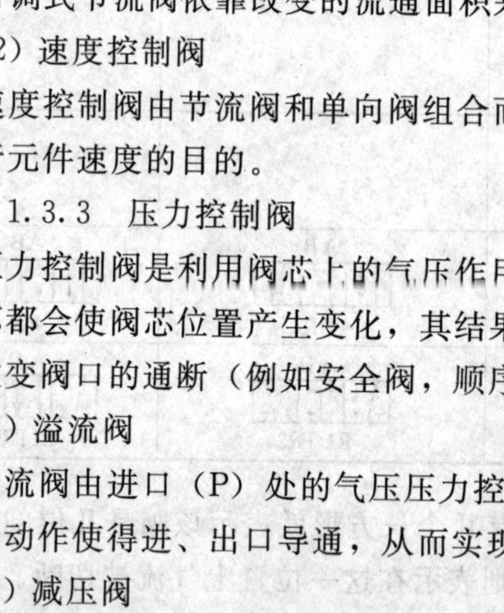

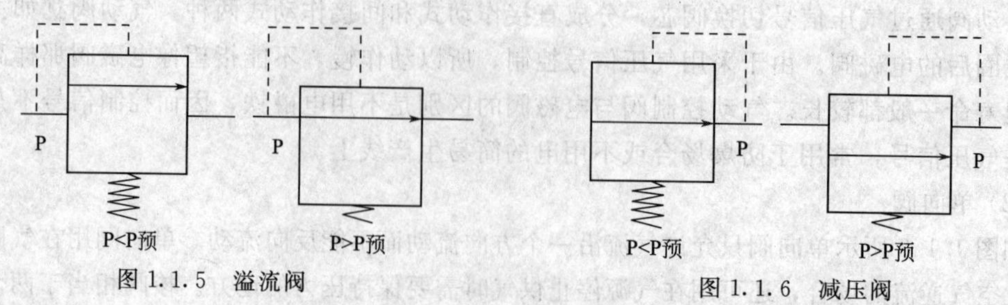

图 1.1.5　溢流阀

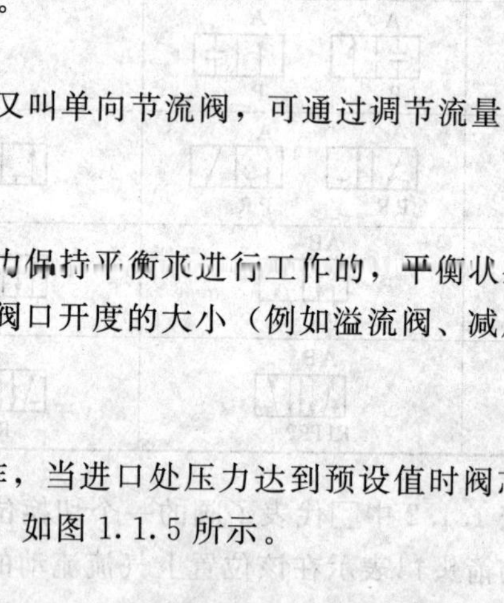

图 1.1.6　减压阀

1.1.4 执行元件

气动系统中将压缩空气的压力转换成机械能，从而实现所要求运动的驱动元件，称为执行元件。它分为气缸和气动马达两大类。相对于液压和机械传动，它结构简单，维修方便。但由于压缩空气的压力通常为0.3～0.6MPa，因而输出力小。

气缸是用压缩空气作动力源，产生直线运动或摆动，输出力或力矩做功的元件。

【思考与练习】

① 为什么气缸能点动及连续运动？

② 分析系统的工作原理。

③ 自动开门装置、鼓风炉加料装置、气缸给进（快进→慢进→快退）系统用PLC可以实现吗？如何编程？

任务1.2 PLC控制气动机械手

能力目标

① 机械手气路控制原理；

② 能正确安装机械手；

③ 能运用PLC编程结合气缸和机械手自动控制。

使用材料、工具、设备

名称	型号或规格	数量	名称	型号或规格	数量
计算机	自行配置	1台	编程电缆	U9	1条
双向气阀	4V100-M5	1套	连接导线	软铜线	若干米
按钮	LA16Y-11	若干只	电工工具、内六角工具和万用表	常用规格	各1套
可编程控制器	FX_{2N}-48MR	1台	接线端子	XT	若干个
旋转气缸	CDRB2BW20-18OS	1台	缓冲阀	AC1008-2	2根
非标螺丝	ϕ12	2个	单杠气缸	CDJ2KB16-75-B	1台
气动手爪	MJZ2-10D1E	1台	双杠气缸	CXSM15-100	1台
气管	ϕ6和ϕ4	5m	电磁开关	D-C73，D-Z73	5只
接近开关	GH1-1204NA	2只	气流阀	SL4-M5	6只

学习组织形式

训练和学习以小组为单位，两人为一小组，两人共同制订计划并实施，协作完成软硬件的安装及调试。

任务实施及要求

(1) 任务实施

① 机械手安装训练。

机械手零部件如图 1.2.1 所示，安装过程如图 1.2.2所示。

注意：机械手安装之前注意检查机械手部件及螺丝，是否完好，有无缺少。

安装第一步时，注意方向对齐螺丝紧固。

安装第二步时，与第一步要求相同。

安装第三步时，与第一步要求相同，并注意手爪的高度。

安装第四步时，注意手爪方向。

安装第五步时，注意旋转气缸位置及方向。

安装第六步时，注意螺丝紧固。

安装第七步时，注意安装机械手臂转动方向。

安装第八步时，注意紧固机械手臂螺丝。

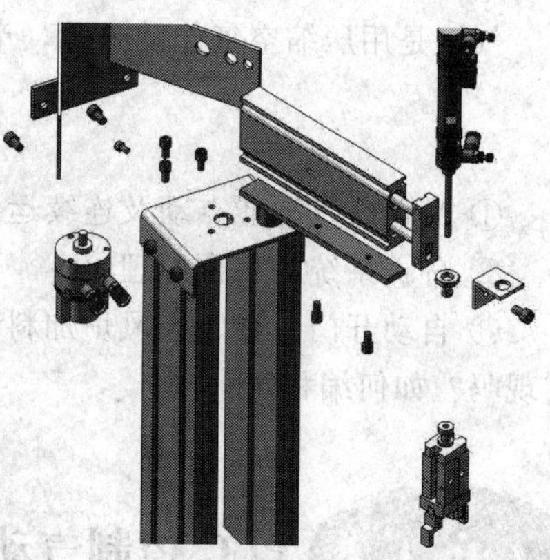

图 1.2.1 机械手零部件

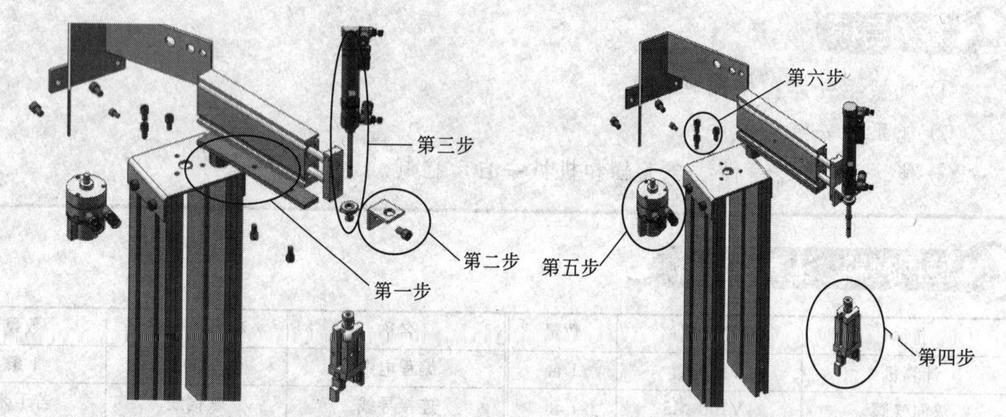

(a) 机械手安装图(一)　(b) 机械手安装图(二)

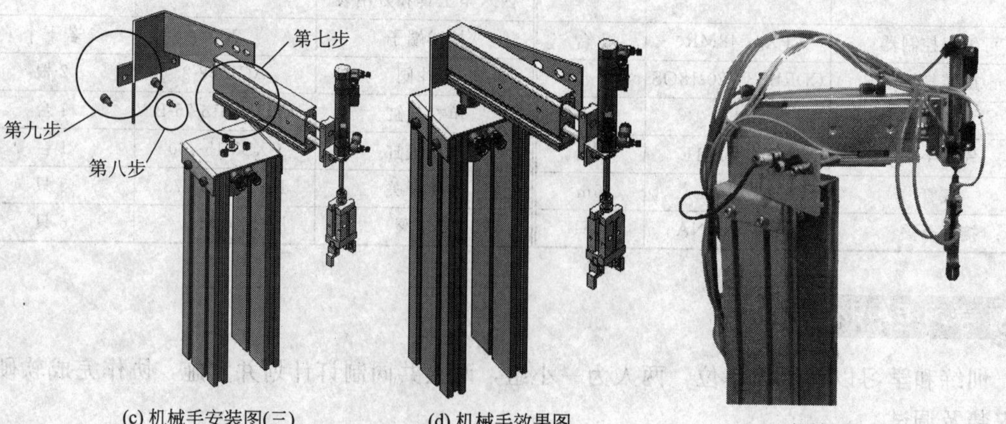

(c) 机械手安装图(三)　(d) 机械手效果图　(e) 机械手实物图

图 1.2.2 机械手安装过程

安装第九步时，注意机械手臂旋转限位板紧固。

安装完机械部件后，注意检查机械手每个活动部件是否灵活可动。

最后将机械手气路、限位开关、缓冲阀、非标螺丝等安装。

② 调试气动机械手。

调试要求：按下启动按钮，机械手伸出运动，到伸出磁性传感器限位开关后，自动缩回，到缩回磁性传感器限位开关后，机械手手爪向下运动，到下限磁性传感器限位开关后，自动向上运动，到上限磁性传感器限位开关后，机械手右转，到右限磁性传感器限位开关后，自动左转，到左限磁性传感器限位开关后，机械手手爪爪紧，到爪紧磁性传感器限位开关后，手爪放松，机械手调试结束。所有部件运动由双向电控气阀控制。

I/O 分配表如表 1.2.1。

表 1.2.1　I/O 分配表

输入		输出	
作用	输入继电器	作用	输出继电器
启动	X0	机械手伸出	Y0
伸出限位	X1	机械手缩回	Y1
缩回限位	X2	机械手向下	Y2
下限位	X3	机械手向上	Y3
上限位	X4	机械手右转	Y4
右限位	X5	机械手左转	Y5
左限位	X6	机械手爪紧	Y6
爪紧限位	X7	机械手放松	Y7

PLC 接线图如图 1.2.3 所示。

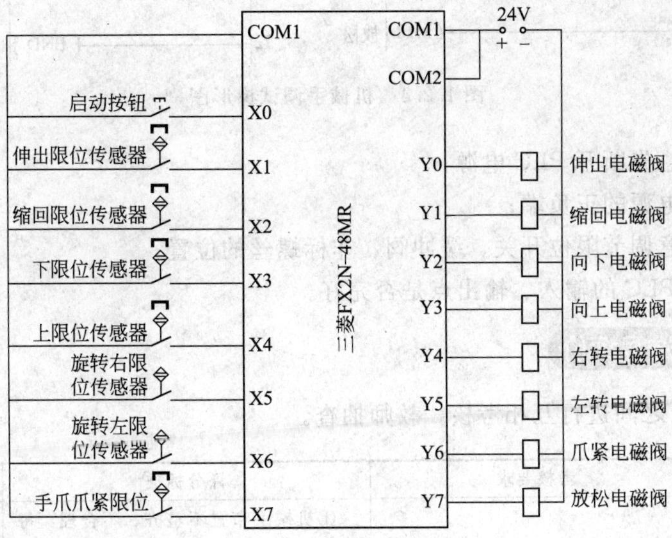

图 1.2.3　机械手调试接线图

PLC 梯形图如图 1.2.4 所示。

（2）要求

① 能正确按 PLC 接线图接线；

② 能合理调节气阀，控制机械手动作快慢，保证高效、准确、运行安全；

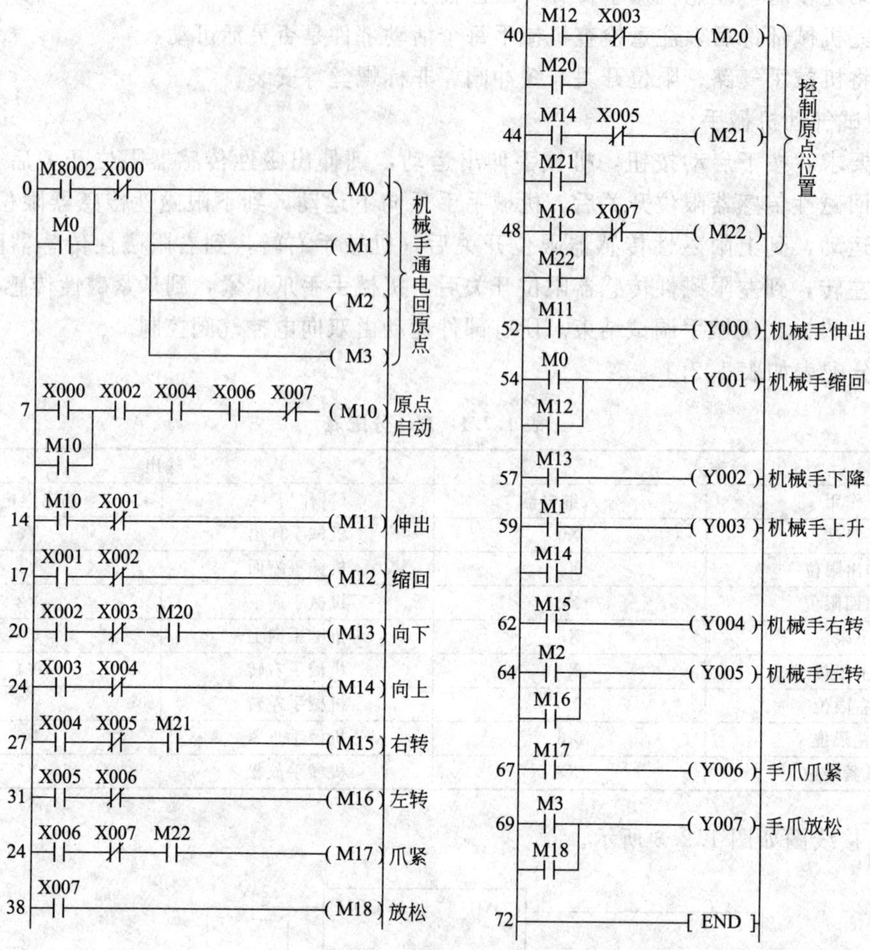

图 1.2.4　机械手调试梯形图

③ 接线时注意先断开 PLC 电源；

④ 注意直流电源的正负端；

⑤ 安装时注意调节限位开关、缓冲阀、非标螺丝的位置；

⑥ 注意检查 PLC 的输入、输出点是否完好。

考核标准及评价

不同组的成员之间进行互相考核，教师抽查。

序号	主要内容	考核要求	评分标准	配分	扣分	得分
1	安装	机械手的安装	①机械手布置不整齐、不合理，每个扣 2 分； ②设备漏装 1 个扣 4 分；设备位置错误一个扣 6 分；安装不到位（高度、水平位置等）2 分/处。7 分扣完为止； ③方法与步骤错误，监考老师警告提醒一次扣 2 分；设备固定不紧 2 分/处；紧固螺钉丢失 1 分/颗。8 分扣完为止	15		

续表

序号	主要内容	考核要求	评分标准	配分	扣分	得分
1	安装	气路的安装	错误或漏装1处扣3分；不整理扣1～2分； 4分扣完为止	5		
		线路的安装	调试过程中出现短路扣5分/次；导线漏接或接错2分/根；线头不做接线针1分/个； 导线未放入线槽1分/根。10分扣完为止	10		
		传感器的安装	错误或漏装3分/个；位置不准1分/个；引线不整理扣2分，整理不好扣1分；5分扣完为止	5		
2	程序控制	原点要求	机械手不能回原点，少回一个位置扣2分；5分扣完为止	5		
		机械手控制	机械手在搬运物料过程中，少走一步扣2分；机械手不动扣4分；手爪爪不起物料扣2分；物料放不对位置扣2分；在搬运过程中物料脱落扣5分；20分扣完为止	20		
		控制功能	不能启动扣10分；不能停止扣10分；10分扣完为止	10		
3	画图	I/O表、接线图	错漏或与实际不符1分/个；7分扣完为止； 图形符号、文字符号错漏1分/个；7分扣完为止	15		
4	系统调试	在保证人身和设备安全的前提下，通电试验一次成功	一次试车不成功扣5分；二次试车不成功扣10分；三次试车不成功扣15分	15		
5	安全文明	在操作过程中注意保护人身安全及设备安全（该项不配分）	①操作者要穿着和携带必需的劳保用品，否则扣5分； ②作业过程中要遵守安全操作规程，有违反者扣5～10分； ③要做好文明生产工作，结束后做好清理板面、台面、地面，否则每项扣5分； ④损坏仪器仪表扣10分； ⑤损坏设备扣10～99分			
备注			合计	100		
			考核员签字	年　月　日		

1.2.1 气缸的组成及工作原理

气缸是由缸筒、端盖、活塞、活塞杆和密封圈等组成，其内部结构如图 1.2.5 所示。

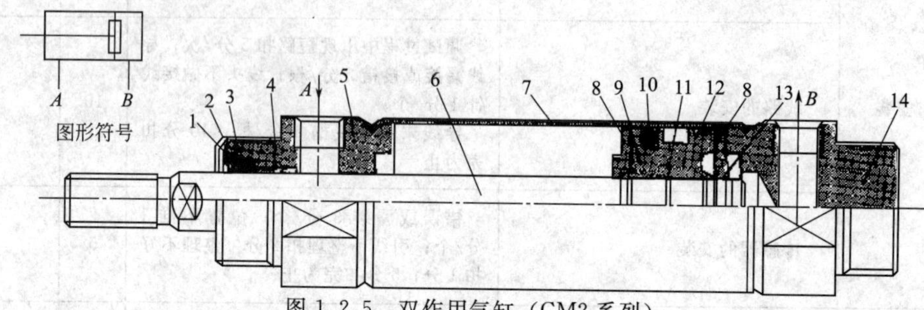

图 1.2.5 双作用气缸（CM2 系列）

1，13—弹性挡圈；2—防尘圈压板；3—防尘圈；4—导向套；5—杆侧端盖；6—活塞杆；7—缸筒；8—缓冲垫；9—活塞；10—活塞密封圈；11—密封圈；12—耐磨环；14—无杆侧端盖

（1）缸筒

缸筒的内径大小代表了气缸输出力的大小。活塞要在缸筒内做平稳的往复滑动，缸筒内表面的表面粗糙度应达到 $Ra0.8\mu m$。对钢管缸筒，内表面还应镀硬铬，以减小摩擦阻力和磨损，并能防止锈蚀。缸筒材质除使用高碳钢管外，还使用高强度铝合金和黄铜。小型气缸也有使用不锈钢管的。带磁性开关的气缸或在耐腐蚀环境中使用的气缸，缸筒应使用不锈钢、铝合金或黄铜等材质。

SMCCM2 气缸活塞上采用组合密封圈实现双向密封，活塞与活塞杆用压铆链接，不用螺母。

（2）端盖

端盖上设有进排气通口，有的还在端盖内设有缓冲机构。杆侧端盖上设有密封圈和防尘圈，以防止从活塞杆处向外漏气和防止外部灰尘混入缸内。杆侧端盖上设有导向套，以提高气缸的导向精度，承受活塞杆上少量的横向负载，减小活塞杆伸出时的下弯量，延长气缸使用寿命。导向套通常使用烧结含油合金、前倾铜铸件。端盖过去常用可锻铸铁，现在为减轻重量并防锈，常使用铝合金压铸，微型缸有使用黄铜材料的。

（3）活塞

活塞是气缸中的受压力零件。为防止活塞左右两腔相互窜气，设有活塞密封圈。活塞上的耐磨环可提高气缸的导向性，减少活塞密封圈的磨耗，减少摩擦阻力。耐磨环常使用聚氨酯、聚四氟乙烯、夹布合成树脂等材料。活塞的宽度由密封圈尺寸和必要的滑动部分长度来决定。滑动部分太短，易引起早期磨损和卡死。活塞的材质常用铝合金和铸铁，小型缸的活塞有黄铜制成的。

（4）活塞杆

活塞杆是气缸中最重要的受力零件。通常使用高碳钢，表面经镀硬铬处理，或使用不锈钢，以防腐蚀，并提高密封圈的耐磨性。

（5）密封圈

回转或往复运动处的部件密封称为动密封，静止件部分的密封称为静密封。缸筒与端盖的连接方法常见的有五种：整体型、铆接型、螺纹连接型、法兰型、拉杆型。

(6) 润滑

气缸工作时要靠压缩空气中的油雾对活塞进行润滑，也有小部分免润滑气缸。

1.2.2 气路控制原理

(1) 气缸的使用

气缸运动使物料移动到相应的位置，气缸通过进气口交换进出气的方向就能改变气缸的伸出或缩回运动，气缸两端的磁性开关可以检测气缸是否已经移动到位，如图 1.2.6 所示。

(2) 电控阀的使用

双向电控阀用来控制气缸的进气和出气，从而实现气缸的伸出、缩回移动。电控阀内装的红色或绿色指示灯有正负极性（LED 灯），如果极性接反双向电控阀也能正常工作，但指示灯不会亮，如图 1.2.7 所示。

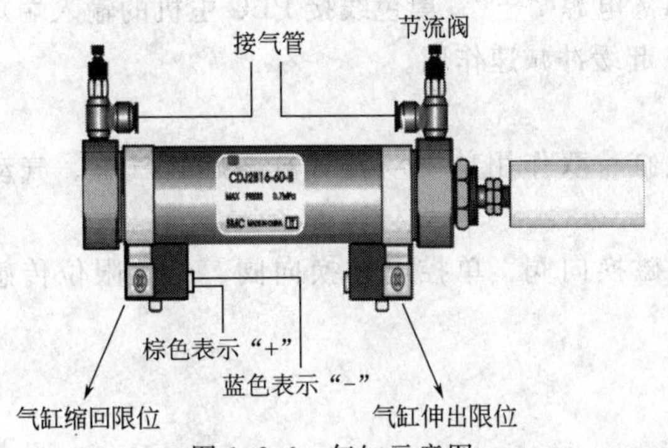

图 1.2.6 气缸示意图

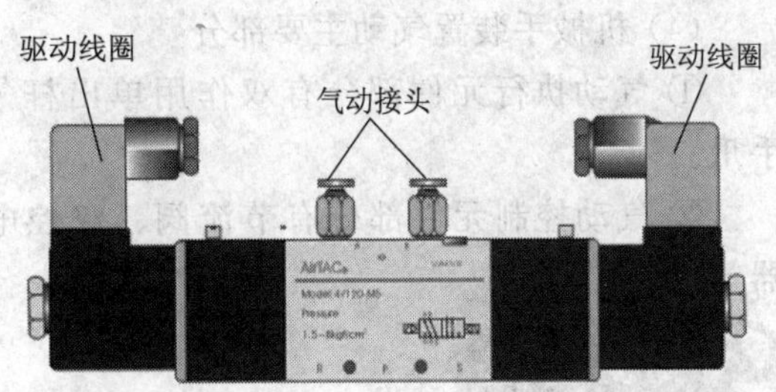

图 1.2.7 双向电控阀示意图

单向电控阀用来控制气缸单个方向移动，实现气缸的伸出、缩回移动。与双向电控阀区别在双向电控阀初始位置是任意的可以随意控制两个位置，而单控阀初始位置是固定的只能控制一个方向。如图 1.2.8 所示。

(3) 机械手结构

整个搬运机构能完成四个基本动作，手臂伸缩、手臂旋转、手爪上下、手爪松紧，机械手结构如图 1.2.9 所示。

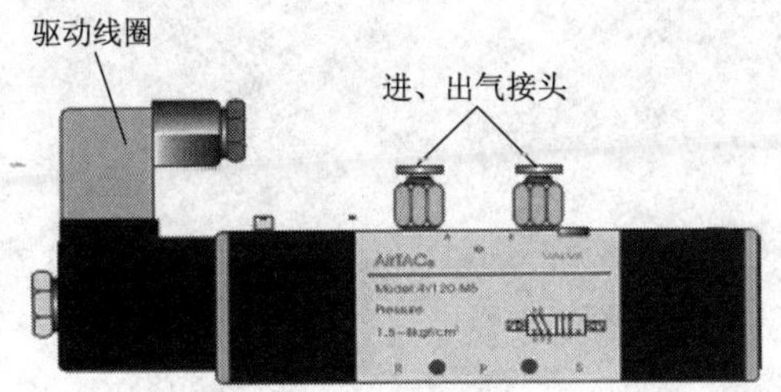

图 1.2.8 单向电控阀示意图

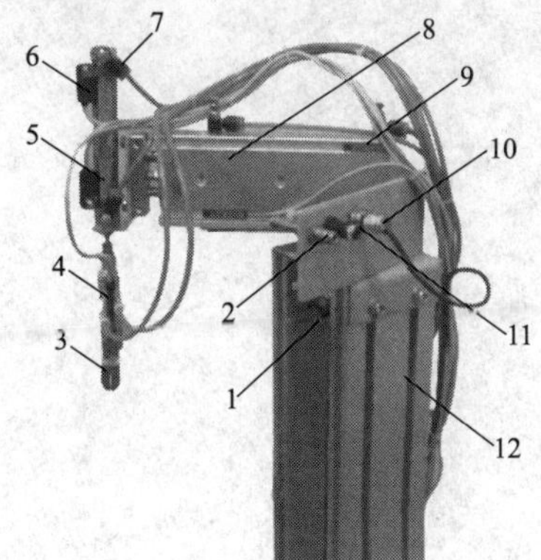

图 1.2.9 机械手结构

1—旋转气缸；2—非标螺丝；3—气动手爪；
4—手爪磁性开关（Y59BLS）；5—提升气缸；
6—磁性开关（D-C73）；7—节流阀；8—伸缩气缸；
9—磁性开关（D-C73）；10—左右限位传感器；
11—缓冲阀；12—安装支架

① 手爪提升气缸：提升气缸采用双向电控气阀控制。

② 手爪：抓取和松开物料由双电控气阀控制，手爪夹紧磁性传感器有信号输出，指示灯亮，在控制过程中不允许两个线圈同时得电。

③ 伸缩气缸：机械手臂伸出、缩回，由电控气阀控制。气缸上装有两个磁性传感器，检测气缸伸出或缩回位置。

④ 磁性传感器：用于气缸的位置检测。检测气缸伸出和缩回是否到位，为此在前点和后点上各一个，当检测到气缸准确到位后将给 PLC 发出一个信号（在应用过程中棕色接 PLC 主机输入端，蓝色接输入的公共端）。

⑤ 旋转气缸：机械手臂的正反转，由双电控气阀控制。

⑥ 接近传感器：机械手臂正转和反转到位后，接近传感器信号输出（在应用过程中棕色线接直流 24V 电源"＋"、绿色线接直流 24V 电源"－"、黑色线接 PLC 主机的输入端）。

⑦ 缓冲器：旋转气缸高速正转和反转时，起缓冲减速作用。

(4) 机械手装置气动主要部分

① 气动执行元件部分有双作用单出杆气缸、双作用单出双杆气缸、旋转气缸、气动手爪。

② 气动控制元件部分有节流阀、双控电磁换向阀、单控电磁换向阀、磁性限位传感器等。

拓展与提高

如果任务一和任务二综合一起，机械手可以手动又可以自动如何实现？

【思考与练习】

① 机械手自动搬运二次物料后是否回到原点停止？

② 试着练一练，机械手每一步工作都停止 2s，停止时有黄灯闪烁。

③ 试着练一练，机械手反向从 B 点抓起放回到 A 点。

项目 2

物体定位

任务 2.1 金属物体分拣

能力目标

① 选择和确定总体设计方案；

② 能根据要求完成控制线路连接；

③ 能使用金属传感器对金属物体与非金属物体进行筛选；

④ 能完成传感器与 PLC 的连接，并根据任务要求实现控制筛选功能。

使用材料、工具、设备

名称	型号或规格	数量	名称	型号或规格	数 量
可编程控制器	FX_{2N}-48MR	1 台	编程电缆	RS-232	1 根
计算机	联想电脑	1 台	三相减速电机	40r/min，380V	1 台
传送机构	皮带输送机	1 套	连接导线		若干
变频器	FR-E740	1 台	电工工具		1 套
光电传感器	CH3-N1810NA	2 个	按钮	LA4-3H	1 个
金属传感器	CH1-1204NA	1 个			

学习组织形式

训练和学习以小组为单位，三人一小组，三人共同制订计划并实施，协作完成软硬件的安装及调试。一人编写程序，一人调试设备，一人协调监督。

任务实施及要求

(1) 任务实施

① 控制系统的程序流程图如图 2.1.1。

② I/O 口表如表 2.1.1。

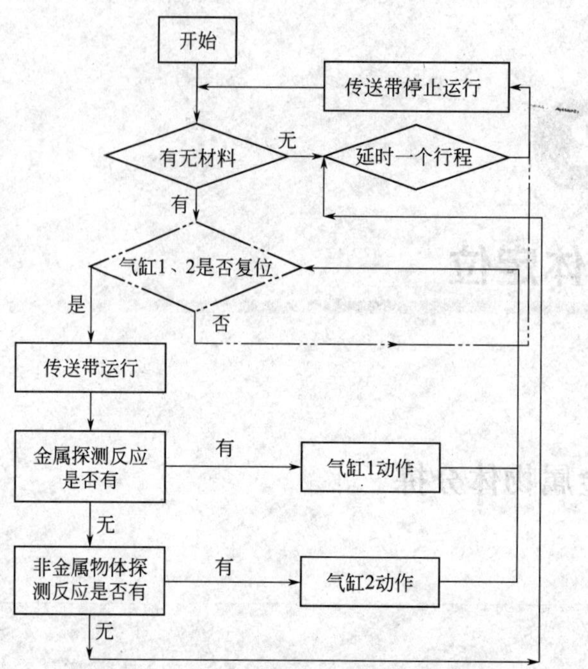

图 2.1.1 材料分拣系统程序流程图

表 2.1.1 I/O 口表

I/O 口（输入 X）	说明	I/O 口（输出 Y）	说明
X0	启动	Y0	电机运转
X1	停机	Y2	电机运转速度
X13	推料 1 伸出限位	Y12	推料 1 推出驱动
X14	推料 2 伸出限位	Y13	推料 2 推出驱动
X15	推料 2 缩回限位		
X20	金属探测传感器		
X21	有色物体探测传感器		
X23	传送带入料检测		

③ PLC 梯形图的设计。打开 GX Developer Version7，先新建一个工程然后进行梯形图的输入，如图 2.1.2。

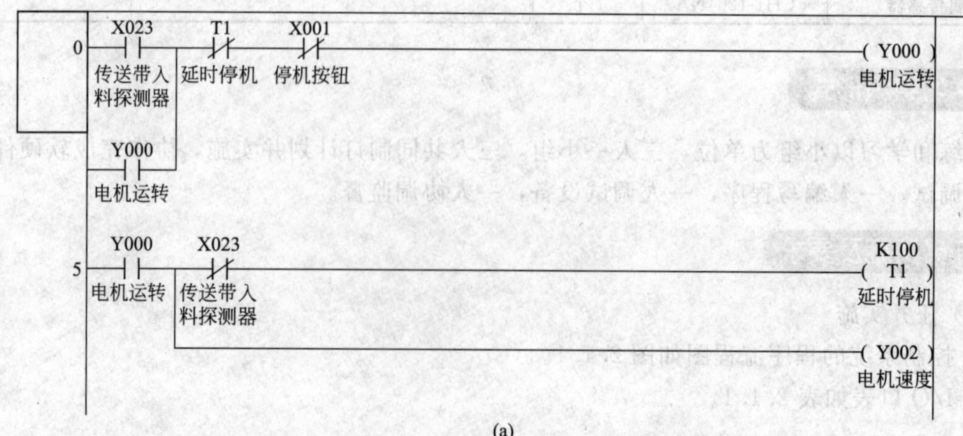

(a)

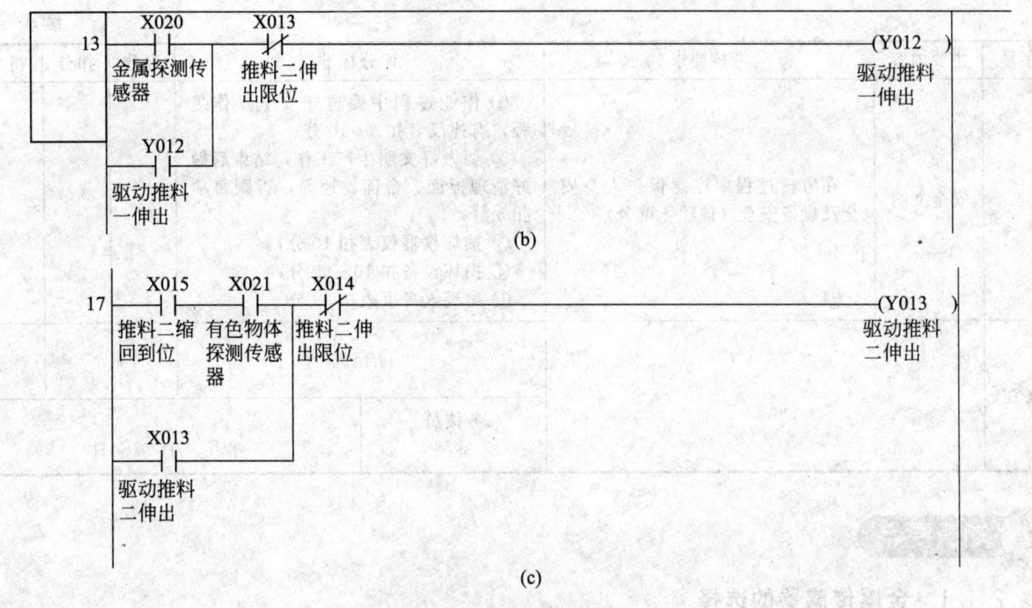

图 2.1.2　梯形图

(2) 要求

① 接通电源，按下设定好的启动按钮如 X0，系统进入启动状态。

② 系统启动后，下料传感器（光电传感装置）检测到料槽有材料，传送带开始运行。如果下料传感器没有感应到材料，传送带不运行。

③ 当金属检测传感器检测到金属材料时，金属出料气缸将待测物体推下。

④ 当光纤检测传感器检测到非金属材料时，非金属出料气缸动作将被检测到的材料推下。

⑤ 当料槽无材料时，传送带须继续运行 10s 后自动停机。

考核标准及评价

不同组的成员之间进行互相考核，教师抽查。

序号	主要内容	考核要求	评分标准	配分	扣分	得分
1	气动元件接线	① 按电路图接线，接线紧固； ② 接线要接到端子排上，要注明引出端子标号； ③ 线槽外导线不能乱交叉	① 未按电路图接线，接点松动、接头露铜过长、压绝缘层扣 10 分； ② 标记线号不清楚、遗漏或误标，每处扣 2 分； ③ 正负接反，线槽外导线乱线交错扣 25 分	35		
2	传感器接线	① 按电路图要求接线； ② 接线要接到端子排上，要注明引出端子标号； ③ 线槽外导线不能乱交叉； ④ 传感器信号端连接至 PLC 端口与设计的 PLC 程序控制端口符合	① 未按电路图接线，接点松动、接头露铜过长、压绝缘层扣 10 分； ② 标记线号不清楚、遗漏或误标，每处扣 2 分； ③ 正负接反，线槽外导线乱线交错扣 25 分； ④ 传感器信号输出口与设计的 PLC 程序控制端口不符合扣 15 分	35		
3	系统调试	在保证人身和设备安全的前提下，通电试验一次成功	一次试行不成功扣 10 分；二次试行不成功扣 20 分；三次试行不成功扣 30 分	30		

续表

序号	主要内容	考核要求	评分标准	配分	扣分	得分
4	安全文明	在考核过程中注意保护人身安全及设备安全（该项不配分）	① 作业过程中要遵守安全操作规程，有违反者扣 5～10 分； ② 要做好文明生产工作，结束后做好清理板面、台面、地面，否则每项扣 5 分； ③ 损坏仪器仪表扣 10 分； ④ 损坏设备扣 10～99 分； ⑤ 出现人身事故扣 99 分			
备注			合计			
			考核员签字	年　月　日		

知识要点

2.1.1 金属传感器的选择

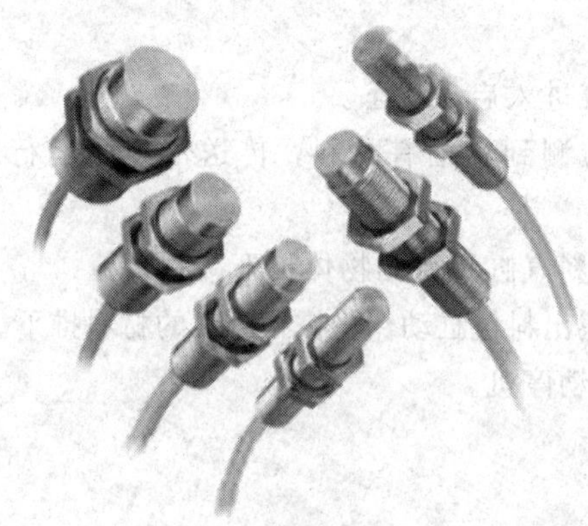

图 2.1.3 金属传感器

如图 2.1.3 所示，金属传感器按工作原理分大致可以分为以下三类：

① 利用电磁感应高频振荡型；

② 使用磁铁磁力型；

③ 利用电容变化电容型。

接近传感器可以不与目标物实际接触情况下检测靠近传感器的金属目标物。

按检测方法分以下几种。

① 所有金属型：相同检测距离内检测任何金属。

② 有色金属型：主要检测铝一类有色金属。

③ 通用型：主要检测黑色金属（铁）。

2.1.2 金属传感器安装与调试

所有金属型传感器工作原理：所有金属型传感器基本上属于高频振荡型（图 2.1.4）。和普通型一样，它也有一个振荡电路，电路中因感

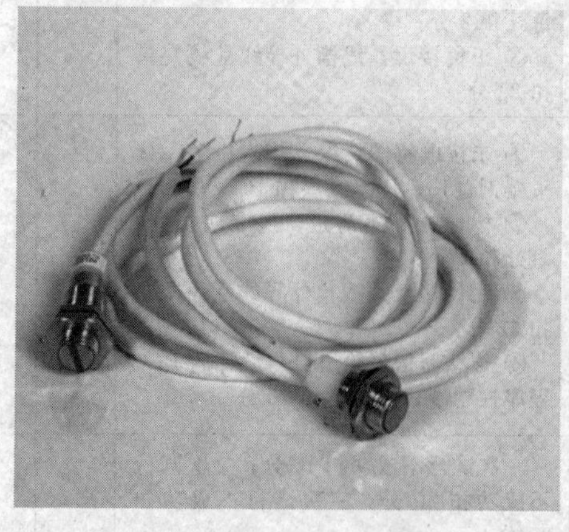

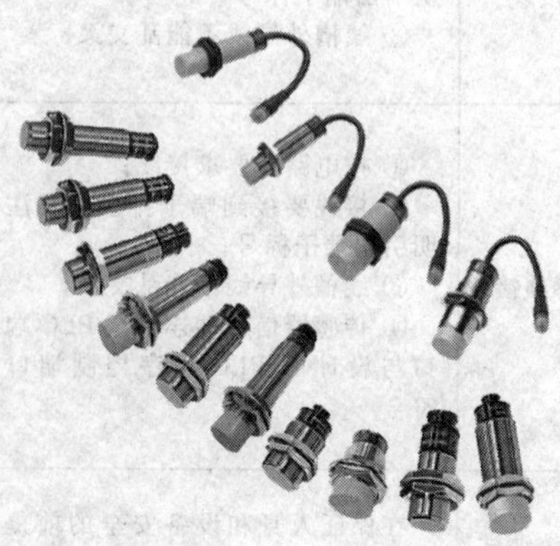

图 2.1.4 各式金属传感器

应电流目标物内流动引起能量损失影响到振荡频率。目标物接近传感器时，目标物金属种类如何，振荡频率都会提高。传感器检测到这个变化并输出检测信号。

① 将金属传感器的连接线按照表 2.1.2 的端子接线布置表连接到对应的端口。

表 2.1.2　端子接线表

名称	对应 PLC 端口	名称	对应 PLC 端口
金属传感器正极	+24V	金属传感器信号输出	Y0
金属传感器负极	com		

② 将一非金属黑色物体从远处慢慢接近传感器，但勿要碰触传感器，观察传感器指示灯的变化，同时观察 PLC 是否有信号输入，将观察结果填入表 2.1.3 中。

③ 将一非金属白色物体从远处慢慢接近传感器，但勿要碰触传感器，观察传感器指示灯的变化，同时观察 PLC 是否有信号输入，将观察结果填入表 2.1.3 中。

④ 将一金属物体从远处慢慢接近传感器，但勿要碰触传感器，观察传感器指示灯有何变化，同时观察 PLC 是否有信号输入，将观察结果填入表 2.1.3 中。

表 2.1.3　实验数据

物体种类	传感器信号指示灯是否有反应	PLC 是否检测到信号输入
非金属黑色物体		
非金属白色物体		
金属物体		

⑤ 根据上述步骤找出金属传感器的最佳感应距离，并固定在支架上。

故障排除

通过 LED 显示确认通信状态。

正常地执行并联连接时，两个 LED 都应该清晰地闪烁。

当 LED 不闪烁时，请确认接线，或观察主站/从站的设定情况。

LED 显示状态		运行状态
RD	SD	
闪烁	闪烁	正在执行数据的发送接收
闪烁	灯灭	正在执行数据的接收，但是发送不成功
灯灭	闪烁	正在执行数据的发送，但是接收不成功
灯灭	灯灭	数据的发送及接收都有成功

安装及接线的确认

当通信设备和可编程控制器不稳定时，通信会失败。

电源供电（FX0N-485ADP 的场合）。

请确认各通信设备之间的接线是否正确。接线不正确时，不能通信。

【思考与练习】

① 变频器在系统中的作用

变频器是交流调速的主要设备，请在系统中找到变频器，根据其型号在百度中搜索该变频器的性能参数。主要有：

工作电压：____。

功率：____。

频率范围：____。

② 借助资料或者多媒体网络，观察设备：

右边图片是________________________________

在本工作站中的作用为______________________

____

注意观察，当没有工件时，它的状态是______________

____

当遇到白色工件时，____________________________

____

____

当遇到黑色工件时，____

③ 气缸推出物品时物品位置是否合适，如不合适如何调整？

④ 两个探测器的探测是否灵敏，怎么调节？

⑤ 在程序中加入如果没有推料气缸推出物料后没有正常回位则传送带立刻停止工作。

任务 2.2 有色物体分拣

能力目标

① 选择和确定总体设计方案；

② 能识别光纤传感器；

③ 能用光纤传感器对不同颜色物体进行识别；

④ 学会设计控制推料汽缸与光纤传感器的 PLC 控制程序并调试。

使用材料、工具、设备

名称	型号或规格	数量	名称	型号或规格	数 量
可编程控制器	FX2N-48MR	1台	编程电缆	RS-232	1根
计算机	联想电脑	1台	三相减速电机	40r/min，380V	1台
传送机构	皮带输送机	1套	连接导线		若干
变频器	FR-E740	1台	电工工具		1套
光电传感器	CH3-N1810NA	2个	按钮	LA4-3H	1个
金属传感器	CH1-1204NA	1个	光纤传感器	E3X-NA11	2个

学习组织形式

训练和学习以小组为单位，三人一小组，三人共同制订计划并实施，协作完成软硬件的安装及调试。一人编写程序，一人调试设备，一人协调监督。

任务实施及要求

(1) 任务实施

① 控制系统的程序流程图如图 2.2.1。

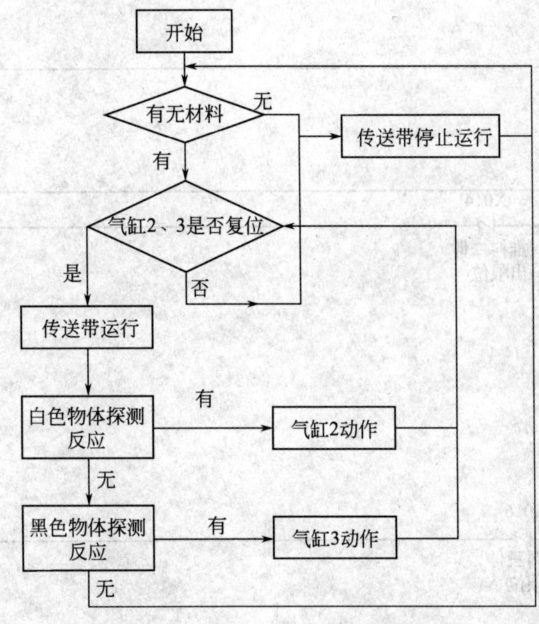

图 2.2.1 材料分拣系统程序流程图

② I/O 口表如表 2.2.1。

表 2.2.1 I/O 口表

I/O 口（输入 X）	说明	I/O 口（输出 Y）	说明
X0	启动	Y0	电机运转
X1	停机	Y2	电机运转速度
X14	推料 2 伸出限位	Y13	推料 2 推出驱动
X15	推料 3 伸出限位	Y14	推料 3 推出驱动
X17	推料 3 缩回限位		
X21	白色探测传感器		
X22	黑色物体探测传感器		
X23	传送带入料检测		

③ PLC 梯形图的设计。打开 GX Developer Version7，先新建一个工程然后进行梯形图的输入，如图 2.2.2。

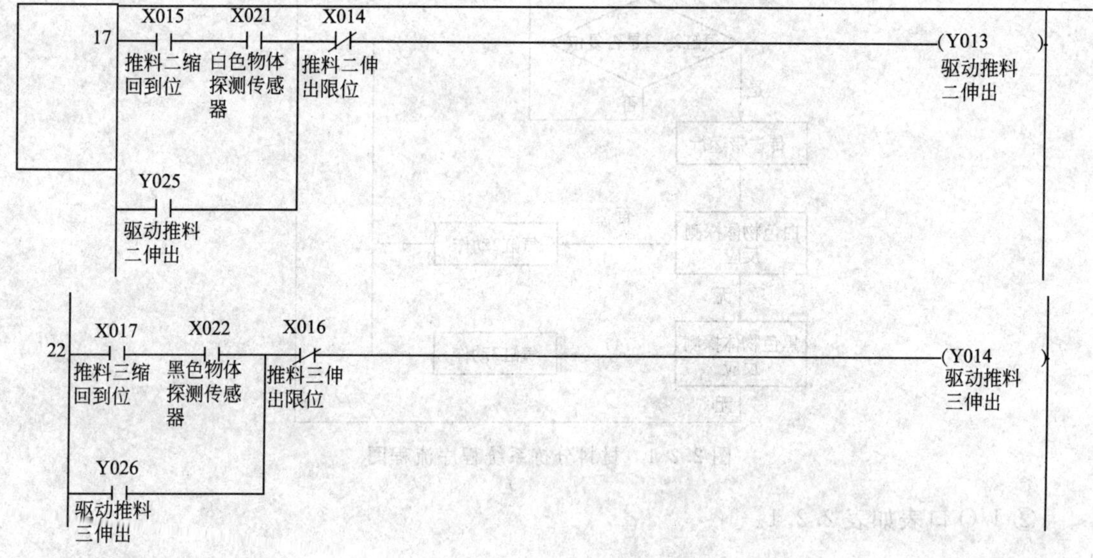

图 2.2.2 梯形图

（2）要求

① 接通电源，系统进入启动状态。

② 系统启动后，下料传感器（光电传感装置）检测到料槽有材料，传送带开始运行。如果下料传感器没有感应到材料，传送带不运行。

③ 首先检测白色物料的光纤检测传感器检测到白色材料时，出料气缸二将物体推下。

④ 然后检测黑色物料的光纤检测传感器检测到黑色材料时，出料气缸三动作将材料推下。

⑤ 当料槽无材料时，传送带须继续运行一个行程后自动停机。

考核标准及评价

不同组的成员之间进行互相考核，教师抽查。

序号	主要内容	考核要求	评分标准	配分	扣分	得分
1	气动元件接线	① 按电路图接线，接线紧固； ② 接线要接到端子排上，要注明引出端子标号； ③ 线槽外导线不能乱交叉	① 未按电路图接线，接点松动、接头露铜过长、压绝缘层扣10分； ② 标记线号不清楚、遗漏或误标，每处扣2分； ③ 正负接反，线槽外导线乱线交错扣25分	35		
2	传感器接线	① 按电路图要求接线； ② 接线要接到端子排上，要注明引出端子标号； ③ 线槽外导线不能乱交叉； ④ 传感器信号端连接至PLC端口与设计的PLC程序控制端口符合	① 未按电路图接线，接点松动、接头露铜过长、压绝缘层扣10分； ② 标记线号不清楚、遗漏或误标，每处扣2分； ③ 正负接反，线槽外导线乱线交错扣25分； ④ 传感器信号输出口与设计的PLC程序控制端口不符合扣15分	35		
3	系统调试	在保证人身和设备安全的前提下，通电试验一次成功	一次试行不成功扣10分；二次试行不成功扣20分；三次试行不成功扣30分	30		
4	安全文明	在考核过程中注意保护人身安全及设备安全（该项不配分）	① 作业过程中要遵守安全操作规程，有违反者扣5～10分； ② 要做好文明生产工作，结束后做好清理板面、台面、地面，否则每项扣5分； ③ 损坏仪器仪表扣10分； ④ 损坏设备扣10～99分； ⑤ 出现人身事故扣99分			
备注			合计			
			考核员签字	年　月　日		

知识要点

光纤具有很多优异的性能，例如：具有抗电磁和原子辐射干扰的性能，径细、质软、重量轻的机械性能；绝缘、无感应的电气性能；耐水、耐高温、耐腐蚀的化学性能等，它能够在人达不到的地方（如高温区），或者对人有害的地区（如核辐射区），起到人的耳目的作用，而且还能超越人的生理界限，接收人的感官所感受不到的外界信息。一些常见的光纤头如图 2.2.3。

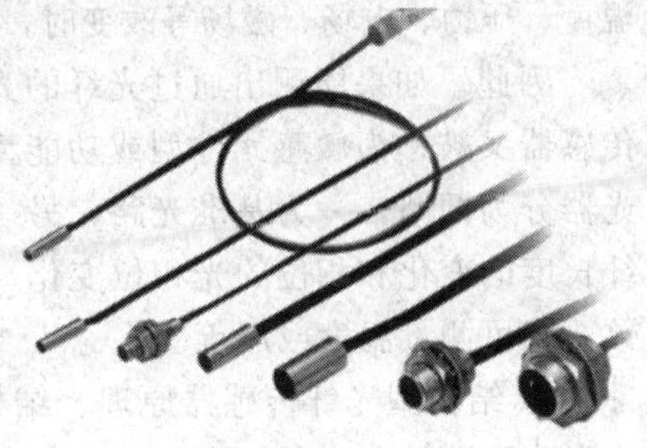

图 2.2.3　光纤头

特点如下。

① 因反射体中使用了棱镜，所以与通用的反射型光控传感器相比，其检测性能更高、更可靠。

② 与分离式光控传感器相比，电路连接更简单容易。

③ 子母扣嵌入式的设计，安装更为简单。

用途：

① 用于测检复印机、传真机、打印机、印刷机等的纸张通过/剩余状况。

② 检测自动售货机、金融终端有关的设备、点钞机的纸币、卡、硬币、存折等的通过情况。

2.2.1 光纤传感器原理

光纤传感器的基本工作原理是将来自光源的光经过光纤送入调制器，使待测参数与进入调制区的光相互作用后，导致光的光学性质（如光的强度、波长、频率、相位、偏正态等）发生变化，称为被调制的信号光，再利用被测量对光的传输特性施加的影响，完成测量。

（1）光纤的结构（图 2.2.4）

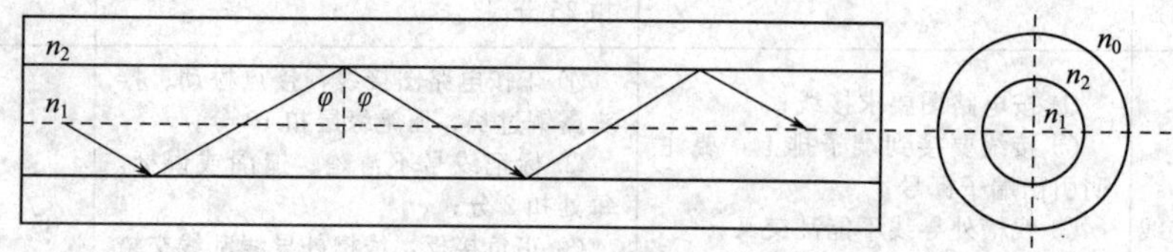

图 2.2.4　光纤的结构

（2）光纤的传光原理（图 2.2.5）

（3）光纤传感器工作原理（图 2.2.6）

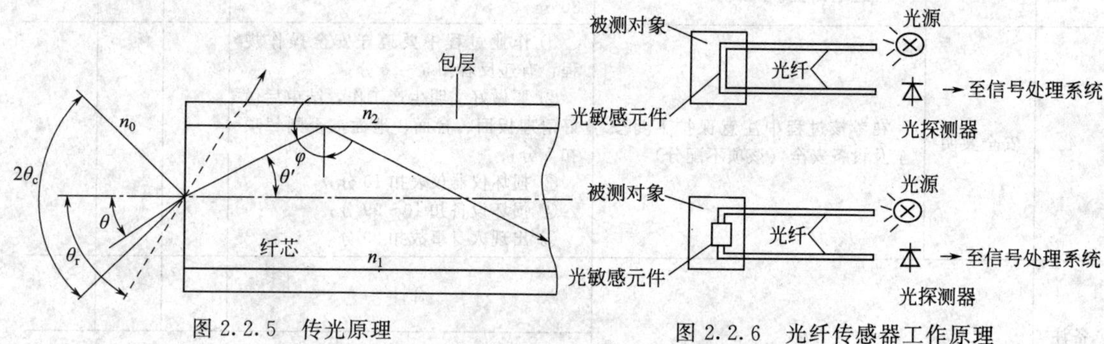

图 2.2.5　传光原理　　图 2.2.6　光纤传感器工作原理

① 功能型——利用光纤本身的某种敏感特性或功能制成。

② 传光型——光纤仅仅起传输光的作用，它在光纤端面或中间加装其他敏感元件感受被测量的变化。

（4）光纤传感器的测量原理

① 物性型光纤传感器原理。物性型光纤传感器是利用光纤对环境变化的敏感性，将输入物理量变换为调制的光信号。其工作原理基于光纤的光调制效应，即光纤在外界环境因素，如温度、压力、电场、磁场等改变时，其传光特性，如相位与光强，会发生变化的现象。

因此，如果能测出通过光纤的光相位、光强变化，就可以知道被测物理量的变化。这类传感器又被称为敏感元件型或功能型光纤传感器。激光器的点光源光束扩散为平行波，经分光器分为两路，一为基准光路，另一为测量光路。外界参数（温度、压力、振动等）引起光纤长度的变化和相位的光相位变化，从而产生不同数量的干涉条纹，对它的模向移动进行计数，就可测量温度或压等。

② 结构型光纤传感器原理。结构型光纤传感器是由光检测元件（敏感元件）与光纤传输回路及测量电路所组成的测量系统。其中光纤仅作为光的传播媒质，所以又称为传光型或非功能型光纤传感器。

2.2.2 光纤传感器安装与调试

光纤传感器结构如图 2.2.7。

如图 2.2.8 光纤传感器的基本工作原理是将来自光源的光经过光纤送入调制器，使待测参数与进入调制区的光相互作用后，导致光的光学性质（如光的强度、波长、频率、相位、偏正态等）发生变化，称为被调制的信号光，再利用被测量对光的传输特性施加的影响，完成测量。

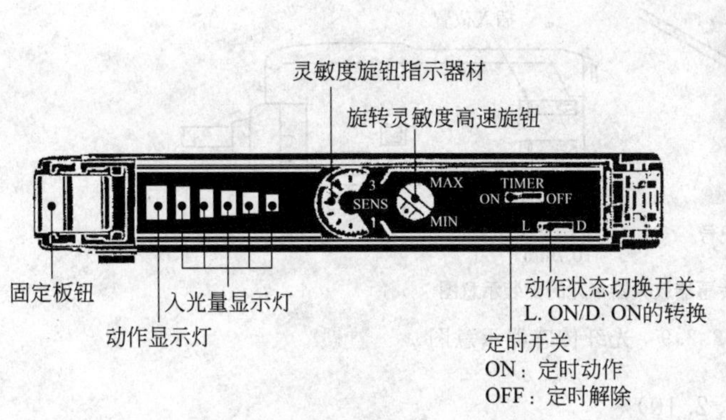

图 2.2.7　光纤传感器的结构

图 2.2.8　光纤传感器感应强度调节

将一号光纤的强度调节旋钮用一字螺丝刀旋转调节，调节时先放置一白色物体在检测口，当7格信号灯全亮则表示当前强度能检测到白色物体并可以输出有效检测信号，当更换检测口的被测物为黑色物体时7格信号灯只能亮1～3格，则说明该光纤传感器能检测到白色物体，不能检测黑色物体，调节成功。将二号光纤调节至黑色物体接近时也能使7格信号灯全亮，则表示调节成功。

将金属传感器的连接线按照表2.2.2的端子接线布置表连接到对应的端口。

表 2.2.2　端子接线表

名称	对应 PLC 端口	名称	对应 PLC 端口
一号光纤传感器正极	＋24V	二号光纤传感器正极	＋24V
一号光纤传感器负极	com	二号光纤传感器负极	com
一号光纤传感器信号输出	Y0	二号光纤传感器信号输出	Y1

将一非金属黑色物体从远处慢慢接近传感器，但勿要碰触传感器，观察传感器指示灯的变化，同时观察PLC是否有信号输入，将观察结果填入表2.2.3中。

将一非金属白色物体从远处慢慢接近传感器，但勿要碰触传感器，观察传感器指示灯的变化，同时观察PLC是否有信号输入，将观察结果填入表2.2.3中。

将一金属物体从远处慢慢接近传感器，但勿要碰触传感器，观察传感器指示灯有何变化，同时观察PLC是否有信号输入，将观察结果填入表2.2.3中。

表 2.2.3　实验数据

物体种类	传感器信号指示灯是否有反应	PLC 是否检测到信号输入
非金属黑色物体		
非金属白色物体		
金属物体		

根据上述步骤找出光纤传感器的最佳感应强度，并固定在支架上。

(1) 光纤传感器示意图（图 2.2.9）

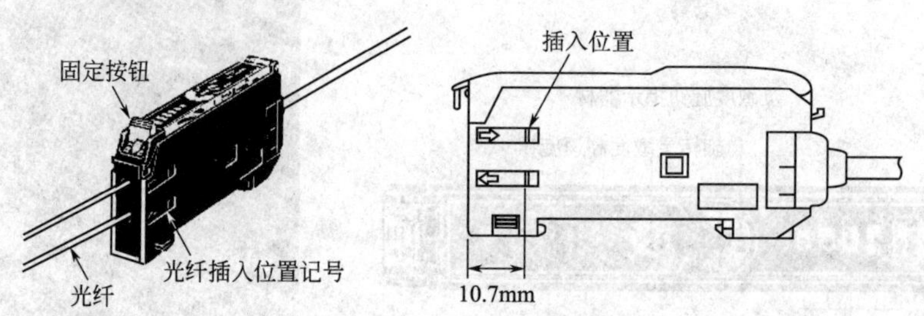

图 2.2.9　光纤传感器示意图

(2) 光纤传感器的原理图（图 2.2.10）

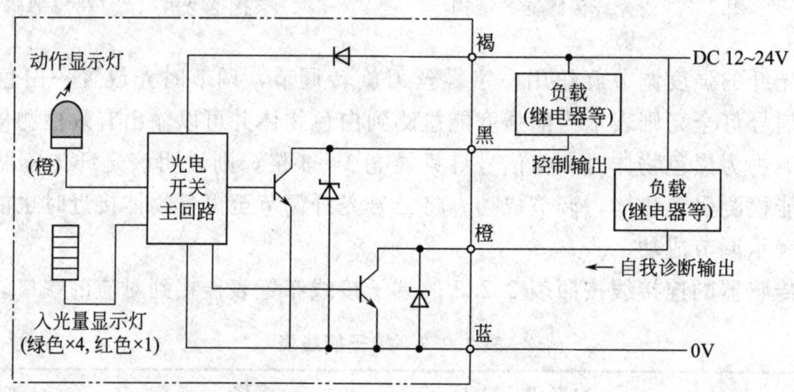

图 2.2.10　光纤传感器原理图

故障排除

通过 LED 显示确认通信状态。

正常地执行并联连接时，两个 LED 都应该清晰地闪烁。

当 LED 不闪烁时，请确认接线或主站/从站的设定情况。

LED 显示状态		运行状态
RD	SD	
闪烁	闪烁	正在执行数据的发送接收
闪烁	灯灭	正在执行数据的接收，但是发送不成功
灯灭	闪烁	正在执行数据的发送，但是接收不成功
灯灭	灯灭	数据的发送及接收都有成功

安装及接线的确认

当通信设备和可编程控制器不稳定时，通信会失败。

电源供电（FX0N-485ADP 的场合）。

请确认各通信设备之间的接线是否正确。接线不正确时，不能通信。

【思考与练习】

① 在皮带的末端你发现了什么？请你观察，当没有工件时，它的状态是什么？

② 当三个传感器遇到白色、黑色、金属工件时，有变化吗？各有什么变化？

③ 运料工作站除了上面介绍的一些元器件，你认为还有哪些？

④ 练习调节光纤传感器，使其对不同颜色都有正确响应。

⑤ 检测物体颜色的顺序时，能否可以调换，如第一个先检测黑的，后一个检测白的？为什么？

⑥ 调节传送带的传送速度。

任务 2.3 自动换刀

能力目标

① 根据项目要求，选择和确定设计的总方案；
② 能正确完成对机械手气动设备控制线路与 PLC 的控制端口的连接；
③ 能正确把检测用的各个传感器与 PLC 进行连接；
④ 可以使换刀机械手对刀库中的各种刀具的切换安装。

使用材料、工具、设备

名称	型号或规格	数量	名称	型号或规格	数量
可编程控制器	FX_{2N}-48MR	1 台	编程电缆	RS-232	1 根
计算机	联想电脑	1 台	三相减速电机	40r/min，380V	1 台
换刀机构	盘式刀库	1 套	连接导线		若干
机械手	气动机械手	1 台	电工工具		1 套
刀架	合金刀架	1 副	按钮模块	LA4-3H	1 个
霍尔传感器		1 个			

学习组织形式

训练和学习以小组为单位，三人一小组，三人共同制订计划并实施，协作完成软硬件的安装及调试。一人编写程序，一人调试设备，一人协调监督。

任务实施及要求

(1) 任务实施

① 控制系统的程序流程图如图 2.3.1。

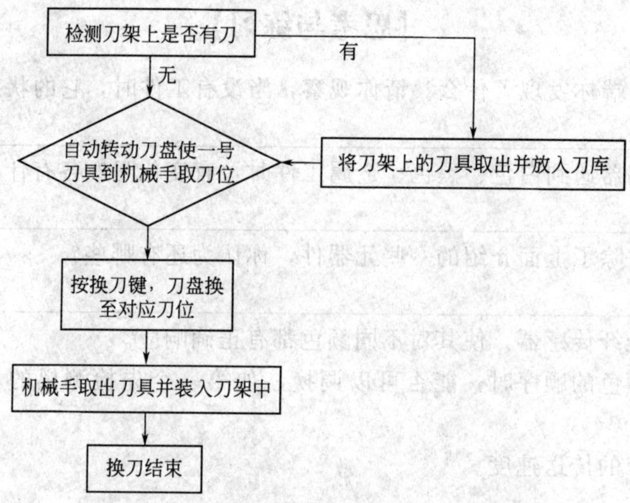

图 2.3.1　控制系统程序流程图

② I/O 口表如表 2.3.1。

表 2.3.1　I/O 口表

输入点编号	相对应名称	输出点编号	相对应名称
X0	启动	Y1	到位指示灯
X1	1 号刀具选择按钮	Y2	换刀指示灯
X2	2 号刀具选择按钮	Y3	刀库顺转
X3	3 号刀具选择按钮	Y4	刀库逆转
X4	4 号刀具选择按钮		
X5	5 号刀具选择按钮		
X6	6 号刀具选择按钮		
X7	1 号刀具到位开关		
X10	2 号刀具到位开关		
X11	3 号刀具到位开关		
X12	4 号刀具到位开关		
X13	5 号刀具到位开关		
X14	6 号刀具到位开关		

③ PLC 梯形图的设计。打开 GX Developer Version7，先新建一个工程然后进行梯形图的输入（图 2.3.2）。

```
24 |----------------------------------------[STL   S10 ]
    X002
25 |--| |-----------------------------------[SET   M2  ]
    X004
27 |--| |-----------------------------------[SET   M4  ]
    X006
29 |--| |-----------------------------------[SET   M6  ]
```

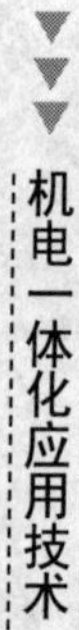

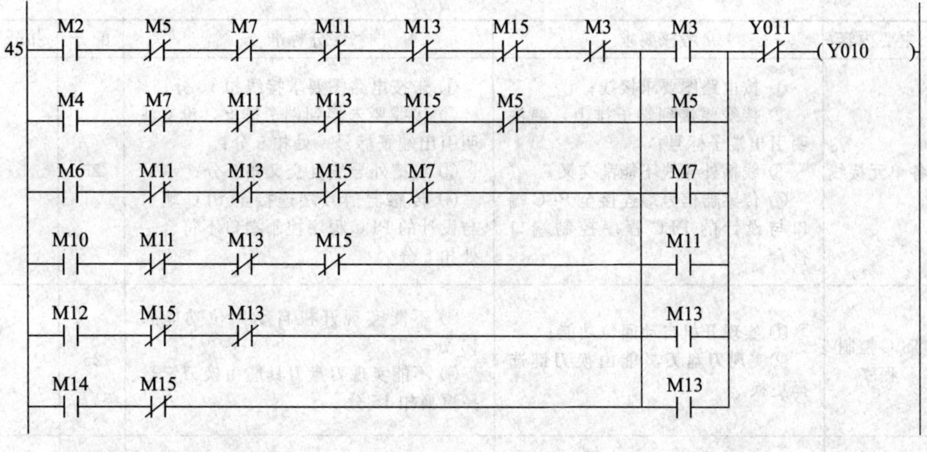

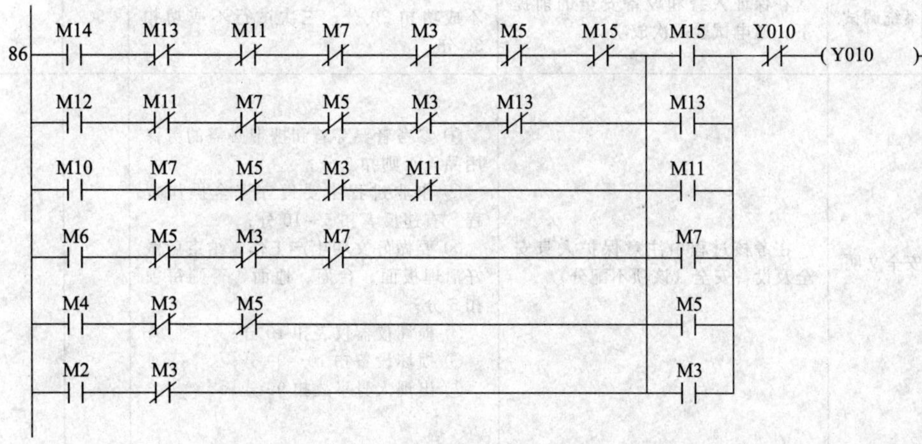

图 2.3.2 梯形图

（2）要求

① 启动时自动用霍尔传感器检测刀架是否有刀具，如发现刀具则立刻驱动机械手将刀架上的刀具取出并放入刀库中。

② 自动驱动步进电机将盘式刀库自动转动至一号刀具到机械手取刀位置。

③ 当按下按钮模块中的 SB1～SB6 六个按钮中的任意一个时，刀盘转动使与其对应编号的刀具转动到机械手下。

④ 转动刀库通过霍尔传感器确定到位后，驱动机械手抓取刀具并放入刀架中。

换刀时，机械手先抓取刀架上的刀具放回盘式刀库后，刀库再转动至对应编号的刀具至机械手抓取位置，供机械手抓取更换到刀架。

考核标准及评价

不同组的成员之间进行互相考核，教师抽查。

序号	主要内容	考核要求	评分标准	配分	扣分	得分
1	基础知识	① 数控机床； ② 数控系统； ③ 计算机数控系统	① 数控机床的操作不熟练扣 5 分； ② 数控系统操作不熟练扣 5 分； ③ 计算机数控系统不熟练扣 10 分	20		

续表

序号	主要内容	考核要求	评分标准	配分	扣分	得分
2	各单元接线	① 按电路图要求接线； ② 接线要接到端子排上，要注明引出端子标号； ③ 线槽外导线不能乱交叉； ④ 传感器信号端连接至PLC端口与设计的PLC程序控制端口符合	① 未按电路图要求接线扣10分； ② 接线要未接到端子排上，没有注明引出端子标号一处扣5分； ③ 线槽外导线乱交叉扣5分； ④ 传感器信号端连接至PLC端口与设计的PLC程序控制端口不符合一处扣5分	25		
3	PLC控制程序	① 实现开机自动回位功能； ②实现刀盘刀具能由换刀键选择更换	① 不能实现开机自动回位功能扣10分； ② 不能实现刀盘刀具能由换刀键选择更换扣15分	25		
4	系统调试	在保证人身和设备安全的前提下，通电试验一次成功	一次试行不成功扣10分；二次试行不成功扣20分；三次试行不成功扣30分	30		
5	安全文明	在考核过程中注意保护人身安全及设备安全（该项不配分）	① 参考者要穿着和携带必需的劳保用品，否则扣5分； ② 作业过程中要遵守安全操作规程，有违反者扣5～10分； ③ 要做好文明生产工作，结束后做好清理板面、台面、地面，否则每项扣5分； ④ 损坏仪器仪表扣10分； ⑤ 损坏设备扣10～99分； ⑥ 出现人身事故扣99分			
备注			合计			
			考核员签字	年　　月　　日		

2.3.1 霍尔传感器

(1) 霍尔传感器的分类

霍尔传感器是根据霍尔效应原理而制成的电流和电压传感器（图2.3.3）。霍尔传感器可分为线性型霍尔传感器和开关型霍尔传感器两种。

① 线性型霍尔传感器由霍尔元件、线性放大器和射极跟随器组成，它输出模拟量。

② 开关型霍尔传感器由稳压器、霍尔元件、差分放大器、斯密特触发器和输出级组成，它输出数字量。

(2) 霍尔传感器的原理与应用

用霍尔传感器可以检测磁场及其变化，可在各种与磁场有关的场合中使用。霍尔传感器以霍尔效应为其工作基础，是由霍尔元件和它的附属电路组成的集成传感器。霍尔传感器在工业生产、交通运输和日常生活中有着非常广泛的应用。

① 霍尔效应：所谓霍尔效应，是指磁场作用于载流金属导体、半导体中的载流子时，产生横向电位差的物理现象。金属的霍尔效应是1879年被美国物理学家霍尔发现的。当电流通过金属箔片时，若在垂直于电流的方向施加磁场，则金属箔片两侧面会出现横向电位差。半导体中的霍尔效应比金属箔片中更为明显，而铁磁金属在居里温度以下将呈现极强的霍尔效应。

如图2.3.4所示，在半导体薄片两端通以控制电流 I，并在薄片的垂直方向施加磁感应强度为 B 的匀强磁场，则在垂直于电流和磁场的方向上，将产生电势差为 U_H 的霍尔电压，霍尔电位差 U_H 的基本关系为：

$$U_H = R_H IB/d$$

$$R_H = 1/nq \text{（金属）}$$

式中 R_H——霍尔系数，它的大小与薄片的材料有关；

n——载流子浓度或自由电子浓度；

q——电子电量；

I——通过的电流；

B——垂直于 I 的磁感应强度；

d——导体的厚度。

图2.3.3 霍尔传感器

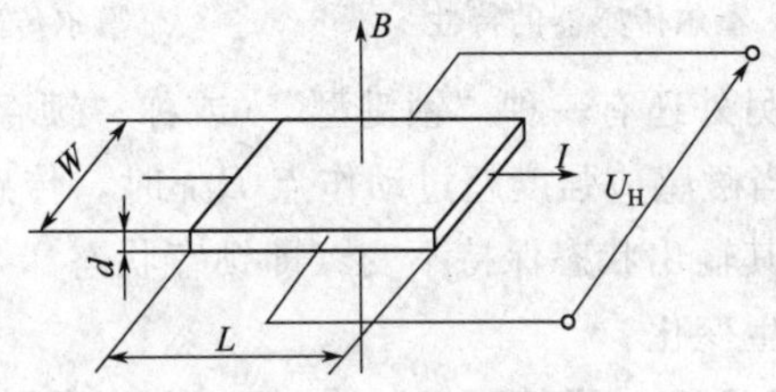

图2.3.4 霍尔效应原理

对于半导体和铁磁金属，霍尔系数表达式与上式不同，此处从略。上述效应称为霍尔效应，它是德国物理学家霍尔于1879年研究载流导体在磁场中受力的性质时发现的。

由于通电导线周围存在磁场，其大小与导线中的电流成正比，故可以利用霍尔元件测量出磁场，就可确定导线电流的大小。利用这一原理可以设计制成霍尔电流传感器。其优点是不与被测电路发生电接触，不影响被测电路，不消耗被测电源的功率，特别适合于大电流传感。

若把霍尔元件置于电场强度为 E、磁场强度为 H 的电磁场中，则在该元件中将产生电流 I，元件上同时产生的霍尔电位差与电场强度 E 成正比，如果再测出该电磁场的磁场强度，则电磁场的功率密度瞬时值 P 可由 $P=EH$ 确定。

利用这种方法可以构成霍尔功率传感器。

如果把霍尔元件集成的开关按预定位置有规律地布置在物体上，当装在运动物体上的永磁体经过它时，可以从测量电路上测得脉冲信号。根据脉冲信号列可以传感出该运动物体的位移。若测出单位时间内发出的脉冲数，则可以确定其运动速度。

② 霍尔元件：根据霍尔效应，人们用半导体材料制成霍尔元件。它具有对磁场敏感、

结构简单、体积小、频率响应宽、输出电压变化大和使用寿命长等优点，因此，在测量、自动化、计算机和信息技术等领域得到广泛的应用。

(3) 线性型霍尔传感器的特性

输出电压与外加磁场强度呈线性关系，如图 2.3.5 所示，在 $B_1 \sim B_2$ 的磁感应强度范围内有较好的线性度，磁感应强度超出此范围时则呈现饱和状态。

(4) 开关型霍尔传感器的特性

如图 2.3.6 所示，其中 B_{OP} 为工作点“开”的磁感应强度，B_{RP} 为释放点“关”的磁感应强度。

当外加的磁感应强度超过动作点 B_{OP} 时，传感器输出低电平，当磁感应强度降到动作点 B_{OP} 以下时，传感器输出电平不变，一直要降到释放点 B_{RP} 时，传感器才由低电平跃变为高电平。B_{OP} 与 B_{RP} 之间的滞后使开关动作更为可靠。

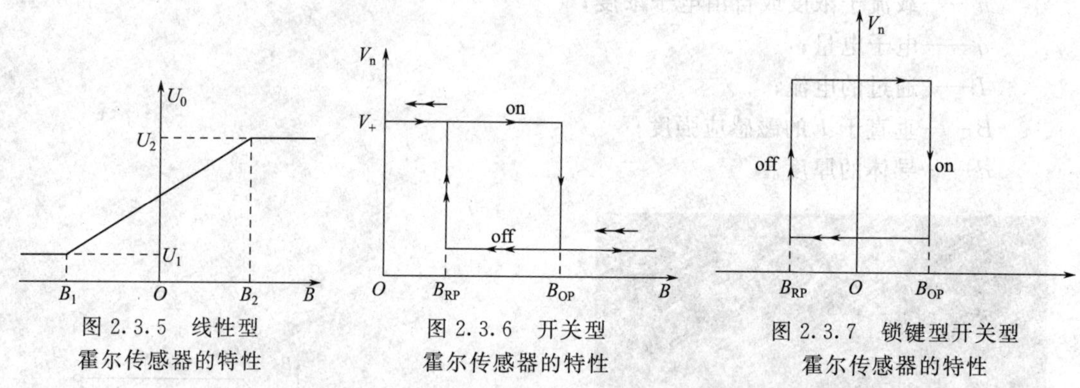

图 2.3.5 线性型霍尔传感器的特性

图 2.3.6 开关型霍尔传感器的特性

图 2.3.7 锁键型开关型霍尔传感器的特性

另外还有一种“锁键型”（或称“锁存型”）开关型霍尔传感器，其特性如图 2.3.7 所示。当磁感应强度超过动作点 B_{OP} 时，传感器输出由高电平跃变为低电平，而在外磁场撤消后，其输出状态保持不变（即锁存状态），必须施加反向磁感应强度达到 B_{RP} 时，才能使电平产生变化。

2.3.2 可编程控制器（PLC）实现随机选刀

这种选刀方式中刀库上的刀具能与主轴上的刀具任意直接的交换，该方式主要应用软件来完成选刀。消除了由于识刀装置的稳定性、可靠性带来的选刀失误。

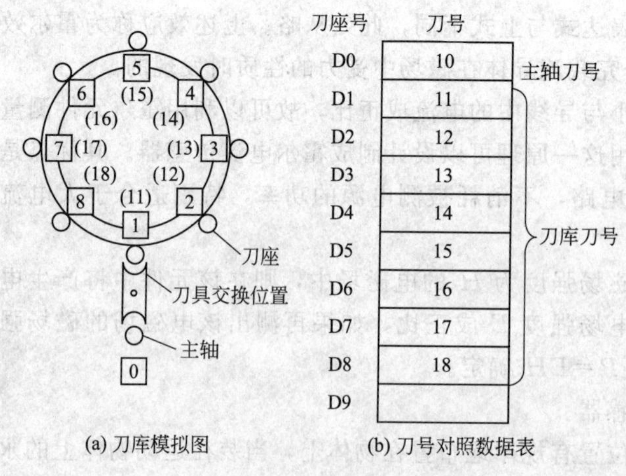

刀座号	刀号	
D0	10	主轴刀号
D1	11	刀库刀号
D2	12	
D3	13	
D4	14	
D5	15	
D6	16	
D7	17	
D8	18	
D9		

(b) 刀号对照数据表

图 2.3.8 刀库

2.3.3 刀具号和刀座号的统一

为说明方便，以刀库 8 把刀为例，刀库有 8 个刀座，可放 8 把刀具。实际使用根据刀库的实际而定。为方便使用 BCD 码表示，刀座固定位置编号为方框内 1～8 号，0 为主轴刀位置号，如图 2.3.8 (a) 所示。

在 PLC 内部建立模拟刀库的数据表，数据表的表序号 D0～D8 刀库刀座编号一一对应，每个表序号（D0～D8 ）的内容即为刀具号，D0 的内容（D0 ）为主轴上的刀具号。当刀库旋转时，每个刀座通过换刀位置时，给 PLC 输入脉冲，当刀库正转时，使计数脉冲加 1 ，反转时计数脉冲减 1，PLC 内部计数器的值始终在 1～8 间循环，且当前值即是刀库当前刀座号位置，如图 2.3.8 所示。

2.3.4 换刀的流程分析

如图 2.3.9 所示，当 PLC 接受到来自 CNC 寻找新刀具的指令时，在内部的数据寄存器的模拟刀库数据表中进行数据检索，检索到 CNC 给定的刀具号，该刀具号所在的刀座号位置与当前的刀库位置比较计算刀库的转向和相差的“距离”，计算结果给刀库轴发出总的脉冲数和脉冲频率，使所需的刀座号转到换到位置，为刀库、机械手、主轴间的换刀作好准备。

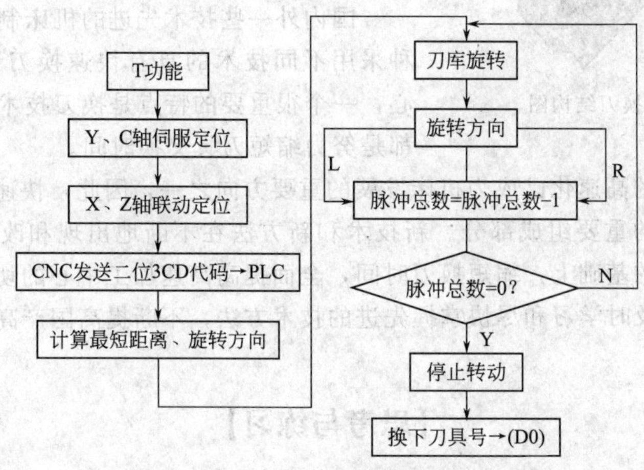

图 2.3.9 换刀流程图

2.3.5 换刀速度指标

衡量换刀速度的方法主要有三种：①刀到刀换刀时间；②切削到切削换刀时间；③切屑到切屑换刀时间。由于切屑到切屑换刀时间基本上就是加工中心两次切削之间的时间，反映了加工中心换刀所占用的辅助时间，因此切屑到切屑换刀时间应是衡量加工中心效率高低的最直接指标。而刀到刀换刀时间则主要反映自动换刀装置本身性能的好坏，更适合作为机床自动换刀装置的性能指标。这两种方法通常用来评价换刀速度。至于换刀时间多少才是高速机床的快速自动换刀装置并没有确定的指标，在技术条件可能的情况下，应尽可能提高换刀速度。

拓展与提高

自动换刀技术

（1）快速自动换刀技术的产生

如图 2.3.10 所示高速加工中心是高速机床的典型产品，高速功能部件如电主轴、高速丝杠和直线电动机的发展应用极大地提高了切削效率。为了配合机床的高效率，作为加工中心的重要部件之一的自动换刀装置（ATC）的高速化也相应成为高速加工中心

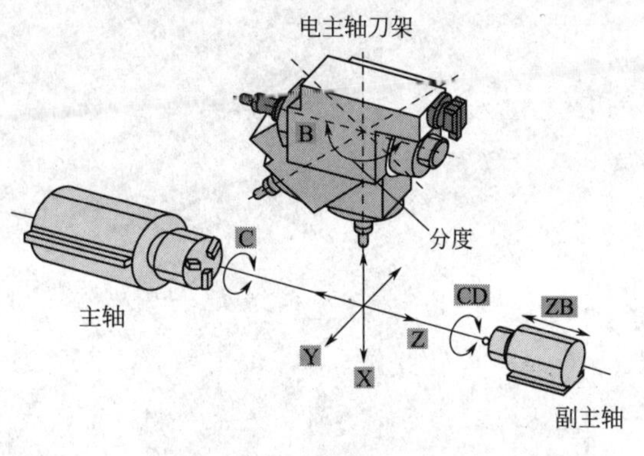

图 2.3.10 自动换刀

的重要技术内容。

随着切削速度的提高，切削时间的不断缩短，对换刀时间的要求也在逐步提高，换刀的速度已成为高水平加工中心的一项重要指标。

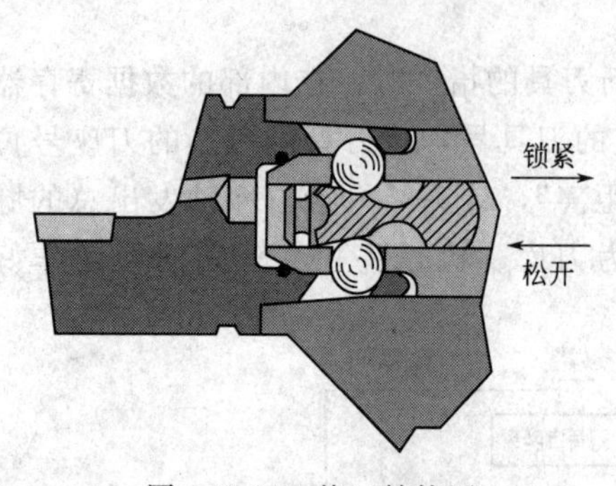

图 2.3.11　换刀结构图

由于加工中心的自动换刀要求可靠准确，而且结构相对比较复杂，提高换刀速度技术难度大，如图 2.3.11 所示。目前国外机床先进企业生产的高速加工中心为了适应高速加工，大都配备了快速自动换刀装置，很多采用了新技术、新方法。

（2）行业动态

国内外一些技术先进的机床制造公司开发出了多种采用不同技术的具有快速换刀装置的高速加工中心，一个很重要的特点是换刀技术的多样化，其目的都是努力缩短刀具交换时间。

金属切削机床的高速化已成为机床发展的重要方向之一，因此，快速换刀技术已经成为高速加工中心技术的重要组成部分：新技术和新方法在不断地出现和改进，其目的只有一个，即在准确可靠的基础上，缩短换刀时间，全面提高高速加工中心的切削效率。中国的高速机床制造业应该及时学习和尽快掌握先进的技术方法，不断提高国产高速加工中心的制造水平。

【思考与练习】

① 霍尔传感器一般分成＿＿＿＿＿型和＿＿＿＿＿型两大类。

② 霍尔传感器可测量什么量？＿＿＿＿＿＿（多项选择）

A. 磁场、电流、位移　　C. 压力、振动、转速

B. 大小、质量、速度　　D. 颜色、气味、形状

③ 霍尔传感器一般集成有＿＿＿＿＿、＿＿＿＿＿、＿＿＿＿＿和＿＿＿＿＿等四部分。

④ 霍尔传感器的特点有哪些？

⑤ 如果只朝一个方向转动换刀有何利弊？

⑥ 如何实现角度最小化转动的优化措施？

项目3 交流调速

任务3.1 单速度传送

能力目标

① 能识别 FR-E740 变频器；

② 能进行 FR-E740 外部端子接线和基本参数设置；

③ 能运用变频器外部端子和参数设置实现物料单速度传送；

④ 学会 PLC 和变频器综合控制基本设计。

使用材料、工具、设备

名称	型号或规格	数量	名称	型号或规格	数 量
变频器	FR-E740	1台	编程电缆	定制	1根
计算机	自行配置	1台	三相减速电机	40r/min，380V	1台
传送机构		1套	连接导线		若干
按钮	LA4-3H	1个	电工工具和万用表	万用表 MF47	1套
可编程控制器	FX_{2N}-48MR	1台	接线端子		若干

学习组织形式

训练和学习以小组为单位，两人为一小组，两人共同制订计划并实施，协作完成软硬件的安装及调试。

任务实施及要求

(1) 任务实施

皮带输送机由三相异步电动机拖动，并由变频器和 PLC 组成的系统进行控制。现要求变频器工作在 20Hz 频率下控制电动机拖动皮带机运转，如图 3.1.1 所示，当压下 SB1 按钮时电动机启动，当压下 SB2 按钮时皮带机停止。

① 按照图 3.1.1 完成变频与电源以及电动机的接线；

② 设置变频的参数；

③ 调试变频器的运行；

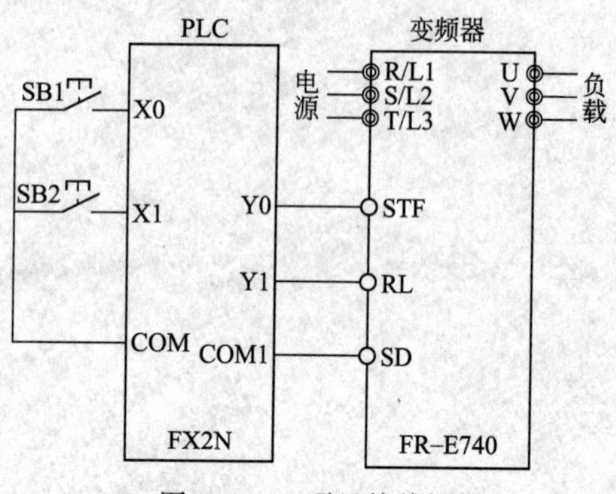

图 3.1.1 项目接线图

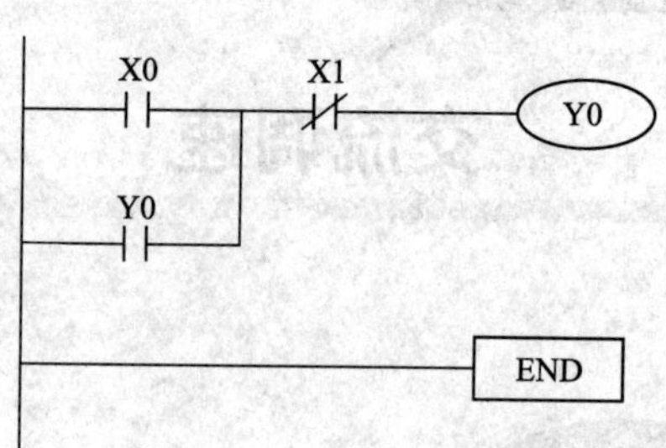

图 3.1.2 PLC 程序图

④ 调整皮带机运行正常；

⑤ 设计 PLC 的程序如图 3.1.2 所示；

⑥ 连接 PLC 的输入按钮和电源，调试 PLC 工作正常；

⑦ 按照图 3.1.1 项目接线图完成系统接线，并检查接线是否正确；

⑧ 变频器输出端不接电动机的情况下，压下 SB1 按钮观察 PLC 和变频工作是否正常；

⑨ 如系统正常则关闭系统，将电动机接到变频器的输出端后，再次调试系统。

(2) 要求

① 实训必须按照上述步骤进行，不得盲目通电；

② 首次通电试车必须在教师检查完毕后方可进行；

③ 实训中应注意用电安全和机械安全。

考核标准及评价

不同组的成员之间进行互相考核，教师抽查。

序号	主要内容	考核要求	评分标准	配分	扣分	得分
1	安装	① 按图纸的要求，正确使用工具和仪表，熟练安装电气元器件； ② 元件在配电板上布置要合理，安装要准确、紧固； ③ 按钮盒不固定在板上	① 元件布置不整齐、不匀称、不合理，每个扣 2 分； ② 元件安装不牢固、安装元件时漏装螺钉，每个扣 2 分； ③ 损坏元件，每个扣 4 分	15		
2	接线	① 布线要求横平竖直，接线紧固美观； ② 电源和电动机配线、按钮接线要接到端子排上，要注明引出端子标号； ③ 导线不能乱线敷设	① 电动机运行正常，但未按电路图接线，扣 2 分； ② 布线不横平竖直，主、控制电路，每根扣 1 分； ③ 接点松动、接头露铜过长、反圈、压绝缘层，标记线号不清楚、遗漏或误标，每处扣 1 分； ④ 损伤导线绝缘或线芯，每根扣 1 分； ⑤ 导线乱线敷设扣 15 分	20		

续表

序号	主要内容	考核要求	评分标准	配分	扣分	得分
3	参数设置	正确设置参数	① 设置参数前没有对变频器进行参数清除操作扣5分； ② 未按要求设置运行频率扣10分； ③ 没有设置上、下限频率扣5分； ④ 未设置Pr. 9参数扣5分； ⑤ 不会设置其他参数，错一个扣5分	30		
4	PLC程序	程序正确性	出错扣5分	10		
5	系统调试	在保证人身和设备安全的前提下，通电试验一次成功	一次试车不成功扣5分；二次试车不成功扣10分；三次试车不成功扣20分	25		
6	安全文明	在操作过程中注意保护人身安全及设备安全（该项不配分）	① 操作者要穿着和携带必需的劳保用品，否则扣5分； ② 作业过程中要遵守安全操作规程，有违反者扣5～10分； ③ 要做好文明生产工作，结束后做好清理板面、台面、地面，否则每项扣5分； ④ 损坏仪器仪表扣10分； ⑤ 损坏设备扣10～99分； ⑥ 出现人身事故扣99分			
备注			合计	100		
			考核员签字	年　　月　　日		

知识要点

3.1.1 变频器的组成及工作原理

变频器通常由主电路、控制电路和保护电路组成。

主电路如图3.1.3所示。

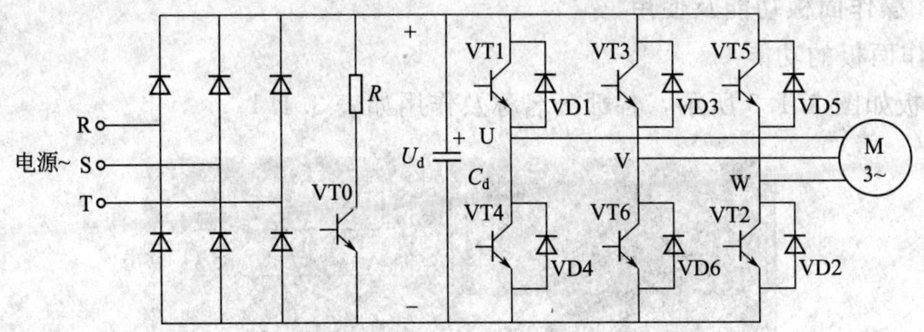

图3.1.3 变频器内部主电路

交流异步电动机的转速公式为

$$n=(1-s)60f/p$$

式中 f——定子供电频率，Hz；

p——磁极对数；

s——转差率；

n——电动机转速，r/min。

可见：只要平滑地调节异步电动机的供电频率 f，就可以平滑地调节交流异步电动机的转速。

3.1.2　E700 系列变频器面板和型号简介

交流调速的 3 个任务将以日本三菱 E700 系列的变频器为例，进行工作任务的实施和学习。如图 3.1.4 是日本三菱 FR-E740-0.75K-CHT 变频器的面板图片。

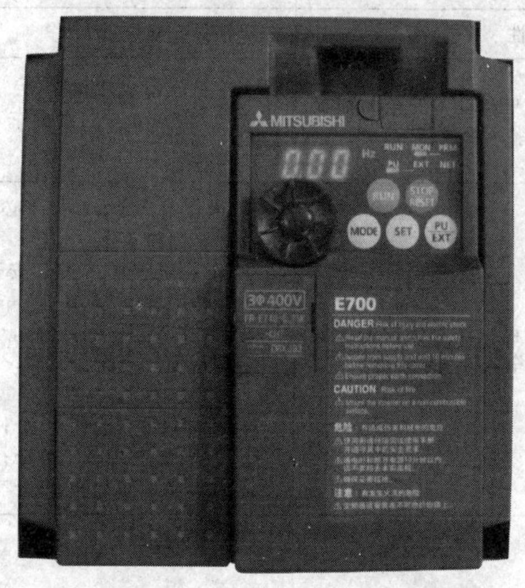

图 3.1.4　日本三菱 FR-E740-0.75K-CHT 变频器的面板图片

变频器的型号意义如下。

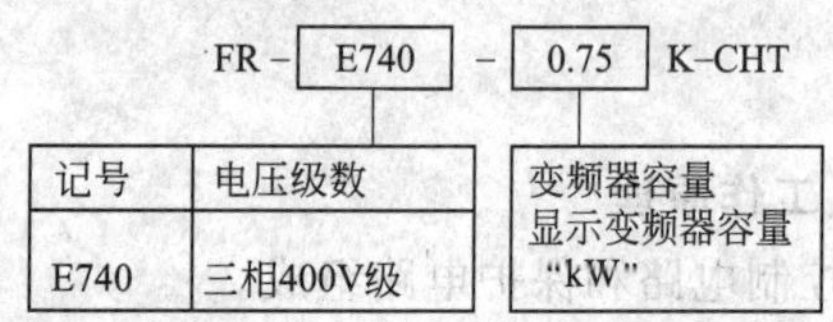

3.1.3　操作面板功能及使用

(1) 操作面板的功能

操作面板如图 3.1.5 所示，各部分名称及作用如表 3.1.1。

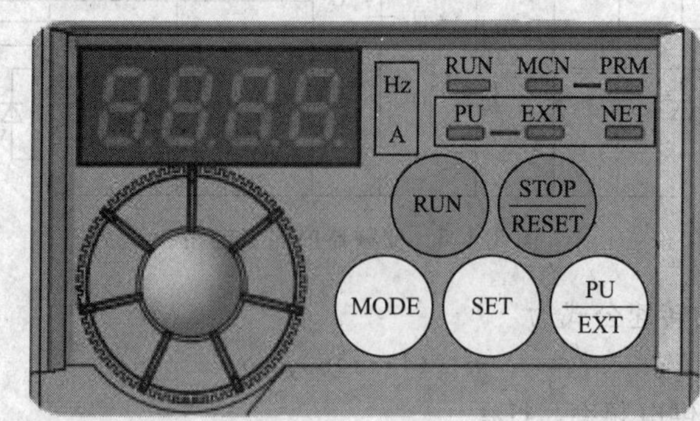

图 3.1.5　操作面板

表 3.1.1 操作面板各部分名称及作用

名称	图形	作用
运行模式显示	PU EXT NET	PU 运行模式时亮灯 EXT 外部运行模式时亮灯 NET 网络运行模式时亮灯
监视器	8.8.8.8	显示频率、电流、转速、变频器参数编号等
运行状态显示	RUN	亮灯：运行中灯亮
参数设定模式显示	PRM	参数设定模式时亮灯
监视器显示	MCN	监视模式时亮灯
单位显示	Hz A	显示频率时亮灯 显示电流时亮灯
M 旋钮		用于变更频率设定、参数的设定值。 按该旋钮可显示以下内容。 • 监视模式时的设定频率 • 校正时的当前设定值 • 报警历史模式时的顺序
模式切换	MODE	用于切换各设定模式
各设定的确定	SET	用于设定参数的确定
运行模式切换	PU/EXT	用于切换 PU/外部运行模式
启动指令	RUN	通过 Pr. 40 的设定，可以选择旋转方向
停止运行	STOP/RESET	停止运转指令 保护功能（严重故障）生效时，也可以进行报警复位

（2）面板基本操作

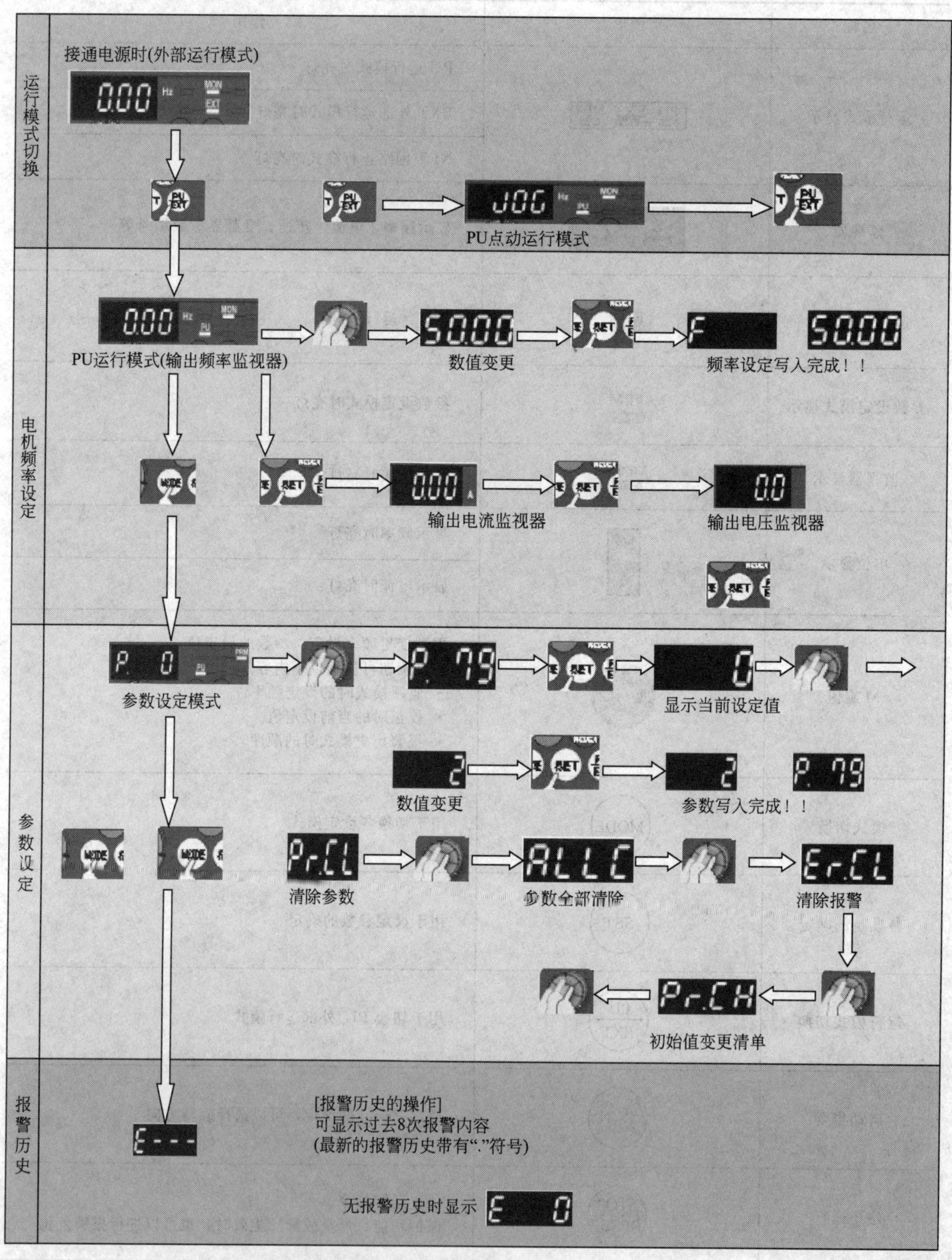

3.1.4 E700系列变频器端子接线图

E700系列变频器端子接线图如图3.1.6所示。

● 三相400V电源输入

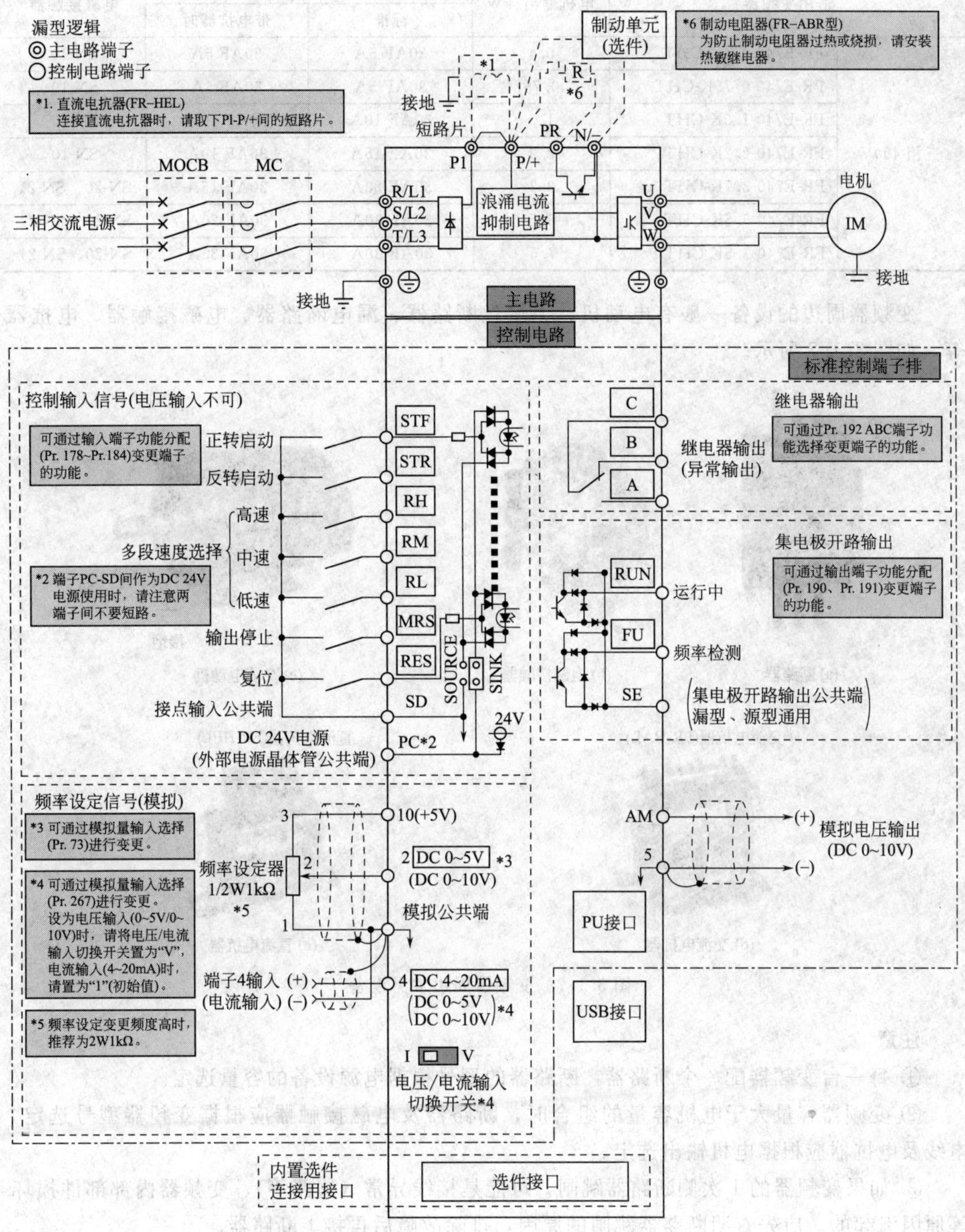

图 3.1.6　变频器端子接线图

3.1.5　变频器周边设备的介绍

在变频器的实际应用中是根据变频器的型号，周边配套的设备是按照容量来进行选择的。一般情况下参照表 3.1.2 来选择变频器周边配套的设备。

表 3.1.2 变频器周边设备的选择参数表

适用变频器		电机输出/kW	无熔丝断路器或漏电断路器		电磁接触器
			标准	带电抗器时	
三相 400V	FR-E740-0.4K-CHT	0.4	30AF 5A	30AF 5A	SN-10
	FR-E740-0.75K-CHT	0.75	30AF 5A	30AF 5A	SN-10
	FR-E740-1.5K-CHT	1.5	30AF 10A	30AF 10A	SN-10
	FR-E740-2.2K-CHT	2.2	30AF 15A	30AF 10A	SN-10
	FR-E740-3.7K-CHT	3.7	30AF 20A	30AF 15A	SN-20、SN-21
	FR-E740-5.5K-CHT	5.5	30AF 30A	30AF 20A	SN-20、SN-21
	FR-E740-7.5K-CHT	7.5	30AF 30A	30AF 30A	SN-20、SN-21

变频器周边的设备一般有电动机、无熔丝断路器、漏电断路器、电磁接触器、电抗器等，如图 3.1.7 所示。

(a) 断路器

(b) 电磁接触器

(c) 交流电动机

交流电抗器(FR-HAL)

(d) 交流电抗器

(e) 直流电抗器

图 3.1.7 变频器周边常见设备

注意

① 每一台变频器配一个断路器，断路器的型号根据电源设备的容量选定。

② 变频器容量大于电机容量的组合时，断路器及电磁接触器应根据变频器型号选定，电线及电抗器应根据电机输出选定。

③ 如果变频器的 1 次侧断路器跳闸，可能是接线异常（短路等）、变频器内部部件损坏等原因引起的。应先查明断路器跳闸的原因，排除故障后再接上断路器。

小实验 1：参数清除，全部清除。

① 供给电源时的画面监视器显示

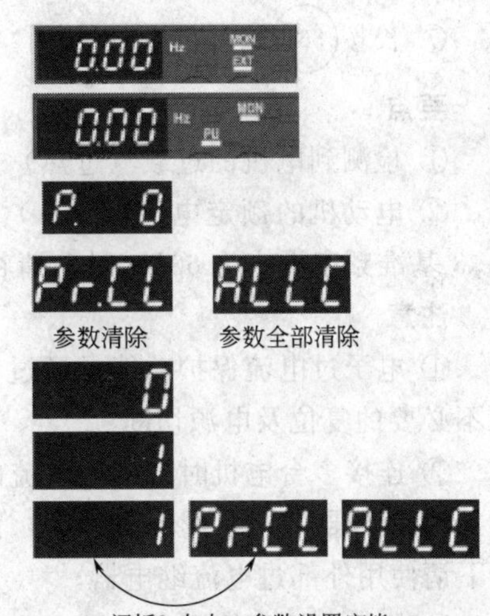

参数清除　参数全部清除

闪烁3s左右，参数设置完毕

② 按(PU/EXT)键切换到 PU 运行模式

③ 按(MODE)键进行参数设定

④ 旋转 M 旋钮找到 Pr. CL 或 ALLC

⑤ 按(SET)键读取当前设定值

⑥ 旋转 M 旋钮改变设定值为“1”

⑦ 长按(SET)键进行设置

要点

① 如果设定 Pr. 77 参数写入选择＝“1”，则无法清除。

② 执行此操作所清除的参数请确认。

小实验 2：设置输出频率的上限与下限（Pr. 1，Pr. 2）。以下给出 Pr. 1 的参数调整步骤。

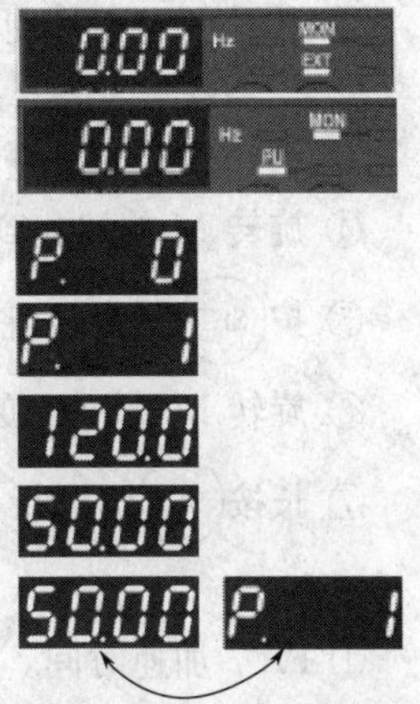

闪烁3s左右，参数设置完毕

① 供给电源时的画面监视器显示

② 按(PU/EXT)键切换到 PU 运行模式

③ 按(MODE)键进行参数设定

④ 旋转 M 旋钮找到 Pr. 1

⑤ 按(SET)键读取当前设定值 120.0

⑥ 旋转 M 旋钮改变设定值为“50.00”

⑦ 长按(SET)键进行设置

要点

① 设定 Pr. 1 后，旋转 M 旋钮也不能设定比 Pr. 1 更高的值。

② 如果要达到 120Hz 以上的高速运行，要设定 Pr. 18 的高速上限频率。

注意

当 Pr. 2 设定高于 Pr. 13 启动频率设定值时，即使指令频率没有输入，只要启动信号为 ON，电机就在 Pr. 2 设定的频率下运行。

小实验 3：设置电子过电流保护（Pr. 9）。

① 供给电源时的画面监视器显示

② 按(PU/EXT)键切换到 PU 运行模式

③ 按(MODE)键进行参数设定

④ 旋转 M 旋钮找到 Pr. 9

⑤ 按(SET)键读取当前设定值 4.00（FR-E740-1.5K 显示初始值为 4A）

⑥ 旋转 M 旋钮改变设定值为“3.50”（3.5A）

⑦ 长按(SET)键进行设置

要点

① 检测到电机的过载（过热）后，停止变频器的输出晶体管的动作并停止输出。

② 电动机的额定电流值（A）通过 Pr. 9 设定（电机的额定频率分为 50Hz 和 60Hz，Pr. 3 基准频率设定为 60Hz 时，请将 60Hz 的电机额定电流设定为 1. 1 倍）。

注意

① 电子过电流保护功能是通过变频器的电源复位以及输入复位信号为初始状态。请避免不必要的复位及电源切断。

② 连接多台电机时电子过电流的保护功能无效。每个电机请设置外部过电流继电器。

③ 变频器与电机的容量差大，而设定值变小时电子过电流的保护作用会降低，这种情况下请使用外部过电流继电器。

④ 特殊电机不能用电子过电流来进行保护。请使用外部过电流继电器。

小实验 4：改变加速时间与减速时间（Pr. 7，Pr. 8）。以下给出 Pr. 7 的参数调整步骤。

闪烁3s左右，参数设置完毕

① 供给电源时的画面监视器显示

② 按(PU/EXT)键切换到 PU 运行模式

③ 按(MODE)键进行参数设定

④ 旋转 M 旋钮找到 Pr. 7

⑤ 按(SET)键读取当前设定值 5. 0

⑥ 旋转 M 旋钮改变设定值为“10. 0”

⑦ 长按(SET)键进行设置

要点

① Pr. 7 加速时间，如果想慢慢加速就把时间设定得长些，如果想快点加速就把时间设定得短些。

② Pr. 8 减速时间，如果想慢慢减速就把时间设定得长些，如果想快点减速就把时间设定得短些。

小实验 5：用 PU 实现变频器的启动和停止。

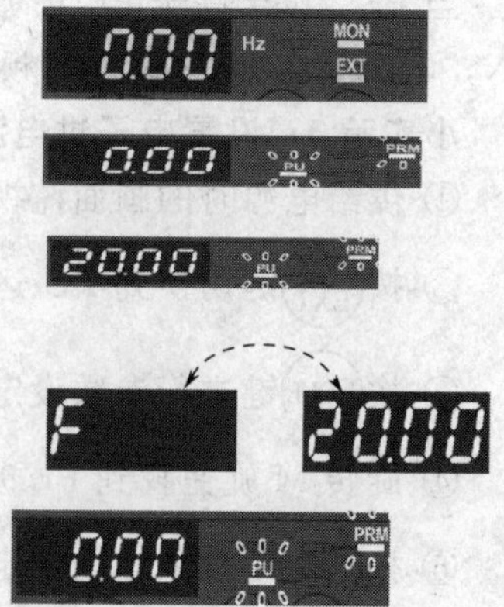

① 给变频器接通电源监视画面显示

② 按(PU/EXT)键切换到 PU 运行模式

③ 旋转 M 旋钮 选择频率

④ F 和设定频率交替闪烁

⑤ 5s 内按(SET)键确定设置屏幕进入监视器显示画面

⑥ 闪烁 3s 后显示“0. 00”，按(RUN)键电动机开始启动运行

⑦ 按(STOP/RESET)后电动机停止运行

要点

① 工作开始前请清除变频器参数，并确认 Pr. 79 的设定值为“0”。

② 设定上限频率 Pr1 的参数为 50Hz。

③ 换模式后请确认已经切换成功。

④ 第 4 步至第 5 步之间必须在 5s 内完成，否则显示会恢复到 0.00Hz。

⑤ 运行中按(SET)键从监视窗口监视输出频率和电流。

小实验 6：用外部端子实现变频器的外部启动和停止。

① 按图 3.1.8 所示完成电路的接线，启动变频器使其运行在 20Hz 频率下。

② 训练步骤

• 按照电路图完成电路的连接，并接通电源和负载；

• 清除变频器参数；

• 设置变频器参数 Pr. 79=1Hz，此时 PU 指示灯亮；

• 设置变频器参数 Pr. 1=50Hz，Pr. 2=0Hz，Pr. 3=50Hz，Pr. 6=20Hz，Pr. 7=4s，Pr. 8=6s；

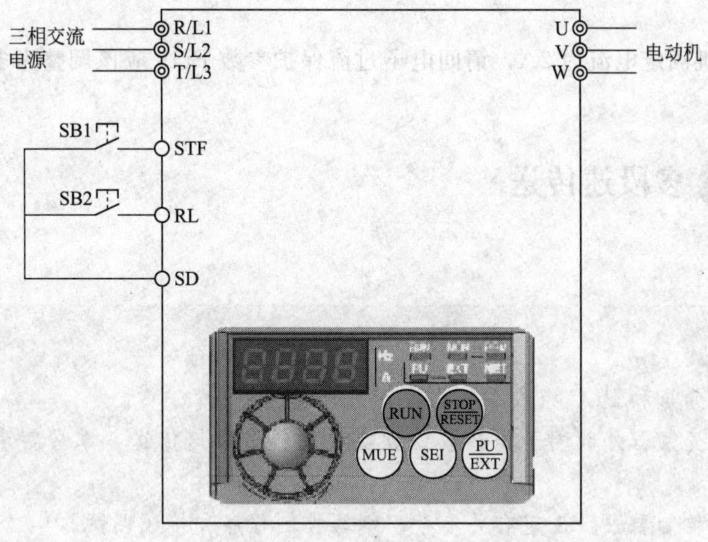

图 3.1.8 电路接线图

• 根据电动机的额定电流设置 Pr. 9 的参数，变频器其他参数采用默认值；

• 设置完成后将 Pr. 79 的参数设置为 2Hz；

• 压下 SB1 按钮观察变频器和电动机运行状况，再压下 SB2 观察变频器和电动机运行情况；

• 同时松开两个按钮观察系统状态。

要点

① 上、下限频率设定值决定了变频器设定频率的范围。

② Pr. 6=20Hz 决定了变频器 RL 端子的启动频率。

③ Pr. 9 参数的设定起到了对电动机的电子过流保护作用，可防止电动机过热。

注意

① 启动前必须观察变频器的确是处在外部模式，即 EXT 等必须亮。

② Pr. 9 为电流保护设定值，请根据电动机额定电流来设定。当控制一台电动机运行时，次参数值应设为 1～1. 2 倍的电动机额定电流；当变频器带动两台或三台电动机时，此参数的值应该设为“0”，即不起保护作用，每台电动机外接热继电器来保护。特殊电动机不能用过流保护和外接热继电器保护。

【思考与练习】

① 加减速时间在系统调试中应如何调整？

② 试着练一练，将上限频率设定为 60Hz，下限频率设定为 20Hz，运行频率为 40Hz，加速时间为 10s，减速时间为 2s。

③ 试着练一练，在 PU 模式下，设定电机点动运行在 40Hz，加减速时间为 10s。

④ 试着练一练，在 PU 模式下，电机连续运行在 40Hz 的同时，把频率改为 50Hz。

⑤ 在 PU 模式下，如何实现皮带机的正反转？

⑥ 在外部模式下，如何实现皮带机的正反转？

⑦ 如果电动机输出功率是 1. 5kW，请问选用 E740 的哪一个型号的变频器进行调速控制？

⑧ 当电动机额定电流为 2A，请问电子过流保护参数 Pr. 9 应该调整为多少？

任务 3. 2 多段速传送

① 能用变频器和 PLC 组成系统，实现多段速的控制；

② 能运用变频器外部端子和参数设置实现物料多段速传送，掌握实现多段速调速的方法；

③ 能根据控制要求，设定有关参数、编写控制程序和接线调试。

使用材料、工具、设备

名称	型号或规格	数量	名称	型号或规格	数 量
变频器	FR-E740	1 台	编程电缆		1 根
计算机	自行配置	1 台	三相减速电机	40r/min ，380V	1 台
传送机构		1 套	连接导线		若干
按钮	LA4-3H	7 个	电工工具		1 套

续表

名称	型号或规格	数量	名称	型号或规格	数 量
钮子开关	SMTS-202	4 个	万用表	MF47	1 个
可编程控制器	FX_{2N}-48MR	1 台	接线端子		若干

学习组织形式

训练和学习以小组为单位，两人一小组，两人共同制订计划并实施，协作完成软硬件的安装及调试。

任务实施及要求

(1) 任务实施

皮带输送机由三相异步电动机拖动，并由变频器和PLC组成的系统进行控制。现要求变频器工作在如图3.2.1所示的七段速度下来控制电动机拖动皮带机运转，分别用7个按钮来控制。

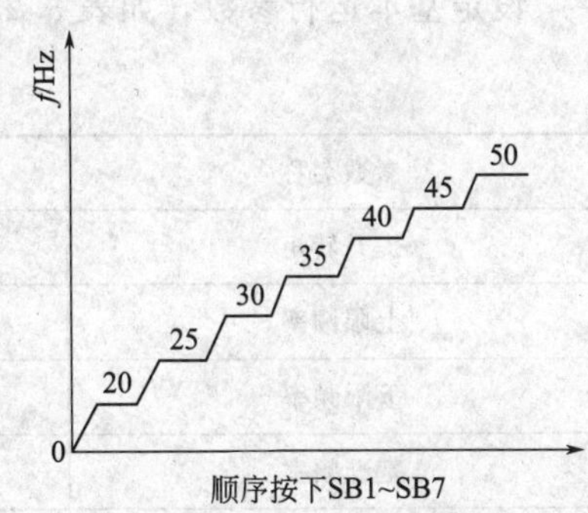

图 3.2.1　7挡转速频率

如图3.2.2中，SF1和ST1用于控制接触器KM，从而控制变频器的通电与断电；SF2和ST2用于控制变频器的运行；RST用于变频器排除故障后的复位；SB1～SB7是7挡转速的选择按钮。各挡转速与输入状态之间的关系如表3.2.1。“1”表示端口为“ON”状态，“0”表示端口为“OFF”状态。

① 按照图3.2.2所示进行控制回路接线。

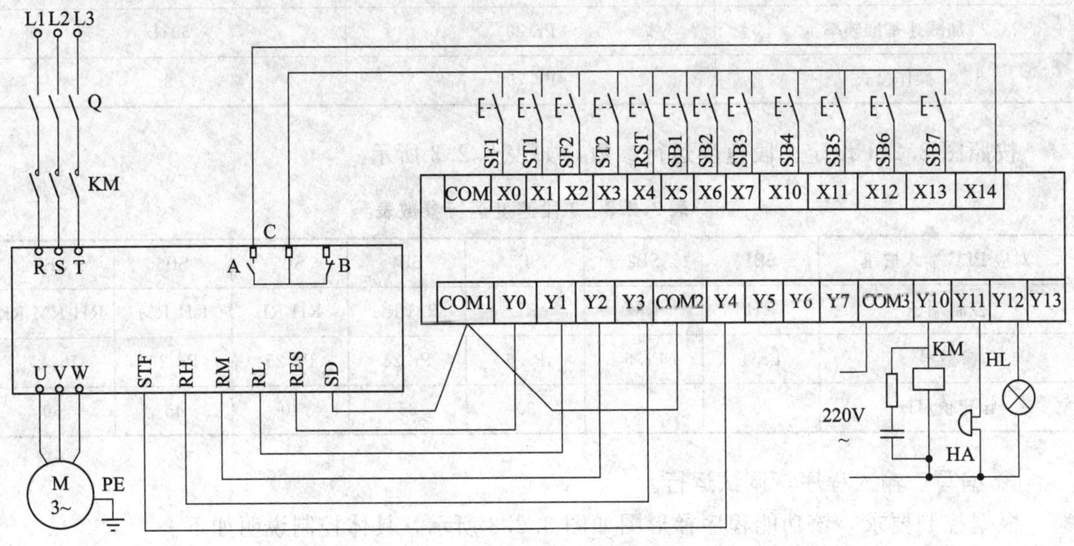

图 3.2.2　多段控制接线图

表 3.2.1　7 挡转速与输入端状态关系表

转速挡次	各输入端的状态		
	RH	RM	RL
1	1	0	0
2	0	1	0
3	0	0	1
4	0	1	1
5	1	0	1
6	1	1	0
7	1	1	1

② 在 PU 模式下，设定参数。

设定基本运行参数，如表 3.2.2 所示。

表 3.2.2　基本运行参数

参数名称	参数号	设定值
提升转矩	Pr. 0	5%
上限频率	Pr. 1	50Hz
下限频率	Pr. 2	3Hz
基准频率	Pr. 3	50Hz
加速时间	Pr. 7	4s
减速时间	Pr. 8	3s
电子过流保护	Pr. 9	3A（由电动机额定电流确定）
加减速基准频率	Pr. 20	50Hz
操作模式	Pr. 79	3

按照图 3.2.1 设定 7 段速度运行参数，如表 3.2.3 所示。

表 3.2.3　7 段速度运行参数表

对应 PLC 输入按钮	SB1	SB2	SB3	SB4	SB5	SB6	SB7
控制端子	RH	RM	RL	RM RL	RH RL	RH RM	RH RM RL
参数号	Pr. 4	Pr. 5	Pr. 6	Pr. 24	Pr. 25	Pr. 26	Pr. 27
设定值/Hz	20	25	30	35	40	45	50

③ 编写、输入程序，调试运行。

根据控制要求，该功能程序梯形图如图 3.2.3 所示，具体控制说明如下。

A 段：变频器的通电控制。

按下 SF1→X0 动作→在 Y4 未工作、变频器的 STF 和 SD 之间未接通的前提下，Y10 动作并自锁→接触器 KM 得电并动作→变频器接通电源。

按下 ST1→X1 动作→在 Y4 未工作、变频器的 STF 和 SD 之间未接通的前提下，Y10 释放→接触器 KM 失电，变频器切断电源。

B 段：变频器的运行控制。

按下 SF2→X2 动作→若 Y10 已经动作、变频器已经通电，则 Y4 动作并自锁→变频器的 STF 和 SD 之间接通，系统开始降速并停止。

C 段：故障处理段。

如变频器发生故障，变频器的故障输出端 B 和 A 之间接通→X14 动作→Y10 释放→接触器 KM 失电，变频器切断电源。与此同时，Y11 和 Y12 动作，进行声光报警。

当故障排除后，按下 RST→X4 动作→Y0 动作，变频器的 RES 与 SD 之间接通，变频器复位。

D～J 段：多挡速切换。以 D 段为例，说明如下：

按下 SB1→M1 动作并自锁，M1 保持第 1 挡转速的信号。当按下 SB2～SB7 中任何一个按钮开关时，M1 释放。即：M1 仅在选择第 1 挡转速时动作。F～J 段以此类推。

K～M 段：多挡速控制。

由表 3.2.3 可知：Y1 在第 3、4、5、7 挡转速时都处于接通状态，故 M3、M4、M5、M7 中只要有一个接通，则 Y1 接通，变频器 RL 端接通；Y2 在第 2、4、6、7 挡转速时都处于接通状态，故 M2、M4、M6、M7 中只要有一个接通，则 Y2 动作，变频器的 RM 端接通；Y3 在第 1、5、6、7 挡转速时都处于接通状态，故 M1、M5、M6、M7 中只要有一个接通，则 Y1 动作，变频器的 RH 端接通。

现在以用户选择第 3 挡转速（f_3=30Hz）为例，说明其工作情况：

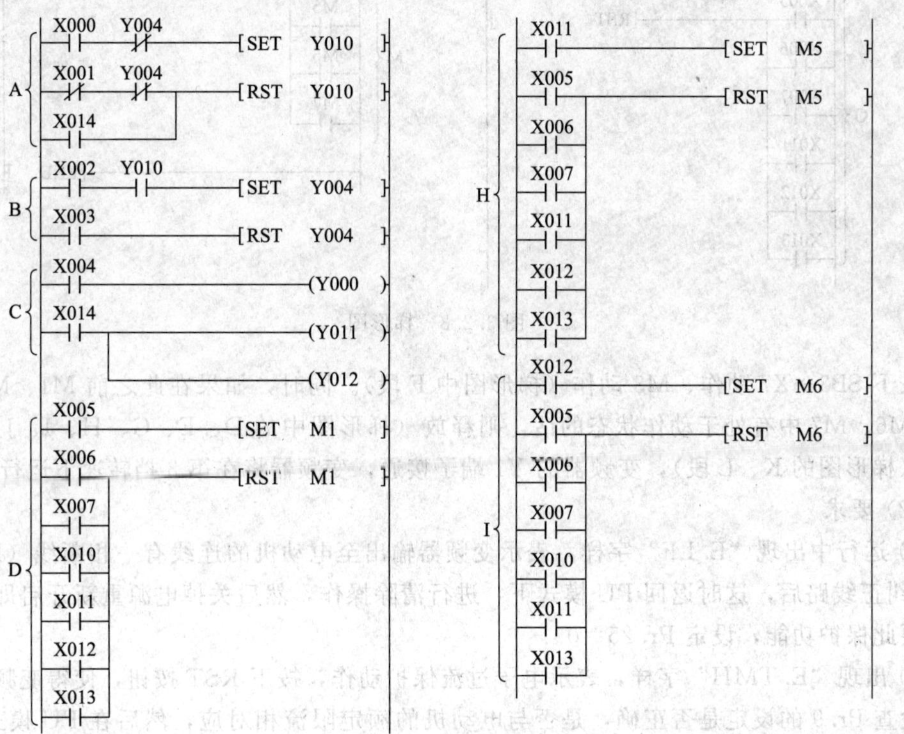

图 3.2.3

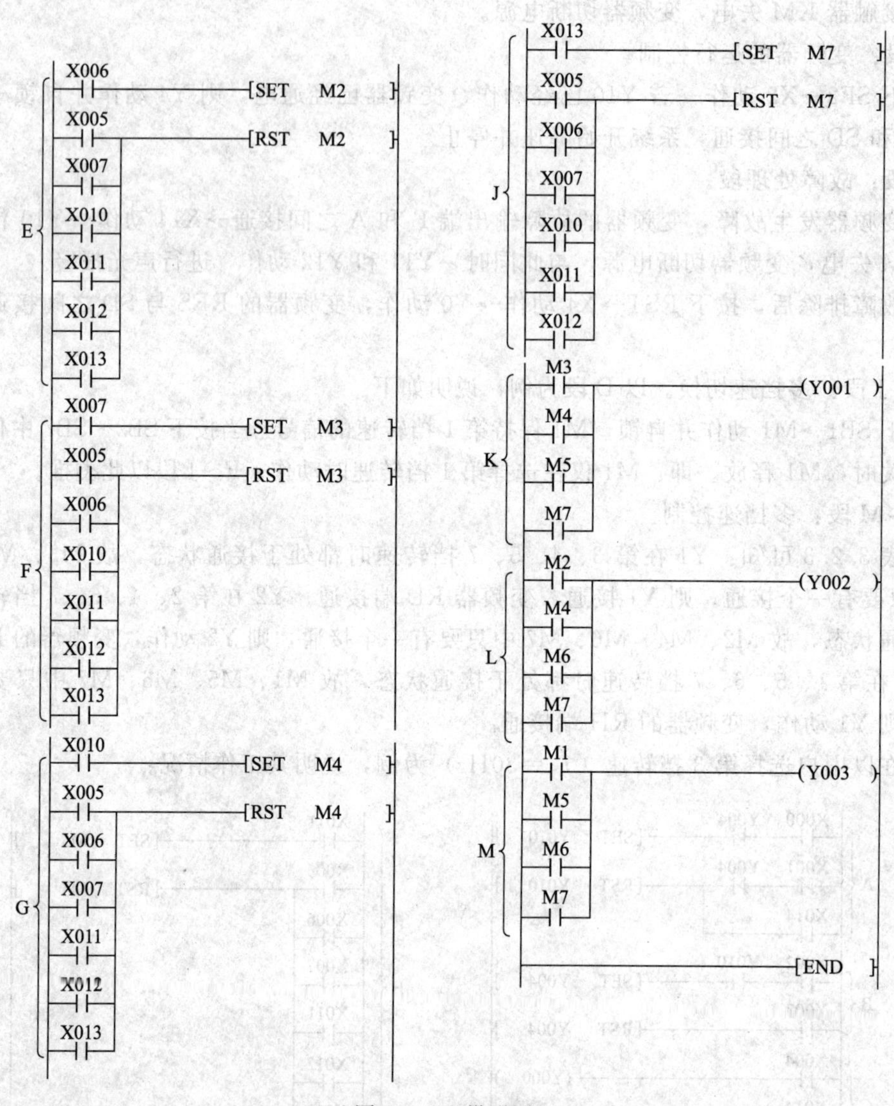

图 3.2.3 梯形图

按下 SB3→X7 动作、M3 动作（梯形图中 F 段）。同时，如果在此之前 M1、M2、M4、M5、M6、M7 中有处于动作状态的话，则释放（梯形图中的 D、E、G、H、I、J 段），Y1 动作（梯形图的 K、L 段），变频器的 Y1 端子接通，变频器将在第 3 挡转速下运行。

(2) 要求

① 运行中出现“E. LF”字样，表示变频器输出至电动机的连线有一相断线（即缺相保护），纠正线路后，这时返回 PU 模式下，进行清除操作，然后关掉电源重新开启即可消除。若不要此保护功能，设定 Pr. 25＝0。

② 出现“E. TMH”字样，表示电子过流保护动作，按下 RST 按钮，使得变频器复位。然后检查 Pr. 9 的设定是否正确，是否与电动机的额定限流相对应，然后在 PU 模式下进行 Pr. 9 参数的修改。

考核标准及评价

不同组的成员之间进行互相考核，教师抽查。

序号	主要内容	考核要求	评分标准	配分	扣分	得分
1	安装	① 按图纸的要求，正确使用工具和仪表，熟练安装电气元器件； ② 元件在配电板上布置要合理，安装要准确、紧固； ③ 按钮盒不固定在板上	① 元件布置不整齐、不匀称、不合理，每个扣 2 分； ② 元件安装不牢固、安装元件时漏装螺钉，每个扣 2 分； ③ 损坏元件，每个扣 4 分	15		
2	接线	① 布线要求横平竖直，接线紧固美观； ② 电源和电动机配线、按钮接线要接到端子排上，要注明引出端子标号； ③ 导线不能乱线敷设	① 电动机运行正常，但未按电路图接线，扣 2 分； ② 布线不横平竖直，主、控制电路，每根扣 1 分； ③ 接点松动、接头露铜过长、反圈、压绝缘层，标记线号不清楚、遗漏或误标，每处扣 1 分； ④ 损伤导线绝缘或线芯，每根扣 1 分； ⑤ 导线乱线敷设扣 15 分	20		
3	参数设置	正确设置参数	① 设置参数前没有对变频器进行参数清除操作扣 3 分； ② 未按要求设置运行频率，每错一个扣 2 分； ③ 没有设置上、下限频率扣 5 分； ④ 未设置 Pr. 9 参数扣 3 分； ⑤ 不会设置其他参数，错一个扣 1 分	30		
4	PLC 程序	程序正确性	出错扣 5 分	10		
5	系统调试	在保证人身和设备安全的前提下，通电试验一次成功	一次试车不成功扣 5 分；二次试车不成功扣 10 分；三次试车不成功扣 20 分	25		
6	安全文明	在操作过程中注意保护人身安全及设备安全（该项不配分）	① 操作者要穿着和携带必需的劳保用品，否则扣 5 分； ② 作业过程中要遵守安全操作规程，有违反者扣 5～10 分； ③ 要做好文明生产工作，结束后做好清理板面、台面、地面，否则每项扣 5 分； ④ 损坏仪器仪表扣 10 分； ⑤ 损坏设备扣 10～99 分； ⑥ 出现人身事故扣 99 分			
备注			合计			
			考核员签字	年　月　日		

知识要点

变频器实现多段速控制时，其转速挡的切换是通过外接开关器件改变其输入端的状态组合来实现的。以三菱 FR-E740 系列变频器为例，要设置的具体参数有 Pr. 4～Pr. 6、Pr. 24～Pr. 27、Pr. 232～Pr. 239。用设置功能参数的方法将多种速度先行设定，运行时由输入端子控制转换，其中，Pr. 4、Pr. 5、Pr. 6 对应高、中、低三个速度的频率。

(1) 1～7 速的设定 (Pr. 4～Pr. 6、Pr. 24～Pr. 27)

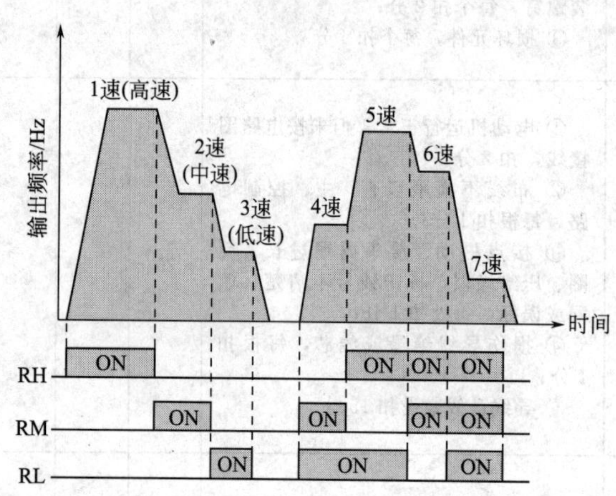

图 3.2.4　实现 7 速的变频器控制端子时序图

如图 3.2.4 实现 7 速的变频器控制端子时序图所示，1～7 速的实现由 RH、RM、RL 三个输入端子的信号组合来实现。

注意：

① 初始设定情况下，同时选择 2 段速度以上时则按照低速信号侧的设定频率。例如：RH、RM 信号均为 ON 时，RM 信号 (Pr. 5) 优先。

② 在初始设定下，RH、RM、RL 信号被分配在 RH、RM、RL 端子上。通过 Pr. 178～Pr. 184（输入端子功能选择）中设定“0 (RL)”、“1 (RM)”、“2 (RH)”，还可以将信号分配给其他端子。

(2) 8～15 速的设定 (Pr. 232～Pr. 239)

如图 3.2.5 实现 8～15 速的变频器控制端子时序图所示，通过 RH、RM、RL、REX 的组合，可以设定 8～15 速。需在 Pr. 232～ Pr. 239 中设定运行频率。REX 信号输入所使用的端子，需通过将 Pr. 178～Pr. 184（输入端子功能选择）设定为“8”来分配功能。多段速运行的接线示意图如图 3.2.6 所示。

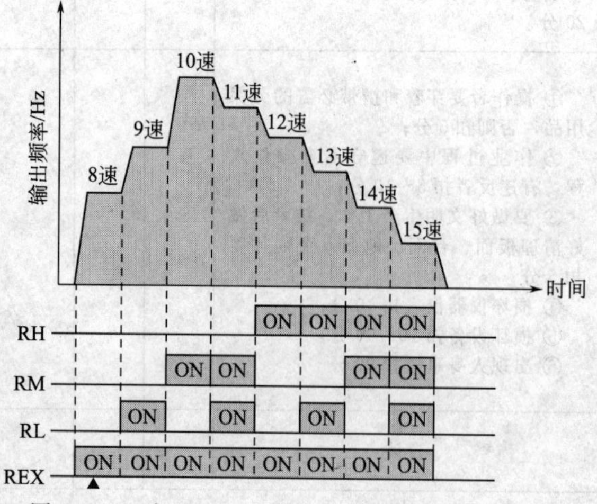

图 3.2.5　实现 8～15 速的变频器控制端子时序图

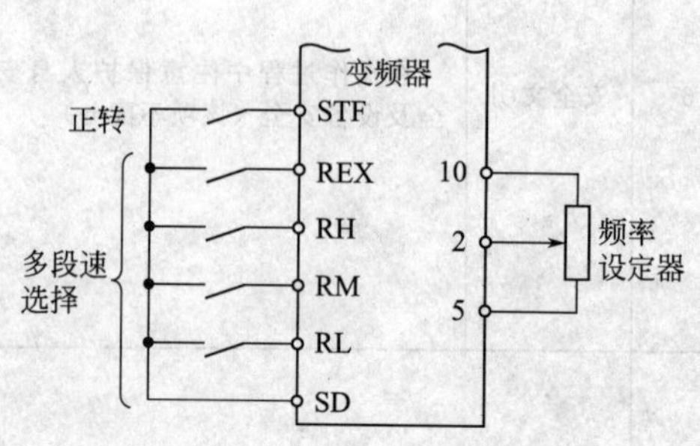

图 3.2.6　多段速运行的接线示意图

注意

① 多段速设定在外部运行模式或PU/外部运行模式（Pr. 79＝1或者Pr. 79＝3、4）时有效。

② 多段速参数设定在PU运行过程中或外部运行过程中也可以进行设定。

③ Pr. 24～Pr. 27、Pr. 232～Pr. 239的设定值不存在先后顺序。

拓展与提高

如果在以上案例的基础上想实现第8速的设定和控制，硬件电路应该怎么修改？变频器的参数应该怎么修改？程序应该怎么修改？

【思考与练习】

① 在变频器多段速调速控制中，需要设置哪些保护？具体参数是如何设置的？

② 试着练一练，初始设定情况下，1～3速同时选择2段速度以上时，通过实践验证，变频器将按照低速信号侧的设定频率运行。

③ 请列出1～15速设定时，RH、RM、RL、REX各输入端子的状态与设定参数Pr. 4～Pr. 6、Pr. 24～Pr. 27、Pr. 232～Pr. 239之间的对应关系表。

④ 多段速设定在什么样的运行模式下有效？

⑤ 多段速的速度参数在变频器运行过程中也可以直接修改吗？

⑥ 运行中出现“E. LF”字样，说明产生了什么故障？该怎样排除？

⑦ 运行中出现“E. TMH”字样，说明产生了什么故障？该怎样排除？

⑧ 变频器电源端“R、S、T”接线和电动机端“U、V、W”接线如果互换接错，会有什么事故发生？

任务3.3 组合运行调速

能力目标

① 能熟练运用变频器的两种组合控制模式控制电动机的转速。

② 能独立进行变频器组合控制模式的接线、参数设置及调试和运行。

使用材料、工具、设备

名称	型号或规格	数量	名称	型号或规格	数 量
变频器	FR-E740	1台	编程电缆	定制	1根
计算机	自行配置	1台	三相减速电机	40r/min，380V	1台
模拟平板车的传送机构		1套	连接导线		若干
钮子开关	SMTS-202	5个	电工工具		1套

续表

名称	型号或规格	数量	名称	型号或规格	数 量
万用表	MF47	1个	接线端子		若干
可变电位计	1W，1kΩ	1个			

学习组织形式

训练和学习以小组为单位，两人一小组，两人共同制订计划并实施，协作完成硬件的安装及调试。

任务实施及要求

(1) 任务实施

工厂车间内在各个工段之间运送钢材等重物时常使用的平板车，就是正反转变频调速应用实例，它的运行速度曲线如图 3.3.1 所示。

图 3.3.1 中的 A-C 段是装载时的正转运行，C-E 段是卸下重物后空载返回时的反转运行，前进、后退的加减速时间是由变频器的加、减速参数来设定。当前进到接近放下重物的位置 B 时，减速到 10Hz 运行，以减小停止时的惯性；同样，当后退到接近装载的位置 D 时，减速到 10Hz 运行，减小停止时的惯性。现要求用外部开关控制电动机的启停，接线图如图 3.3.2 所示，用面板（PU）调节电动机的运行频率。这种用参数单元控制电动机的运行频率，外部接线控制电动机启停的运行模式，是变频器组合运行模式的一种，是工业控制中常用的方法。

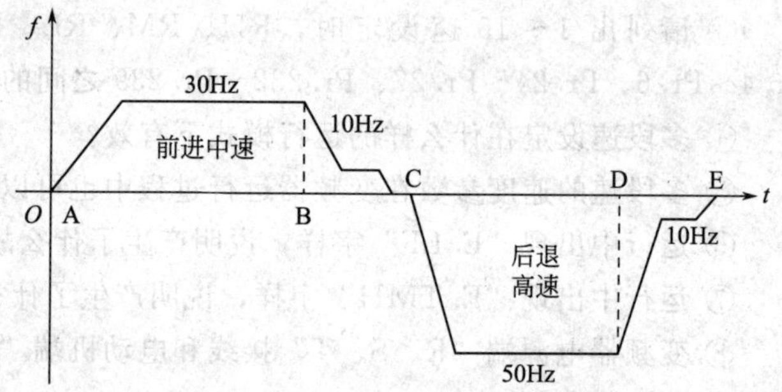

图 3.3.1　平板车运行速度曲线图

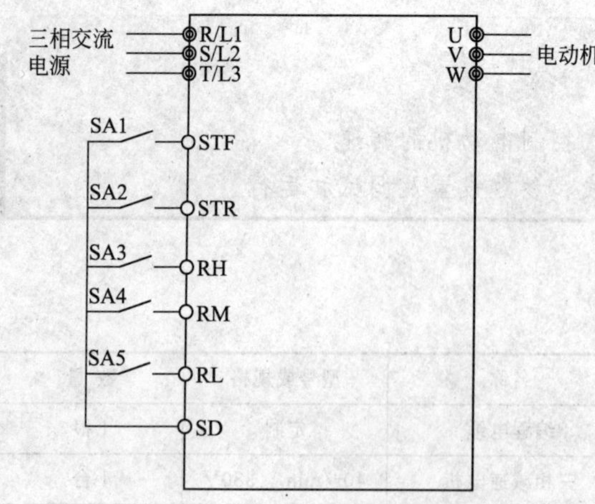

图 3.3.2　组合操作控制接线图

那么，应该用变频器如何实现这种调速的调试呢？以下将会用变频器的组合控制模式来实现。

从任务描述分析，平板车用三相异步电动机拖动，直接由变频器进行调速控制。图 3.3.1 的运行曲线有以下优点：①节省一个周期的运行时间，提高工作效率；②停车前的缓冲速度保证了停车精度，消除了对正位置的时间；③由于加减速按恒加减速运行，没有振动，运行平稳，提高了安全性。

为了调试方便，可以直接沿用任务 3.1 和任务 3.2 中的传输装置模拟平板车的运动。选用组合操作模式 1，采用变频器外部信号控制电动机启停、操作面板设定运行频率来实现控制。

① 按照图 3.3.2 所示进行接线。

② 检查无误后通电。

③ 参数设定。在“PU”（参数单元模式）下，按照表 3.3.1 参数设定表进行参数设定。

表 3.3.1　参数设定表

参数号	设定值	功能
Pr. 79	3	组合操作模式 1
Pr. 1	50	上限频率
Pr. 2	0	下限频率
Pr. 3	50	基准频率
Pr. 20	50	加、减速基准频率
Pr. 7	4	加速时间
Pr. 8	5	减速时间
Pr. 9	2	电子过流保护（由电动机额定电流确定）
Pr. 4	50	高速反退频率
Pr. 5	30	中速前进频率
Pr. 6	10	低速运行频率

④ 设 Pr. 79=3 时，可观察到“EXT”和“PU”灯同时亮。

⑤ 在接通 RM 与 SD 的前提下，SD 与 STF 导通，平板车中速前进在 30Hz，当运行到 B 点时，将 RM 于 SD 断开，SD 与 RL 导通，低速前进运行在 10Hz，运行到 C 点时平板车停止运行。

⑥ 在接通 RH 与 SD 的前提下，SD 与 STR 导通，平板车以 50Hz 高速后退，当运行到 D 点时，将 RH 与 SD 断开，SD 与 RL 导通，低速返回运行在 10Hz，运行到 E 点时平板车停止运行。

(2) 要求

① 通电前必须由教师进行检查方可通电，通电过程中必须有一人进行监护。

② 必须正确设置变频器参数。

考核标准及评价

不同组的成员之间进行互相考核，教师抽查。

项目		配分	扣分标准	得分
操作模式		5	错误不得分	
参数设定		45	每错一个参数扣 5 分	
RH 与 SD 导通	正转	5	错误扣 5 分	
	反转	5	错误扣 5 分	
RM 与 SD 导通	正转	5	错误扣 5 分	
	反转	5	错误扣 5 分	
RL 与 SD 导通	正转	5	错误扣 5 分	
	反转	5	错误扣 5 分	

续表

项目		配分	扣分标准	得分
外部控制频率的组合操作	参数设定	5	错误扣5分	
	操作运行	5	错误扣5分	
拆线整理现场		10	不合格扣10分	
安全文明			作业过程中要遵守安全操作规程，有违反者倒扣5～10分	
合计		100		
考核员签字			年　　月　　日	

3.3.1 变频器的组合运行操作

组合运行操作是应用参数单元和外部接线共同控制变频器运行的一种方法。一般来说有两种：一种是参数单元（面板）控制电动机的运行频率，外部接线控制电动机的启停；另一种是参数单元控制电动机的启停，外部接线控制电动机的运行频率。

情况一：当需要用外部信号启动电动机，用PU调节频率时，将“操作模式选择”设定为3（Pr.79=3）；情况二：当需要用PU启动电动机，用电位器或其他外部信号调节频率时，则将“操作模式选择”设定为4（Pr.79=4）。

3.3.2 通过模拟量输入（端子2、4）可设定变频器的频率输出

此时模拟量输入选择参数为Pr.73、Pr.267，可以选择根据模拟量输入端子的规格、输入信号来切换正转、反转的功能。参数表如表3.3.2。

表3.3.2 参数Pr.73、Pr.267的参数表

参数编号	名称	初始值	设定范围	内容	
Pr.73	模拟量输入选择	1	0	端子2输入0～10V	无可逆运行
			1	端子2输入0～5V	
			10	端子2输入0～10V	有可逆运行
			11	端子2输入0～5V	
Pr.267	端子4输入选择	0		电压/电流输入转换开关	内容
			0	I V	端子4输入4～20mA
			1	I V	端子4输入0～5V
			2		端子4输入0～10V

(1) 模拟量输入规格的选择

① 模拟量电压输入所使用的端子2可选择0～5V（初始值）或0～10V。

② 模拟量输入所使用的端子4可选择电压输入（0～5V、0～10V）或电流输入（4～20mA初始值）。变更输入规格时，请变更Pr.267和电压/电流输入切换开关（如图3.3.3和图3.3.4所示）。

③ 端子4的额定规格随电压/电流输入切换开关的设定而变更。电压输入时：输入电阻10kΩ±1kΩ、最大容许电压DC 20V。电流输入时：输入电阻233Ω±5Ω、最大容许电

流 30mA。

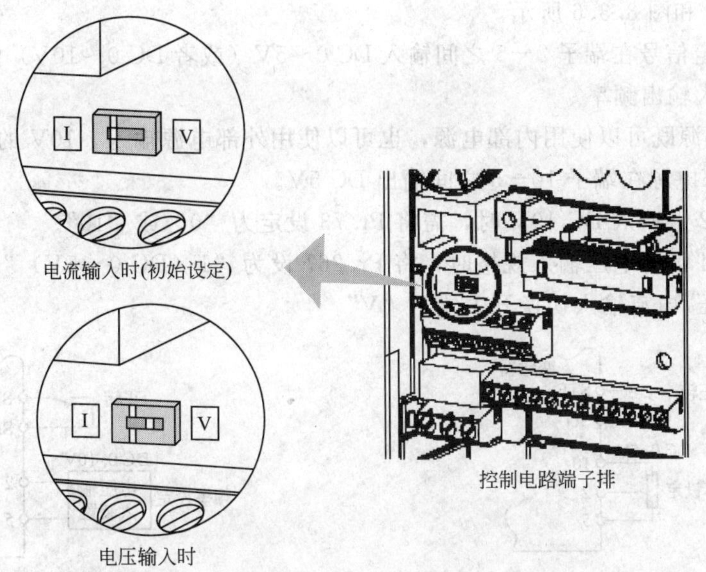

图 3.3.3 电压/电流输入切换开关设置情况图

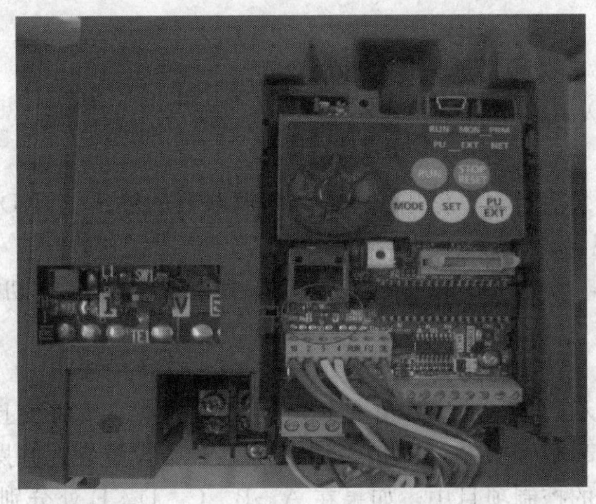

图 3.3.4 电压/电流输入切换开关实拍放大图

注意

请正确设定 Pr. 267 和电压/电流输入切换开关，并输入与设定相符的模拟信号。发生如表 3.3.3 所示的错误设定时，会导致故障。发生其他错误设定时，将无法正常工作。

表 3.3.3 导致故障的设定

可能导致故障的设定		动作
开关设定	端子输入	
I（电流输入）	电压输入	是造成外部设备的模拟信号输出电路故障的原因（会增加外部设备模拟信号输出电路的负荷）
V（电压输入）	电流输入	是造成变频器的输入电路故障的原因（会增大外部设备模拟量信号输出电路的输出电力）

（2）以模拟量输入电压运行

如图 3.3.5 和图 3.3.6 所示。

① 频率设定信号在端子 2－5 之间输入 DC 0～5V（或者 DC 0～10V）的电压。输入 5V（10V）时为最大输出频率。

② 5V 的电源既可以使用内部电源，也可以使用外部电源输入。10V 的电源需使用外部电源输入。内部电源在端子 10－5 之间输出 DC 5V。

③ 在端子 2 上输入 DC 10V 时，需将 Pr. 73 设定为“0”或“10”。

④ 将端子 4 设为电压输入规格时，将 Pr. 267 设为“1（DC 0～5V）”或“2（DC 0～10V）”，将电压/电流输入切换开关置于“V”。

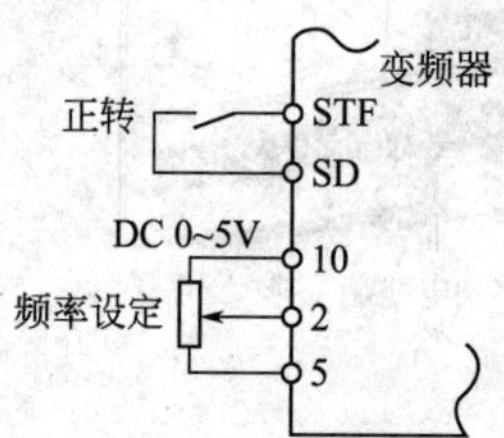

图 3.3.5 使用端子 2（DC 0～5V）时的接线示意图

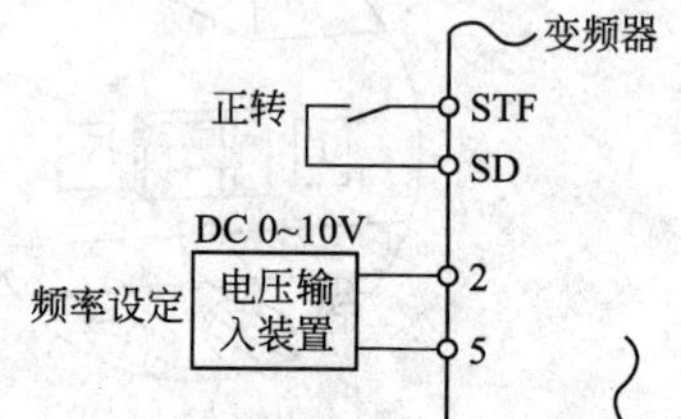

图 3.3.6 使用端子 2（DC 0～10V）时的接线示意图

注意：

将端子 10、2、5 的接线长度控制在 30m 以下。

（3）以模拟量输入电流运行

如图 3.3.7 所示。

① 在用于风扇、泵等恒温、恒压控制时，将调节器的输出信号 DC 4～20mA 输入到端子 4－5 之间，可实现自动运行。

② 要使用端子 4，需将 AU 信号设置为 ON（即电压/电流输入切换开关置于“I”）。

拓展与提高

① 如图 3.3.8 所示的运行曲线，请在 Pr. 79＝3 模式下，按曲线上标注的参数，实现平板车按此曲线运行。请画出电路接线图、列出变频器参数设置表，并操作演示实现过程。

② 在以上平板车的控制项目中，如果在 A、B、C、D、E 处分别有 5 个传感器进行平板车的位置检测，请用变频器与 PLC 的综合控制，实现平板车的自动调速控制。请画出电路接线图、设计出梯形图，并操作演示实现过程。

③ 在组合模式 Pr. 79＝4 下，用外部端子控制电动机的正反转，再次用外部电位器实现频率的改变，以达到对电动机的速度改变。请画出电路接线图，并操作演示实现过程。

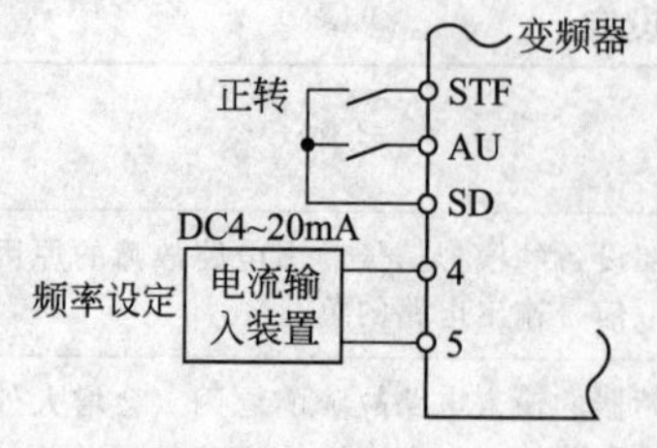

图 3.3.7 使用端子 4（DC 4～20mA）时的接线示意图

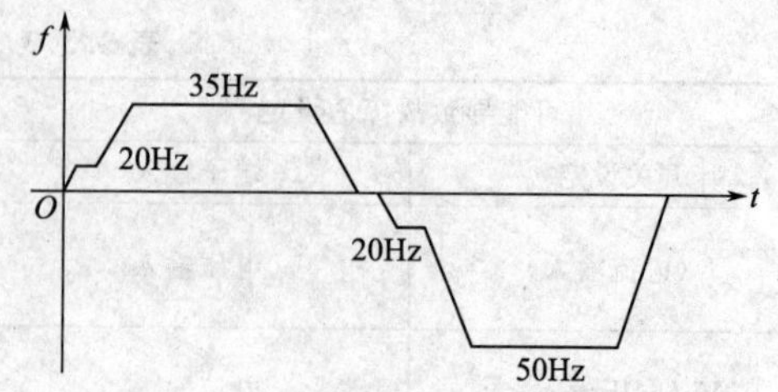

图 3.3.8 组合操作运行曲线示意图

【思考与练习】

① 在本任务的项目中，电位器调出的频率范围是多少？

② 在变频器上查找电压/电流输入切换开关的位置和拨动选择情况。

③ 简述变频器组合操作的概念。

④ 画出变频器 PU 控制频率的组合操作接线图，并简述其工作原理。

⑤ 画出变频器外部控制频率的组合操作接线图，并简述其工作原理。

⑥ 用变频器控制电动机的正反转与直接改变电源相序控制电动机正反转相比有什么优点？为什么？

⑦ 在变频器正反转控制中，需要设置哪些保护？具体参数是如何设置的？

⑧ 模拟量电压输入所使用的端子 2 可选择的电压输入范围是多少？模拟量输入所使用的端子 4 可选择的电压输入范围和电流输入范围是多少？

项目4 传送带

任务4.1 步进电机控制传送带

能力目标

① 能识别 Kinco 三相步进电机及三相步进电机驱动器；

② 能进行三相步进电机及三相步进电机驱动器外部端子接线和参数设置；

③ 学会 PLC 和步进驱动综合控制基本设计。

使用材料、工具、设备

名称	型号或规格	数量	名称	型号或规格	数 量
步进驱动器	Kinco 3M458	1台	编程电缆		1根
计算机	自行配置	1台	步进电动机	Kinco 3S57Q-04056	1台
传送机构		1套	连接导线		若干
按钮	LA4-3H	1个	电工工具和万用表		1套
可编程控制器	FX_{2N}-32MT	1台	接线端子		若干

学习组织形式

训练和学习以小组为单位，两人为一小组，两人共同制订计划并实施，协作完成软硬件的安装及调试。

任务实施及要求

(1) 任务描述

如图 4.1.1 所示是由步进电动机驱动的传输装置，使用步进电动机驱动与传统电动机控制比较，具有完成精确定位的功能。

现要求用步进电动机驱动提高生产工艺，改造传输装置的控制电路。电气技术人员根据要求确定：步进电动机驱动系统选配，系统强、弱电部分电器的选择，硬件要求；进行硬件施工，确定元器件及外购清单，设计接线图及其生产所必需的图纸、文件；进行软件设置；通电调试、系统调试。

系统调试后整理、修改软件资料、修改图纸、设备清单及其他规定应交用户的随机资料，同时整理项目涉及有关资料；根据工作要求，做好现场的调试工作，完成设备试运行，做好后续服务工作。

（2）任务实施

从任务描述分析，搬运机械手输送带通过步进电机驱动其移动，并由步进驱动器和 PLC 组成的系统实现回零及定位控制，其控制电路如图 4.1.2 所示，按下回原点按钮 SB2 时，搬运机械手由输送带带动自动返回原点，原点开关动作后停止。搬运机械手回原点后，按下启动按钮 SB1 时，搬运机械手前进 900 mm 后停止，5s 后自动返回原点，在运行过程中按下急停按钮 SB3 时电机立即停止。电机传动组件采用同步轮和同步带传动，直线运动组件的同步轮齿距为 5mm，共 12 个齿，旋转一周搬运机械手位移 60mm，运行时步进电机运行转速为 60r/min。

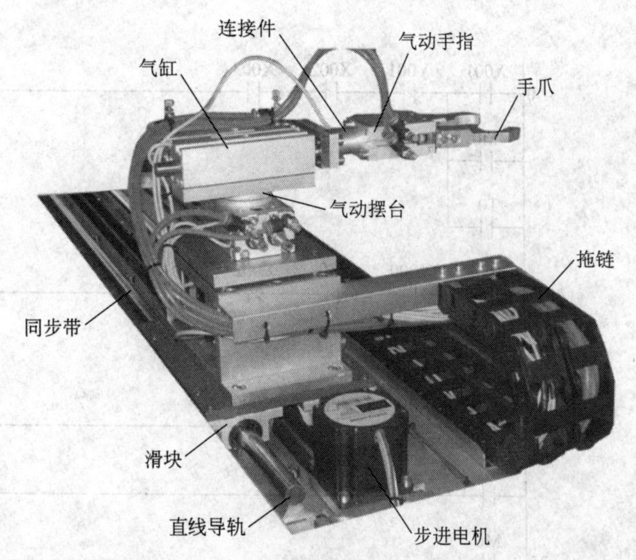

图 4.1.1　步进电动机驱动的传输装置

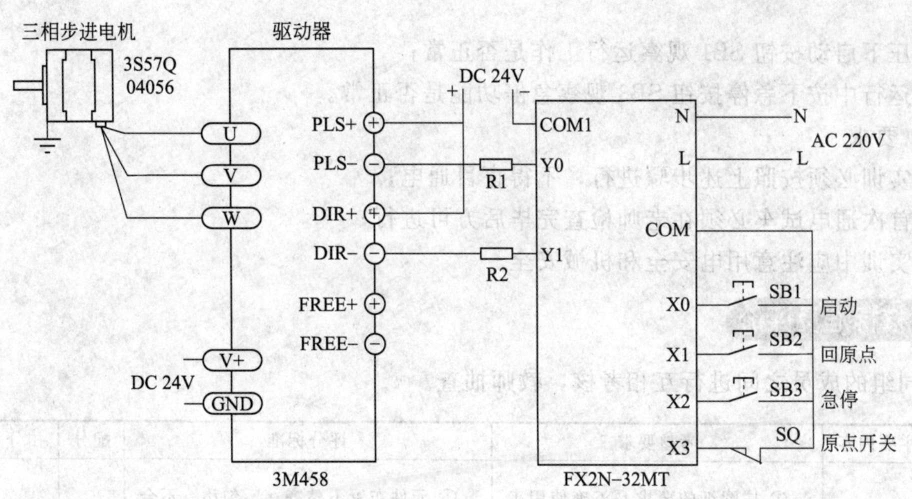

图 4.1.2　项目接线图

① 按照图 4.1.2 项目接线图完成 PLC、步进电机驱动器与电源以及电机的接线；

② 对 DIP 开关设置；

③ 设计 PLC 的程序如图 4.1.3 所示；

④ 连接 PLC 的输入按钮、回原点开关和电源，调试 PLC 工作正常；

⑤ 压下回原点按钮 SB2 观察回原点工作是否正常；

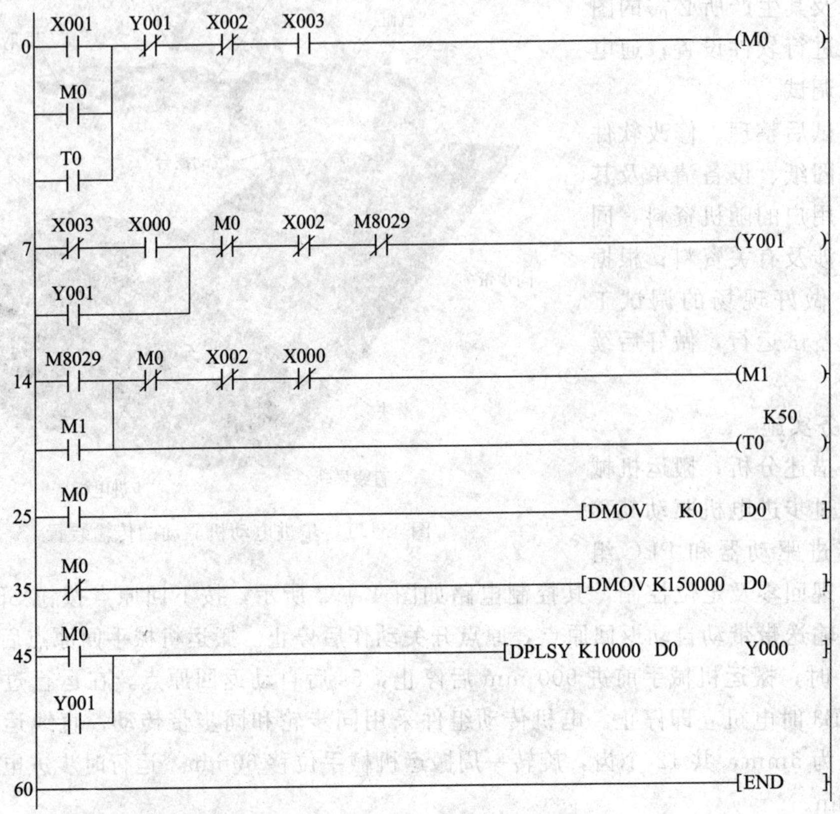

```
0   X001   Y001   X002   X003                               (M0    )
  ─┤├──┬──┤/├───┤/├───┤├──────────────────────────────────
    M0 │
  ─┤├──┤
    T0 │
  ─┤├──┘

7   X003   X000     M0     X002   M8029                     (Y001  )
  ─┤/├───┤├──┬──┤/├───┤/├───┤/├───────────────────────────
    Y001     │
  ─┤├───────┘

14  M8029   M0     X002   X000                              (M1    )
  ─┤├──┬──┤/├───┤/├───┤/├─────────────────────────────────
    M1 │                                                      K50
  ─┤├──┴─────────────────────────────────────────────────── (T0    )

25  M0
  ─┤├──────────────────────────────── [DMOV   K0       D0   ]

35  M0
  ─┤/├─────────────────────────────── [DMOV K150000    D0   ]

45  M0
  ─┤├──┬─────────────── [DPLSY K10000   D0        Y000      ]
    Y001│
  ─┤├──┘

60
  ─────────────────────────────────────────────────────────[END   ]
```

图 4.1.3　PLC 程序图

⑥ 压下启动按钮 SB1 观察运行工作是否正常；

⑦ 运行中按下急停按钮 SB3 观察急停功能是否正常。

(3) 要求

① 实训必须按照上述步骤进行，不得盲目通电；

② 首次通电试车必须在老师检查完毕后方可进行；

③ 实训中应注意用电安全和机械安全。

考核标准及评价

不同组的成员之间进行互相考核，教师抽查。

序号	主要内容	考核要求	评分标准	配分	扣分	得分
1	安装	① 按图纸的要求，正确使用工具和仪表，熟练安装电气元器件； ② 元件在配电板上布置要合理，安装要准确、紧固； ③ 按钮盒不固定在板上	① 元件布置不整齐、不匀称、不合理，每个扣 2 分； ② 元件安装不牢固、安装元件时漏装螺钉，每个扣 2 分； ③ 损坏元件，每个扣 4 分	15		

续表

序号	主要内容	考核要求	评分标准	配分	扣分	得分
2	接线	① 布线要求横平竖直，接线紧固美观； ② 电源和电动机配线、按钮接线要接到端子排上，要注明引出端子标号； ③ 导线不能乱线敷设	① 电动机运行正常，但未按电路图接线，扣2分； ② 布线不横平竖直，主、控制电路，每根扣1分； ③ 接点松动、接头露铜过长、反圈、压绝缘层，标记线号不清楚、遗漏或误标，每处扣1分； ④ 损伤导线绝缘或线芯，每根扣1分； ⑤ 导线乱线敷设扣15分	20		
3	DIP开关设置	正确设置DIP开关	① 未按要求设置步进细分设置扣10分； ② 未按要求设置自动半流功能有效扣5分； ③未按要求设置输出电流扣10分； ④ 不会设置DIP开关，错一个扣30分	30		
4	PLC程序	程序正确性	出错扣5分	10		
5	系统调试	在保证人身和设备安全的前提下，通电试验一次成功	一次试车不成功扣5分；二次试车不成功扣10分；三次试车不成功扣20分	25		
6	安全文明	在操作过程中注意保护人身安全及设备安全（该项不配分）	① 操作者要穿着和携带必需的劳保用品，否则扣5分； ② 作业过程中要遵守安全操作规程，有违反者扣5～10分； ③ 要做好文明生产工作，结束后做好清理板面、台面、地面，否则每项扣5分； ④ 损坏仪器仪表扣10分； ⑤ 损坏设备扣10～99分； ⑥ 出现人身事故扣99分			
备注			合计	100		
			考核员签字	年　月　日		

知识要点

4.1.1 认知步进电动机

步进电动机是将电脉冲信号转换为相应的角位移或直线位移的一种特殊执行电动机。每输入一个电脉冲信号，电机就转动一个角度，它的运动形式是步进式的，所以称为步进电动机。

（1）步进电动机的工作原理

下面以一台最简单的三相反应式步进电动机为例，简单介绍步进电机的工作原理。

图 4.1.4 是一台三相反应式步进电动机的原理图。定子铁芯为凸极式，共有三对（六个）磁极，每两个空间相对的磁极上绕有一相控制绕组。转子用软磁性材料制成，也是凸极结构，只有四个齿，齿宽等于定子的极宽。

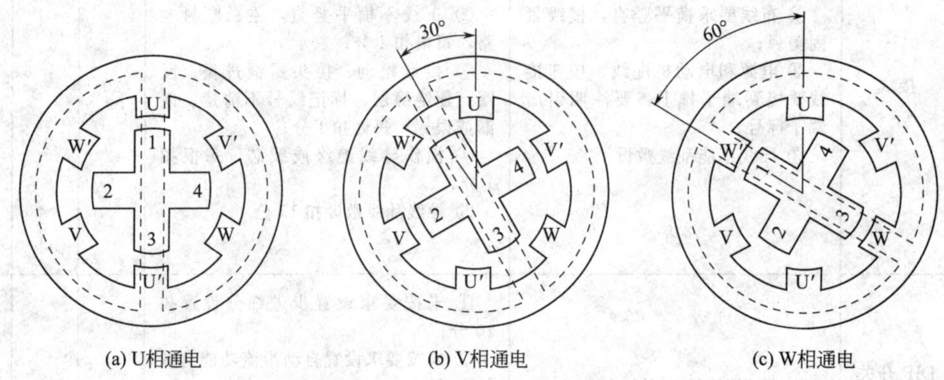

图 4.1.4　三相反应式步进电动机的原理图

当 U 相控制绕组通电，其余两相均不通电，电机内建立以定子 U 相极为轴线的磁场。由于磁通具有力图走磁阻最小路径的特点，使转子齿 1、3 的轴线与定子 U 相极轴线对齐，如图 4.1.4（a）所示。若 U 相控制绕组断电、V 相控制绕组通电时，转子在反应转矩的作用下，逆时针转过 30°，使转子齿 2、4 的轴线与定子 V 相极轴线对齐，即转子走了一步，如图 4.1.4（b）所示。若再断开 V 相，使 W 相控制绕组通电，转子逆时针方向又转过 30°，使转子齿 1、3 的轴线与定子 W 相极轴线对齐，如图 4.1.4（c）所示。如此按 U—V—W—U 的顺序轮流通电，转子就会一步一步地按逆时针方向转动。其转速取决于各相控制绕组通电与断电的频率，旋转方向取决于控制绕组轮流通电的顺序。若按 U—W—V—U 的顺序通电，则电动机按顺时针方向转动。

上述通电方式称为三相单三拍。“三相”是指三相步进电动机；“单三拍”是指每次只有一相控制绕组通电；控制绕组每改变一次通电状态称为一拍，“三拍”是指改变三次通电状态为一个循环。把每一拍转子转过的角度称为步距角，三相单三拍运行时，步距角为 30°。显然，这个角度太大，不能付诸使用。

如果把控制绕组的通电方式改为 U→UV→V→VW→W→WU→U，即一相通电接着二相通电间隔地轮流进行，完成一个循环需要经过六次改变通电状态，称为三相单、双六拍通电方式。当 U、V 两相绕组同时通电时，转子齿的位置应同时考虑到两对定子极的作用，只有 U 相极和 V 相极对转子齿所产生的磁拉力相平衡的中间位置，才是转子的平衡位置。这样，单、双六拍通电方式下转子平衡位置增加了一倍，步距角为 15°。

进一步减少步距角的措施是采用定子磁极带有小齿，转子齿数很多的结构，分析表明，这样结构的步进电动机，其步距角可以做得很小。一般地说，实际的步进电动机产品，都采用这种方法实现步距角的细分。

(2) 步进电机的使用

一是要注意正确的安装，二是正确的接线。

安装步进电动机，必须严格按照产品说明的要求进行。步进电动机是一精密装置，安装时注意不要敲打它的轴端，更千万不要拆卸电动机。

不同的步进电机的接线有所不同，3S57Q-04056 接线图如图 4.1.5 所示，三个相绕组的六根引出线，必须按头尾相连的原则连接成三角形。改变绕组的通电顺序就能改变步进电机的转动方向。

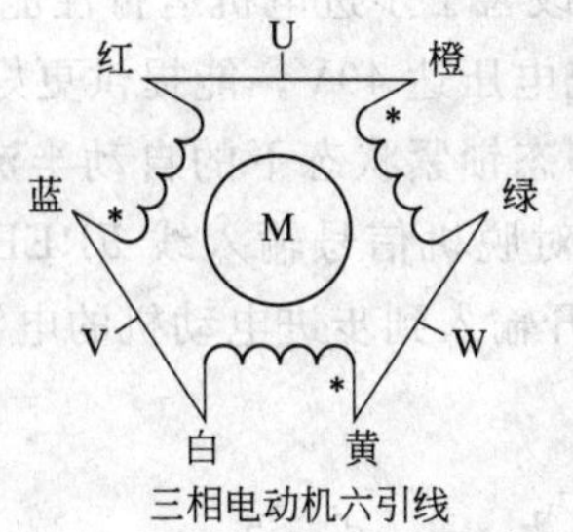

线色	电机信号
红色	U
橙色	
蓝色	V
白色	
黄色	W
绿色	

图 4.1.5　3S57Q-04056 的接线

4.1.2　步进电动机的驱动装置

步进电动机需要专门的驱动装置（驱动器）供电，驱动器和步进电动机是一个有机的整体，步进电动机的运行性能是电动机及其驱动器二者配合所反映的综合效果。

一般来说，每一台步进电动机大都有其对应的驱动器，例如，Kinco 三相步进电动机 3S57Q-04056 与之配套的驱动器是 Kinco 3M458 三相步进电动机驱动器。图 4.1.6 和图 4.1.7 分别是它的外观图和典型接线图。图中，驱动器可采用直流 24～40V 电源供电。

图 4.1.6　Kinco 3M458 外观

由图可见，步进电动机驱动器的功能是接收来自控制器（PLC）的一定数量和频率脉冲信号以及电动机旋转方向的信号，为步进电动机输出三相功率脉冲信号。

步进电动机驱动器的组成包括脉冲分配器和脉冲放大器两部分，主要解决向步进电动机的各相绕组分配输出脉冲和功率放大两个问题。

脉冲分配器是一个数字逻辑单元，它接收来自控制器的脉冲信号和转向信号，把脉冲信号按一定的逻辑关系分配到每一相脉冲放大器上，使步进电动机按选定的运行方式工作。由于步进电动机各相绕组是按一定的通电顺序并不断循环来实现步进功能的，因此脉冲分配器也称为环形分配器。实现这种分配功能的方法有多种，例如，可以由双稳态触发器和门电路组成，也可由可编程逻辑器件组成。

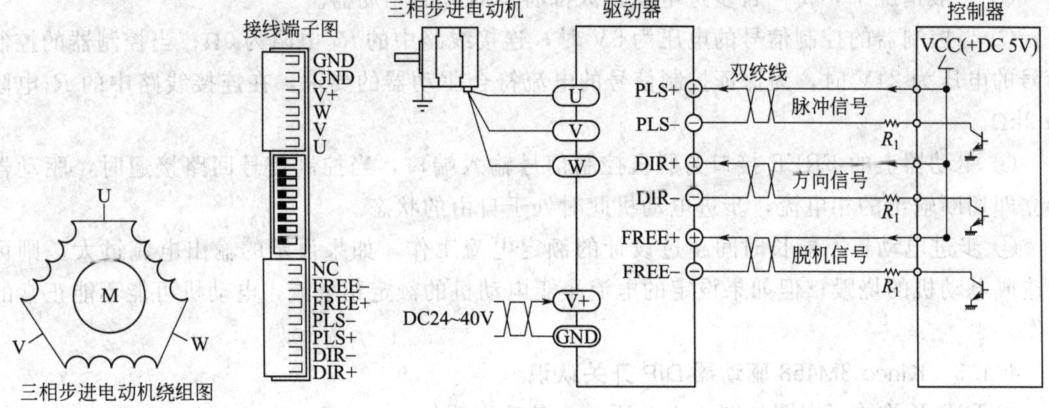

图 4.1.7　Kinco 3M458 的典型接线图

脉冲放大器的作用是使脉冲功率放大，因为从脉冲分配器能够输出的电流很小（毫安级），而步进电动机工作时需要的电流较大，因此需要进行功率放大。此外，输出的脉冲波形、幅度、波形前沿陡度等因素对步进电动机运行性能有重要的影响。3M458 驱动器采取如下一些措施，大大改善了步进电机运行性能。

① 内部驱动直流电压达 40V，能提供更好的高速性能。

② 具有电动机静态锁紧状态下的自动半流功能，可大大降低电动机的发热。而为调试方便，驱动器还有一对脱机信号输入线 FREE＋和 FREE－（如图 4.1.7），当这一信号为 ON 时，驱动器将断开输入到步进电动机的电源回路。

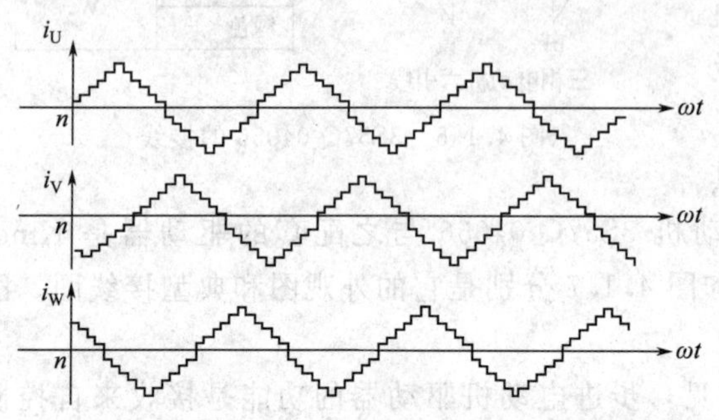

图 4.1.8　相位差 120°的三相阶梯式正弦电流

③ 3M458 驱动器采用交流伺服驱动原理，把直流电压通过脉宽调制技术变为三相阶梯式正弦波形电流，如图 4.1.8 所示。

阶梯式正弦波形电流按固定时序分别流过三路绕组，其每个阶梯对应电动机转动一步。通过改变驱动器输出正弦电流的频率来改变电动机转速，而输出的阶梯数确定了每步转过的角度，当角度越小的时候，那么其阶梯数就越多，即细分就越大，从理论上说此角度可以设得足够小，所以细分数可以很大。3M458 最高可达 10000 步/转的驱动细分功能，细分可以通过拨动开关设定。

细分驱动方式不仅可以减小步进电动机的步距角，提高分辨率，而且可以减少或消除低频振动，使电动机运行更加平稳均匀。

在 3M458 驱动器的侧面连接端子中间有一个红色的八位 DIP 功能设定开关，可以用来设定驱动器的工作方式和工作参数，包括细分设置、静态电流设置和运行电流设置。

步进电动机传动组件的基本技术数据如下：

3S57Q-04056 步进电动机步距角为 1.8°，即在无细分的条件下 200 个脉冲电动机转一圈（通过驱动器设置细分精度最高可以达到 10000 个脉冲电机转一圈）。

注意

① 一般情况下，每一台步进电动机大都有其对应的驱动器。

② 当控制器的控制信号的电压为 5V 时，连接线路中的 R_1 电阻为 0Ω；当控制器的控制信号的电压为 24V 时，为保证控制信号的电流符合驱动器的要求，在连接线路中的 R_1 电阻为 2kΩ。

③ 驱动器上的 FREE 接口为脱机控制信号输入端口，当控制信号回路接通时，驱动器会立即切断输出的相电流，步进电动机此时处于自由的状态。

④ 步进电动机不能长时间超过设计的额定电流工作，如果设定的输出电流过大，则可能造成电动机的烧毁；但如果设定的电流小于电动机的额定相电流，电动机可能不能正常的工作。

4.1.3　Kinco 3M458 驱动器 DIP 开关认识

① DIP 开关的正视图如图 4.1.9 所示，各项说明如表 4.1.1～表 4.1.3。

表 4.1.1　3M458 DIP 开关功能划分说明

开关序号	ON 功能	OFF 功能
DIP1～DIP3	细分设置用	细分设置用
DIP4	自动半流功能禁止	自动半流功能有效
DIP5～DIP8	电流设置用	电流设置用

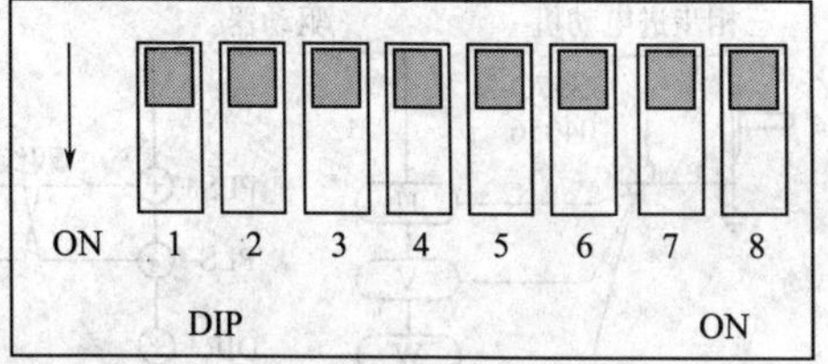

图 4.1.9　DIP 开关正视图

表 4.1.2　细分设置表

DIP1	DIP2	DIP3	细分	DIP1	DIP2	DIP3	细分
ON	ON	ON	400 步/转	OFF	ON	ON	2000 步/转
ON	ON	OFF	500 步/转	OFF	ON	OFF	4000 步/转
ON	OFF	ON	600 步/转	OFF	OFF	ON	5000 步/转
ON	OFF	OFF	1000 步/转	OFF	OFF	OFF	10000 步/转

表 4.1.3　输出电流设置表

DIP5	DIP6	DIP7	DIP8	输出电流
OFF	OFF	OFF	OFF	3.0A
OFF	OFF	OFF	ON	4.0A
OFF	OFF	ON	ON	4.6A
OFF	ON	ON	ON	5.2A
ON	ON	ON	ON	5.8A

② Kinco 3S57Q-04056 步进电动机部分技术参数如表 4.1.4。

表 4.1.4　Kinco 3S57Q-04056 步进电动机部分技术参数

参数名称	步距角	相电流	保持扭矩	阻尼扭矩	电机惯量
参数值	1.8°	5.8A	1.0N·m	0.04N·m	0.3kg·cm²

4.1.4　用 PLC 的高速脉冲实现步进电动机的单方向运行

(1) 电路接线按图 4.1.10 所示完成电路的接线，启动步进电动机使其运行转速为 600r/min。

(2) 训练步骤

① 按照图 4.1.10 电路图完成电路的连接。

② 拨动 DIP 开关将驱动器细分设置为 1000 步/转，即设置 DIP1＝ON，DIP2＝OFF，DIP3＝OFF。

③ 设置驱动器自动半流功能有效，即设置 DIP4＝OFF。

④ 设置驱动器输出电流与步进电机对应为 5.8A，即设置 DIP5＝ON，DIP6＝ON，DIP7＝ON，DIP8＝ON；设置后 DIP 开关位置如图 4.1.11 所示。

⑤ 设计 PLC 的程序如图 4.1.12 所示。

⑥ 接通系统电源，将所编程序输入 PLC。

⑦ 按下启动按钮 SB1 观察驱动器和步进电动机工作状况。

⑧ 按下停止按钮 SB2 观察驱动器和步进电动机工作情况。

(3) 要点

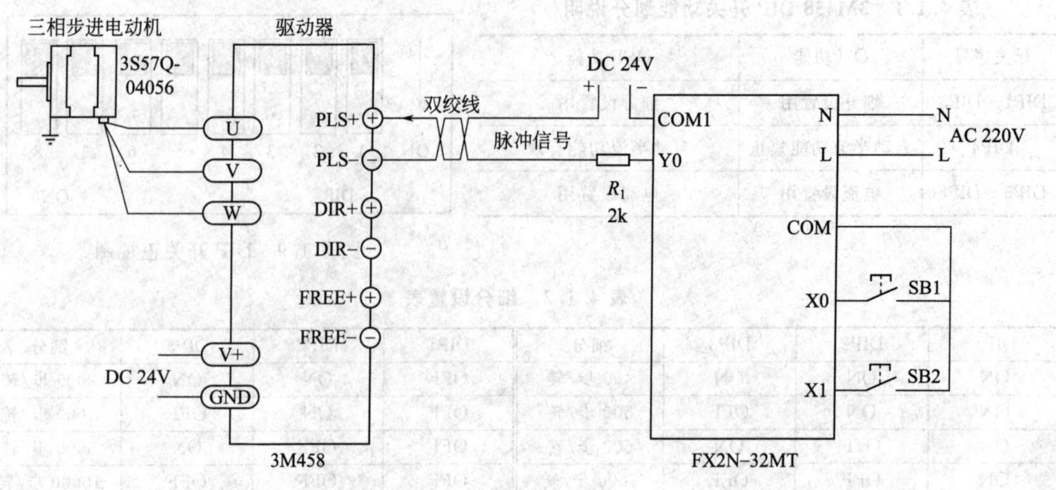

图 4.1.10　电路接线图

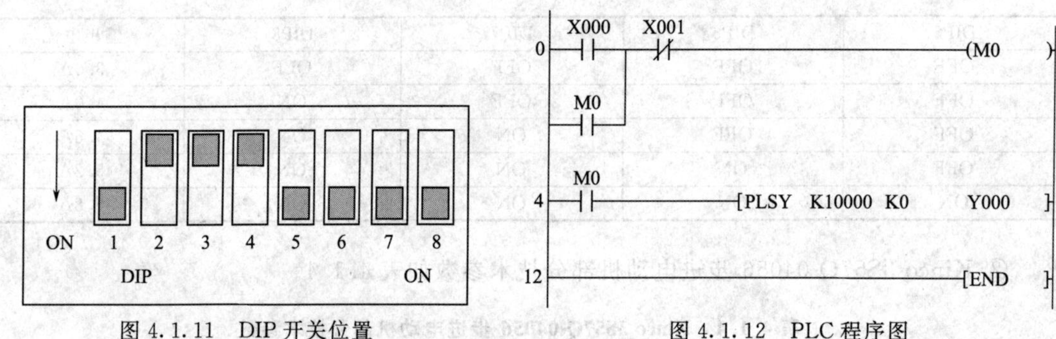

图 4.1.11　DIP 开关位置　　　　图 4.1.12　PLC 程序图

① 由于驱动器输入 1000 个脉冲步进电机转一周，要使电动机运行转速为 600r/min，则要求输入驱动器的脉冲频率为 10kHz；

② 设置驱动器自动半流功能的目的是使步进电动机在静态锁定状态下通过电机的电流自动减为一半，可大大降低步进电动机发热；

③ 改变输入步进电动机电源的相序，即让电动机 U、V、W 三相电源线的任意两相对换，可以使步进电动机反转。

（4）注意

① 为了减少干扰信号的影响，控制信号接线必须采用双绞线；

② 当有报警时，红灯亮，绿灯灭，为过流报警；红灯亮，绿灯闪烁时过压报警；绿灯亮，红灯闪烁是过热报警。

4.1.5　用 PLC 实现步进电动机正反转运行

（1）电路接线按图 4.1.13 所示完成电路的接线，启动步进电动机使其实现正反转运行，运行转速为 600r/min。

（2）训练步骤

① 按照图 4.1.13 电路图完成电路的连接。

② DIP 开关设置如图 4.1.11。

③ 设计 PLC 的程序如图 4.1.14 所示。

④ 接通系统电源，将所编程序输入 PLC。

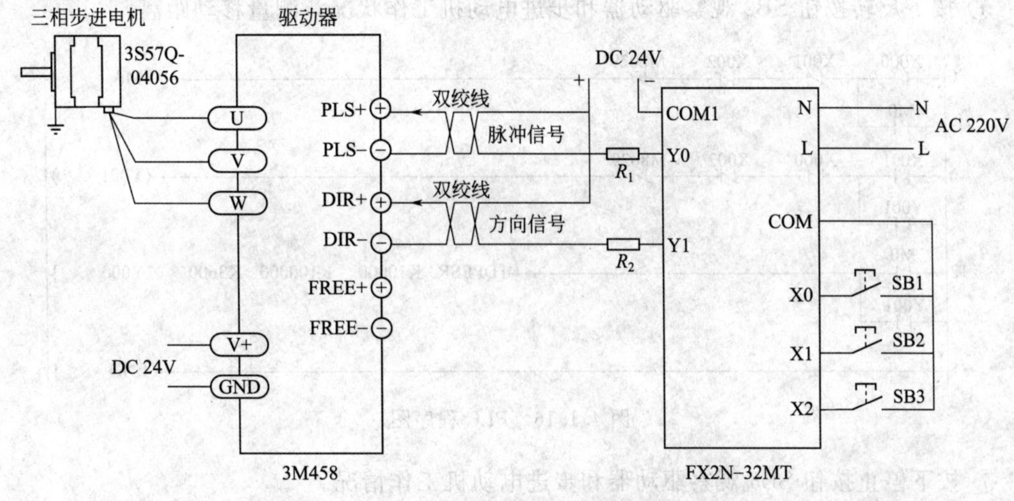

图 4.1.13　电路接线图

⑤ 按下正转按钮 SB1 观察驱动器和步进电动机工作状况。

⑥ 按下反转按钮 SB2 观察驱动器和步进电动机工作状况。

⑦ 按下停止按钮 SB3 观察驱动器和步进电动机工作情况。

(3) 要点

该驱动器只能工作在脉冲和方向的工作方式，方向信号电平改变时，电动机的转向也改变。

(4) 注意

驱动器工作在脉冲和方向的工作方式时，要求先给方向信号，后给脉冲信号。

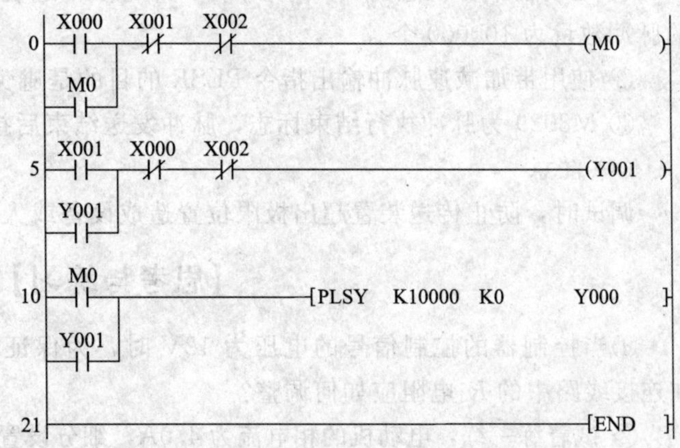

图 4.1.14　PLC 程序图

4.1.6　用 PLC 控制步进电动机实现定位控制

(1) 电路接线按图 4.1.13 所示完成电路的接线，把电动机安装到搬运机械手传送机构上，步进电动机传动组件采用同步轮和同步带传动，直线运动组件的同步轮齿距为 5mm，共 12 个齿，旋转一周搬运机械手位移 60mm，要求按下正转按钮或反转按钮时，搬运机械手正向或反向移动 600mm，电动机运行转速为 60r/min，中途按下停止按钮时可立即停止。

(2) 训练步骤

① 按照图 4.1.13 电路图完成电路的连接。

② 将驱动器细分设置为 10000 步/转，DIP 开关设置如图 4.1.15。

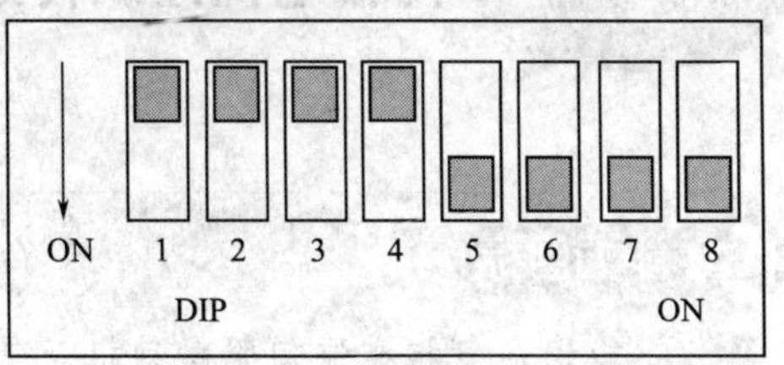

图 4.1.15　DIP 开关位置

③ 设计 PLC 的程序如图 4.1.16 所示。

④ 接通系统电源，将所编程序输入 PLC。

⑤ 按下正转按钮 SB1 观察驱动器和步进电动机工作状况，测量移动距离。

⑥ 按下反转按钮 SB2 观察驱动器和步进电动机工作状况，测量移动距离。

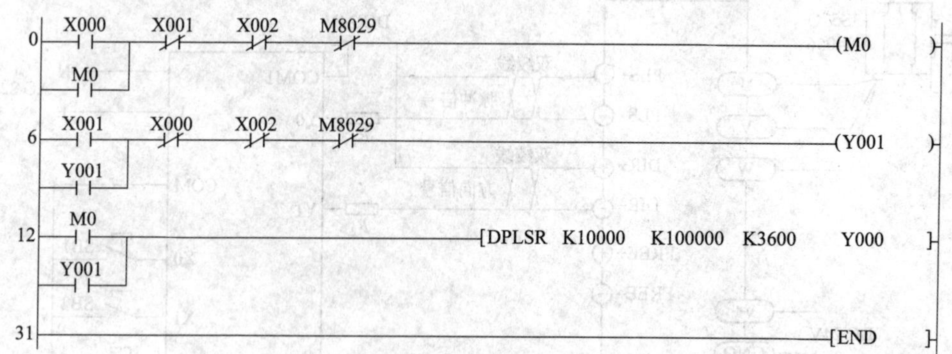

图 4.1.16 PLC 程序图

⑦ 按下停止按钮 SB3 观察驱动器和步进电动机工作情况。

（3）要点

① 驱动器细分设置为 10000 步/转，即每步传送装置位移 0.006mm，移动 600mm 需要的脉冲数量为 100000 个。

② 使用带加减速脉冲输出指令 PLSR 的目的是避免步进电动机在启动和停止时丢步。

③ M8029 为脉冲执行结束标志，脉冲发送结束后接通一个扫描周期。

（4）注意

调试时，防止传送装置超出极限位置造成设备或人员的伤害。

【思考与练习】

①当控制器的控制信号的电压为 12V 时，为保证控制信号的电流符合驱动器的要求，在连接线路中的 R_1 电阻应如何调整？

② 试着练一练，电动机的相电流为 4.0A，细分设置为 1000 步/转，设定 DIP 功能开关。

③ 试着练一练，细分设置为 1000 步/转，要求电动机的转速为 500r/min，试求脉冲的频率。

④ 试着练一练，步进电动机传动组件采用同步轮和同步带传动，直线运动组件的同步轮齿距为 5mm，共 11 个齿，步进电动机驱动器细分设置为 1000 步/转，试求移动 600mm 对应的脉冲数？

任务 4.2 伺服电机控制传送带

能力目标

① 能识别三相交流伺服电动机及三相伺服驱动器；

② 能进行伺服驱动装置外部端子接线和参数设置；

③ 学会 PLC 和伺服驱动综合控制基本设计。

使用材料、工具、设备

名称	型号或规格	数量	名称	型号或规格	数量
伺服驱动器	MADDT1207003	1台	编程电缆		1根
计算机	自行配置	1台	伺服电动机	MHMD022P1U	1台
传送机构		1套	连接导线		若干
按钮	LA4-3H	1个	电工工具和万用表		1套
可编程控制器	FX_{1N}-40MT	1台	接线端子		若干

学习组织形式

训练和学习以小组为单位，两人为一小组，两人共同制订计划并实施，协作完成软硬件的安装及调试。

任务实施及要求

(1) 任务描述

如图 4.2.1 是由伺服电动机驱动的传输装置，使用伺服电动机驱动与传统电动机控制比较，具有对输出的力矩、速度和位置控制精确的特点。

现要求用伺服电动机驱动提高控制精度，改造传输装置的控制电路。电气技术人员根据要求确定：伺服电动机驱动系统选配，系统强、弱电部分电器的选择，硬件要求；进行硬件施工，确定元器件及外购清单，设计接线图及其生产所必需的图纸、文件；进行软件设置；通电调试、系统调试。

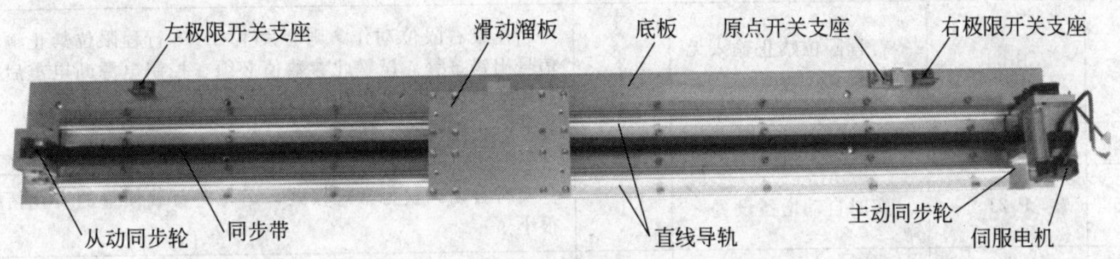

图 4.2.1 伺服电动机驱动的传输装置

(2) 任务实施

从任务描述分析，搬运机械手输送带通过伺服电机驱动其移动，并由伺服驱动器和PLC组成的系统实现回零及定位控制，其控制电路如图 4.2.2 所示，按下回原点按钮 SB3 时，搬运机械手由输送带带动自动返回原点。搬运机械手回原点后，按下启动按钮 SB1 时，搬运机械手前进 860mm 后停止，在运行过程中按下急停按钮 SB3 时电机立即停止。电机传动组件采用同步轮和同步带传动，直线运动组件的同步轮齿距为 5mm，共 12 个齿，旋转一周搬运机械手位移 60mm，运行时伺服电机运行转速为 60r/min。

① 按照图 4.2.2 项目接线图完成 PLC、伺服电机驱动器与电源以及电机的接线。

② 按照表 4.2.1 设置参数。

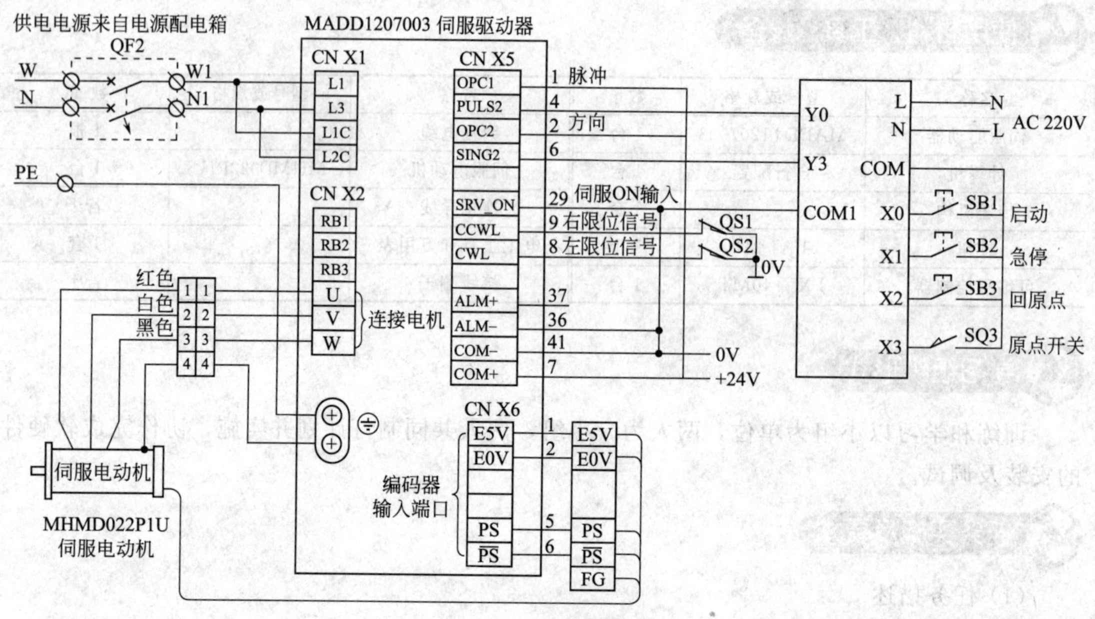

图 4.2.2 项目接线图

表 4.2.1 伺服参数设置表格

序号	参数		设置数值	功能和含义
	参数编号	参数名称		
1	Pr01	LED 初始状态	1	显示电动机转速
2	Pr02	控制模式	0	位置控制（相关代码 P）
3	Pr04	行程限位禁止输入无效设置	2	当左或右限位动作，则会发生 Err38 行程限位禁止输入信号出错报警。设置此参数值必须在控制电源断电重启之后才能修改、写入成功
4	Pr20	惯量比	1678	
5	Pr21	实时自动增益设置	1	实时自动调整为常规模式，运行时负载惯量的变化情况很小
6	Pr22	实时自动增益的机械刚性选择	1	此参数值设得很大，响应越快
7	Pr41	指令脉冲旋转方向设置	1	指令脉冲 ＋ 指令方向。设置此参数值必须在控制电源断电重启之后才能修改、写入成功
8	Pr42	指令脉冲输入方式	3	指令脉冲 + 指令方向：PULS、SIGN（L低电平、H高电平）
9	Pr48	指令脉冲分倍频第 1 分子	10000	每转所需指令脉冲数 ＝ 编码器分辨率 × $\frac{Pr4B}{Pr48 \times 2^{Pr4A}}$
10	Pr49	指令脉冲分倍频第 2 分子	0	现编码器分辨率为 10000（2500p/r×4），参数设置如表，则
11	Pr4A	指令脉冲分倍频分子倍率	0	每转所需指令脉冲数＝10000×$\frac{Pr4B}{Pr48 \times 2^{Pr4A}}$＝10000×$\frac{6000}{10000 \times 2^{Pr4A}}$＝6000
12	Pr4B	指令脉冲分倍频分母	6000	

注：其他参数的说明及设置请参看松下 Ninas A4 系列伺服电动机、驱动器使用说明书。

③ 设计 PLC 的程序如图 4.2.3 所示。

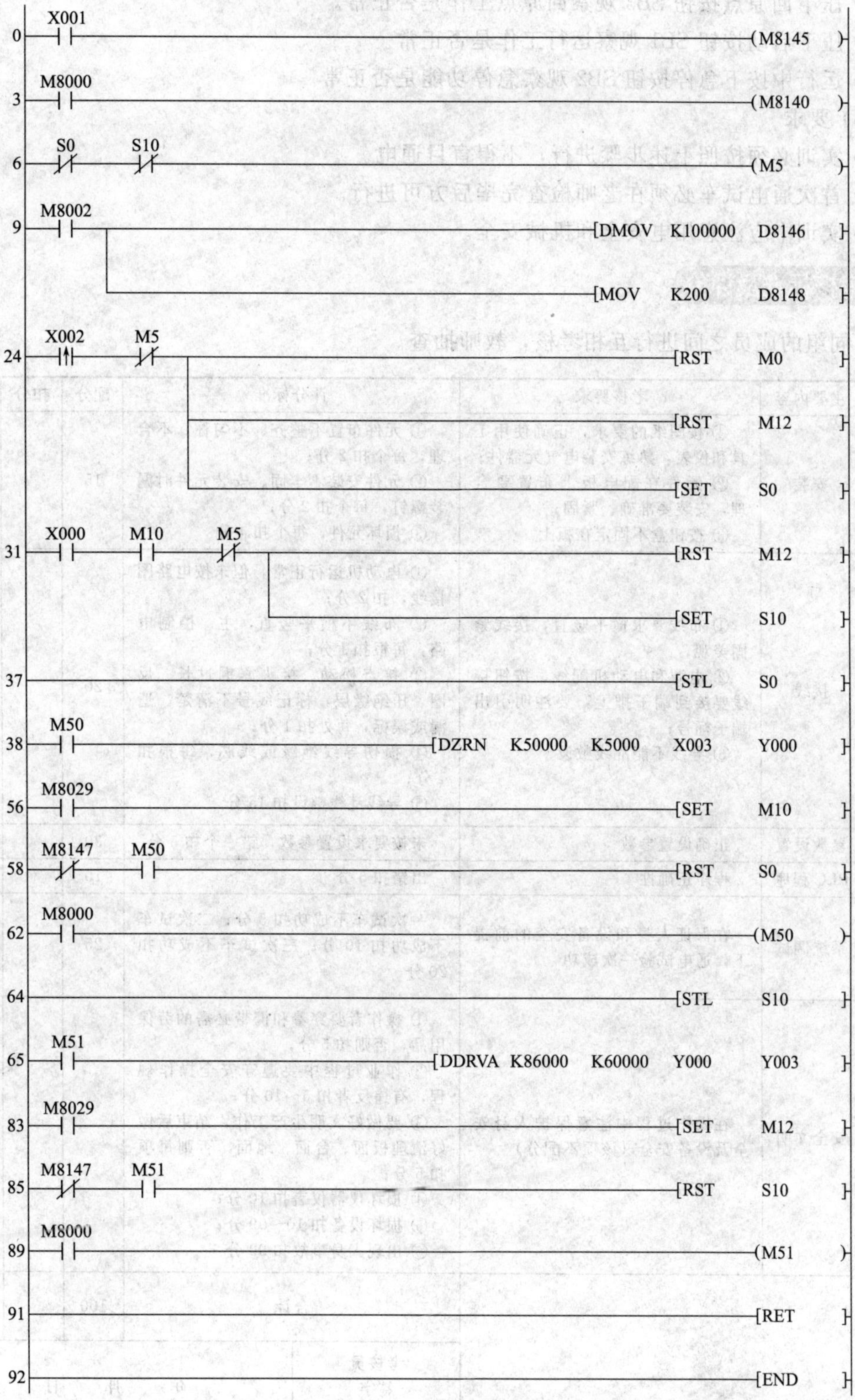

```
     X001
0  ──┤ ├──────────────────────────────────────────────(M8145    )
     M8000
3  ──┤ ├──────────────────────────────────────────────(M8140    )
     S0       S10
6  ──┤/├──────┤/├─────────────────────────────────────(M5       )
     M8002
9  ──┤ ├──┬──────────────────────────[DMOV  K100000   D8146    ]
          └──────────────────────────[MOV   K200      D8148    ]
     X002     M5
24 ──┤↑├──────┤/├──┬─────────────────────────[RST       M0      ]
                   ├─────────────────────────[RST       M12     ]
                   └─────────────────────────[SET       S0      ]
     X000     M10      M5
31 ──┤ ├──────┤ ├──────┤/├──┬────────────────[RST       M12     ]
                            └────────────────[SET       S10     ]
37 ──────────────────────────────────────────[STL       S0      ]
     M50
38 ──┤ ├────────────[DZRN   K50000   K5000   X003      Y000    ]
     M8029
56 ──┤ ├─────────────────────────────────────[SET       M10     ]
     M8147    M50
58 ──┤/├──────┤ ├────────────────────────────[RST       S0      ]
     M8000
62 ──┤ ├──────────────────────────────────────────────(M50      )
64 ──────────────────────────────────────────[STL       S10     ]
     M51
65 ──┤ ├────────────[DDRVA  K86000   K60000  Y000      Y003    ]
     M8029
83 ──┤ ├─────────────────────────────────────[SET       M12     ]
     M8147    M51
85 ──┤/├──────┤ ├────────────────────────────[RST       S10     ]
     M8000
89 ──┤ ├──────────────────────────────────────────────(M51      )
91 ───────────────────────────────────────────────────[RET      ]
92 ───────────────────────────────────────────────────[END      ]
```

图 4.2.3　PLC 程序图

④ 连接 PLC 的输入按钮、回原点开关和电源，调试 PLC 工作正常。

⑤ 压下回原点按钮 SB3 观察回原点工作是否正常。

⑥ 压下启动按钮 SB1 观察运行工作是否正常。

⑦ 运行中按下急停按钮 SB2 观察急停功能是否正常。

（3）要求

① 实训必须按照上述步骤进行，不得盲目通电。

② 首次通电试车必须在老师检查完毕后方可进行。

③ 实训中应注意用电安全和机械安全。

考核标准及评价

不同组的成员之间进行互相考核，教师抽查。

序号	主要内容	考核要求	评分标准	配分	扣分	得分
1	安装	① 按图纸的要求，正确使用工具和仪表，熟练安装电气元器件； ② 元件在配电板上布置要合理，安装要准确、紧固； ③ 按钮盒不固定在板上	① 元件布置不整齐、不匀称、不合理，每个扣 2 分； ② 元件安装不牢固、安装元件时漏装螺钉，每个扣 2 分； ③ 损坏元件，每个扣 4 分	15		
2	接线	① 布线要求横平竖直，接线紧固美观； ② 电源和电动机配线、按钮接线要接到端子排上，要注明引出端子标号； ③ 导线不能乱线敷设	① 电动机运行正常，但未按电路图接线，扣 2 分； ② 布线不横平竖直，主、控制电路，每根扣 1 分； ③ 接点松动、接头露铜过长、反圈、压绝缘层，标记线号不清楚、遗漏或误标，每处扣 1 分； ④ 损伤导线绝缘或线芯，每根扣 1 分； ⑤ 导线乱线敷设扣 15 分	20		
3	参数设置	正确设置参数	未按要求设置参数，错一个扣 5 分	30		
4	PLC 程序	程序正确性	出错扣 5 分	10		
5	系统调试	在保证人身和设备安全的前提下，通电试验一次成功	一次试车不成功扣 5 分；二次试车不成功扣 10 分；三次试车不成功扣 20 分	25		
6	安全文明	在操作过程中注意保护人身安全及设备安全（该项不配分）	① 操作者要穿着和携带必需的劳保用品，否则扣 5 分； ② 作业过程中要遵守安全操作规程，有违反者扣 5～10 分； ③ 要做好文明生产工作，结束后做好清理板面、台面、地面，否则每项扣 5 分； ④ 损坏仪器仪表扣 10 分； ⑤ 损坏设备扣 10～99 分； ⑥ 出现人身事故扣 99 分			
备注			合计	100		
		考核员签字		年　　月　　日		

4.2.1 认知伺服电动机

现代高性能的伺服系统大多数是采用永磁交流伺服系统，其中包括永磁同步交流伺服电动机和全数字交流永磁同步伺服驱动器两部分。

(1) 交流伺服电动机的工作原理

伺服电动机内部的转子是永磁铁，驱动器控制的U/V/W三相电形成电磁场，转子在此磁场的作用下转动，同时电动机自带的编码器反馈信号给驱动器，驱动器根据反馈值与目标值进行比较，调整转子转动的角度。伺服电动机的精度决定于编码器的精度（线数）。

交流永磁同步伺服驱动器主要由伺服控制单元、功率驱动单元、通信接口单元、伺服电动机及相应的反馈检测器件组成，其中伺服控制单元包括位置控制器、速度控制器、转矩和电流控制器等。结构组成如图 4.2.4 所示。

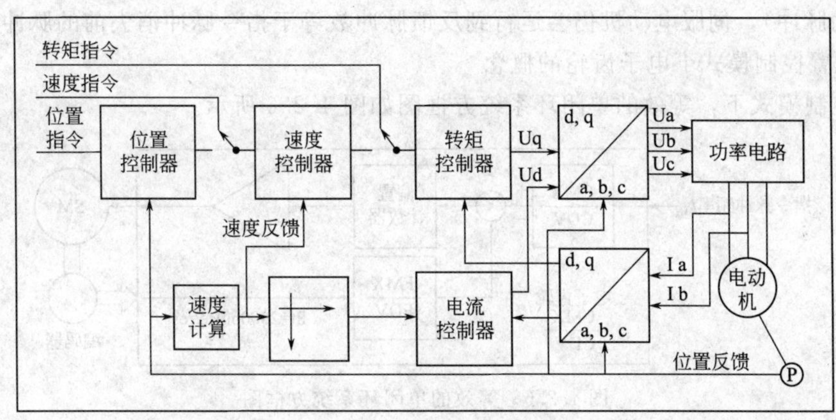

图 4.2.4 系统控制结构

伺服驱动器均采用数字信号处理器（DSP）作为控制核心，其优点是可以实现比较复杂的控制算法，实现数字化、网络化和智能化。功率器件普遍采用以智能功率模块（IPM）为核心设计的驱动电路，IPM内部集成了驱动电路，同时具有过电压、过电流、过热、欠压等故障检测保护电路，在主回路中还加入软启动电路，以减小启动过程对驱动器的冲击。

功率驱动单元首先通过整流电路对输入的三相电或者市电进行整流，得到相应的直流电。再通过三相正弦PWM电压型逆变器变频来驱动三相永磁式同步交流伺服电动机。

逆变部分（DC-AC）采用功率器件集成驱动电路，保护电路和功率开关于一体的智能功率模块（IPM），主要拓扑结构是采用了三相桥式电路，原理图如图 4.2.5。利用了脉宽调制技术即PWM（Pulse Width Modulation）通过改变功率晶体管交替导通的时间来改变逆变器输出波形的频率，改变每半周期内晶体管的通断时间比，也就是说通过改变脉冲宽度来改变逆变器输出电压副值的大小以达到调节功率的目的。

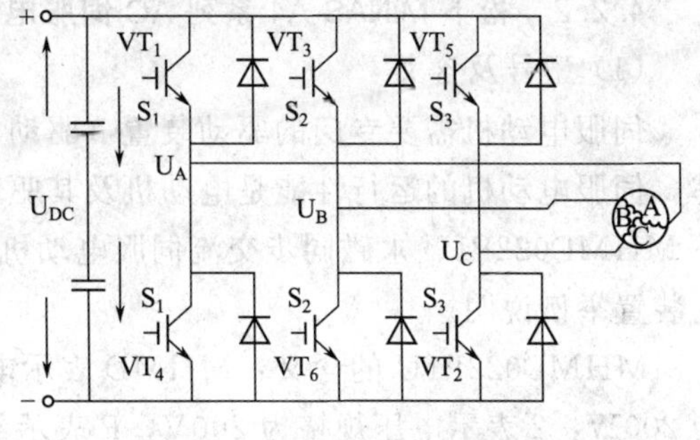

图 4.2.5 三相逆变电路

(2) 交流伺服系统的位置控制模式

图 4.2.4 和图 4.2.5 说明如下两点。

① 伺服驱动器输出到伺服电动机的三相电压波形基本是正弦波（高次谐波被绕组电感滤除），而不是像步进电动机那样是三相脉冲序列，即使从位置控制器输入的是脉冲信号。

② 伺服系统用作定位控制时，位置指令输入到位置控制器，速度控制器输入端前面的电子开关切换到位置控制器输出端，同样，电流控制器输入端前面的电子开关切换到速度控制器输出端。因此，位置控制模式下的伺服系统是一个三闭环控制系统，两个内环分别是电流环和速度环。

由自动控制理论可知，这样的系统结构提高了系统的快速性、稳定性和抗干扰能力。在足够高的开环增益下，系统的稳态误差接近为零。这就是说，在稳态时，伺服电动机以指令脉冲和反馈脉冲近似相等时的速度运行。反之，在达到稳态前，系统将在偏差信号作用下驱动电动机加速或减速。若指令脉冲突然消失（例如紧急停车时，PLC 立即停止向伺服驱动器发出驱动脉冲），伺服电动机仍会运行到反馈脉冲数等于指令脉冲消失前的脉冲数才停止。

(3) 位置控制模式下电子齿轮的概念

位置控制模式下，等效的单闭环系统方框图如图 4.2.6 所示。

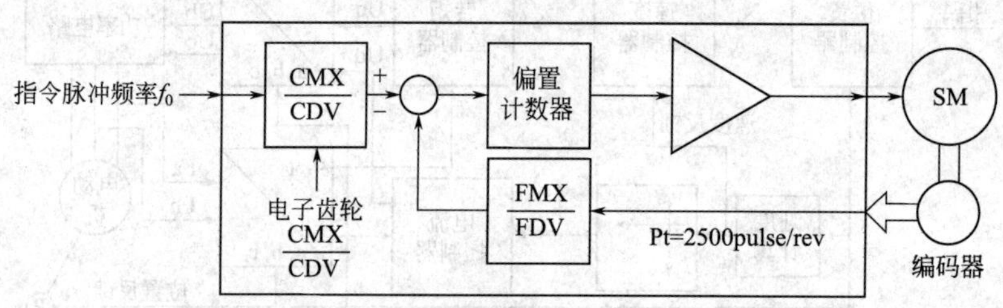

图 4.2.6　等效的单闭环系统方框图

图中，指令脉冲信号和电机编码器反馈脉冲信号进入驱动器后，均通过电子齿轮变换才进行偏差计算。电子齿轮实际是一个分一倍频器，合理搭配它们的分倍一频值，可以灵活地设置指令脉冲的行程。

例如松下 MINAS A4 系列 AC 伺服电动机驱动器，电动机编码器反馈脉冲为 2500 pulse/rev。缺省情况下，驱动器反馈脉冲电子齿轮分-倍频值为 4 倍频。如果希望指令脉冲为 6000pulse/rev，那么就应把指令脉冲电子齿轮的分-倍频值设置为 10000/6000。从而实现 PLC 每输出 6000 个脉冲，伺服电动机旋转一周。

4.2.2　松下 MINAS A4 系列 AC 伺服电动机驱动器

(1) 型号及含义

伺服电动机需要专门的驱动装置（驱动器）供电，驱动器和伺服电动机是一个有机的整体，伺服电动机的运行性能是电动机及其驱动器二者配合所反映的综合效果。本节主要对松下 MHMD022P1U 永磁同步交流伺服电动机及 MADDT1207003 全数字交流永磁同步伺服驱动装置举例说明。

MHMD022P1U 的含义：MHMD 表示电动机类型为大惯量，02 表示电动机的额定功率为 200W，2 表示电压规格为 200V，P 表示编码器为增量式编码器，脉冲数为 2500p/r，分辨率 10000，输出信号线数为 5 根线。伺服电动机结构如图 4.2.7 所示。

MADDT1207003 的含义：MADDT 表示松下 A4 系列 A 型驱动器，T1 表示最大瞬时输出电流为 10A，2 表示电源电压规格为单相 200V，07 表示电流监测器额定电流为 7.5A，003 表示脉冲控制专用。驱动器的外观和面板如图 4.2.8 所示。

(2) 操作面板

伺服驱动器的参数状态读出或写入通过驱动器上操作面板来完成。操作面板如图 4.2.9 所示。各个按键的说明如表 4.2.2。

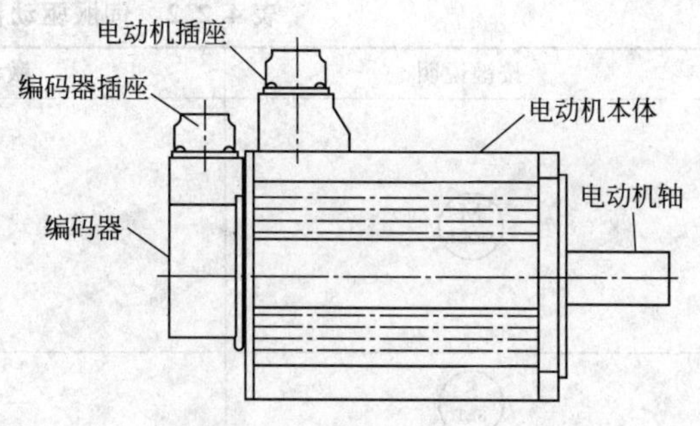

图 4.2.7 伺服电动机结构图

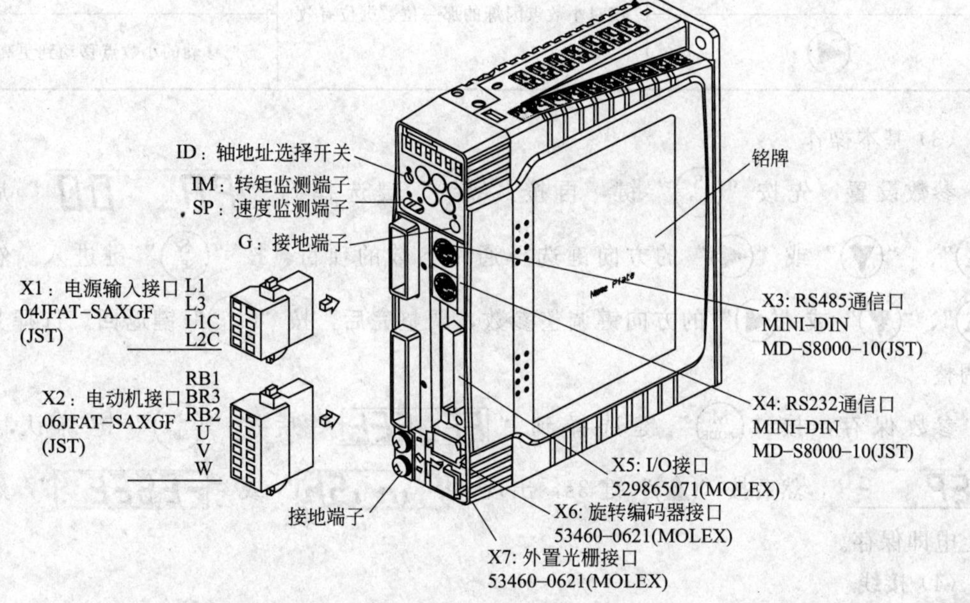

图 4.2.8 伺服驱动器的外观和面板图

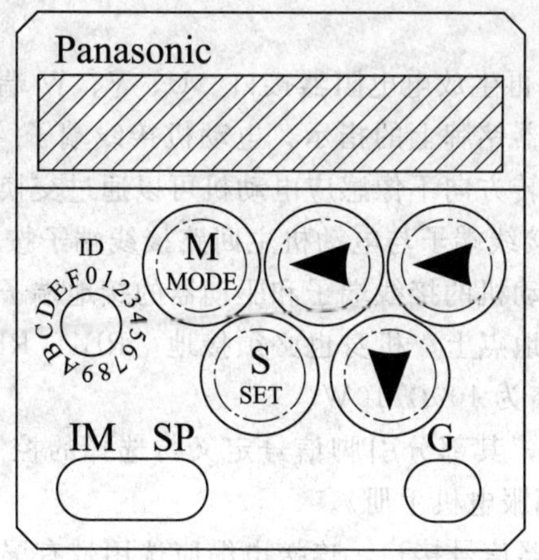

图 4.2.9 驱动器参数操作面板

表 4.2.2 伺服驱动器操作面板按钮的说明

按键说明	激活条件	功能
M MODE	在模式显示时有效	在以下 5 种模式之间切换： ① 监视器模式； ② 参数设置模式； ③ EEPROM 写入模式； ④ 自动调整模式； ⑤ 辅助功能模式
S SET	一直有效	用来在模式显示和执行显示之间切换
▲ ▼	仅对小数点闪烁的那一位数据位有效	改变各模式里的显示内容、更改参数、选择参数或执行选中的操作
◀		把移动的小数点移动到更高位数

(3) 基本操作

参数设置，先按"S SET"键，再按"M MODE"键选择到"PA_ 00"后，按"▲"、"▼"或"◀"的方向键选择通用参数的项目，按"S SET"键进入。然后按"▲"、"▼"或"◀"的方向键调整参数，调整完后，按"S SET"键返回。选择其他项再调整。

参数保存，按"M MODE"键选择到"EE_SEt"后按"S SET"键确认，出现"EEP -."，然后按"▲"键 3s，出现"FinISh"或"rESEt."，然后重新上电即保存。

(4) 接线

MADDT1207003 伺服驱动器面板上有多个接线端口，其中：

X1：电源输入接口，AC 220V 电源连接到 L1、L3 主电源端子，同时连接到控制电源端子 L1C、L2C 上。

X2：电动机接口和外置再生放电电阻器接口。U、V、W 端子用于连接电动机。必须注意，电源电压务必按照驱动器铭牌上的指示，电动机接线端子（U、V、W）不可以接地或短路，交流伺服电动机的旋转方向不像感应电动机可以通过交换三相相序来改变，必须保证驱动器上的 U、V、W、E 接线端子与电动机主回路接线端子按规定的次序一一对应，否则可能造成驱动器的损坏。电动机的接线端子和驱动器的接地端子以及滤波器的接地端子必须保证可靠地连接到同一个接地点上。机身也必须接地。RB1、RB2、RB3 端子是外接放电电阻，MADDT1207003 的规格为 100Ω/10W。

X5：I/O 控制信号端口，其部分引脚信号定义与选择的控制模式有关，不同模式下的接线请参考《松下 A 系列伺服电机手册》。

X6：连接到电动机编码器信号接口，连接电缆应选用带有屏蔽层的双绞电缆，屏蔽层应接到电动机侧的接地端子上，并且应确保将编码器电缆屏蔽层连接到插头的外壳（FG）上。

4.2.3 FX1N 的脉冲输出功能及位控编程

晶体管输出的 FX1N 系列 PLC CPU 单元支持高速脉冲输出功能，但仅限于 Y000 点和

Y001 点。输出脉冲的频率最高可达 100kHz。

对输送单元步进电动机的控制主要是返回原点和定位控制。可以使用 FX1N 的脉冲输出指令 FNC57（PLSY）、带加减速的脉冲输出指令 FNC59（PLSR）、可变速脉冲输出指令 FNC157（PLSV）、原点回归指令 FNC156（ZRN）、相对位置控制指令 FNC158（DRVI）、绝对位置控制指令 FNC158（DRVA）来实现。这里只介绍后面三条指令，其他指令请参考编程手册。

(1) 原点回归指令 FNC156（ZRN）

当可编程控制器断电时会消失，因此上电时和初始运行时，必须执行原点回归将机械动作的原点位置的数据事先写入。原点回归指令格式如图 4.2.10，图 4.2.11 为原点归零示意图。

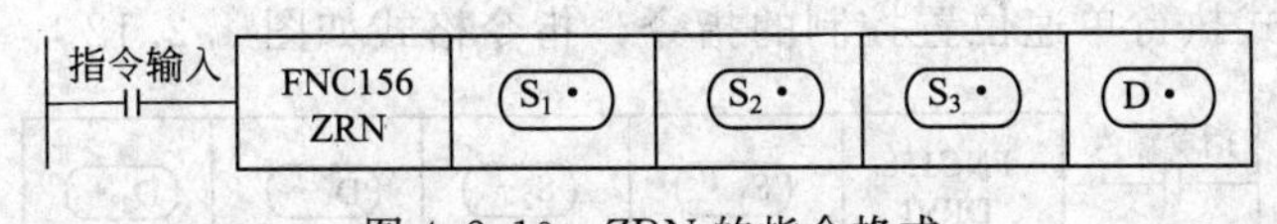

图 4.2.10 ZRN 的指令格式

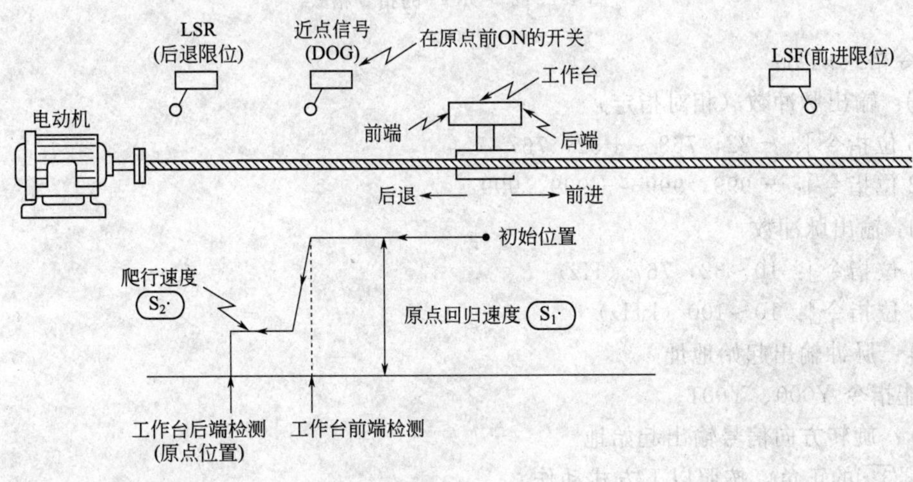

图 4.2.11 原点归零示意图

原点回归指令格式说明：

S_1·：原点回归速度

指定原点回归开始的速度。

[16 位指令]：10～32767（Hz）

[32 位指令]：10～100（kHz）

S_2·：爬行速度

指定近点信号（DOG）变为 ON 后的低速部分的速度。

S_3·：近点信号

指定近点信号输入。当指令输入继电器（X）以外的元件时，由于会受到可以编程控制器运算周期的影响，会引起原点位置的偏移增大。

D·：指定有脉冲输出的 Y 编号（仅限于 Y000 或 Y001）

(2) 原点回归动作顺序

原点回归动作按照下述顺序进行。

驱动指令后，以原点回归速度(S₁·)开始移动。

① 当在原点回归过程中，指令驱动接点变OFF状态时，将不减速而停止。

② 指令驱动接点变为OFF后，在脉冲输出中监控（Y000：M8147，Y001：M8148）处于ON时，将不接受指令的再次驱动。

当近点信号（DOG）由OFF变为ON时，减速至爬运速度(S₂·)。

当近点信号（DOG）由ON变为OFF时，在停止脉冲输出的同时，向当前值寄存器（Y000：[D8141，D8140]，Y001：[D8143，D8142]）中写入0。另外，M8140（清零信号输出功能）ON时，同时输出清零信号。随后，当执行完成标志（M8029）动作的同时，脉冲输出中监控变为OFF。

（3）相对位置控制指令FNC158（DRVI）

以相对驱动方式执行单速位置控制的指令，指令格式如图4.2.12。

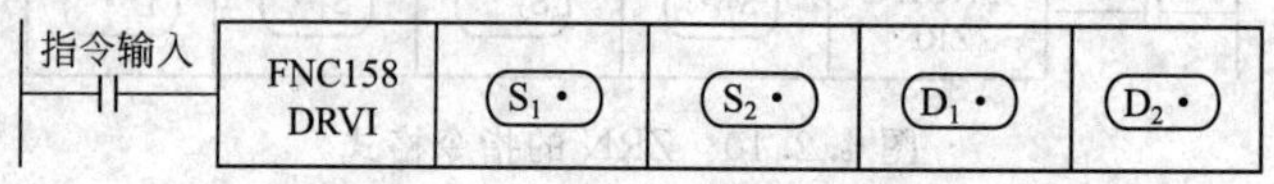

图4.2.12　DRVI的指令格式

指令格式说明：

(S₁·)：输出脉冲数（相对指定）

[16位指令]：−32，768～+32，767

[32位指令]：−999，999～+999，999

(S₂·)：输出脉冲数

[16位指令]：10～32，767（Hz）

[32位指令]：10～100（kHz）

(D1·)：脉冲输出起始地址

技能指令Y000、Y001。

(D2·)：旋转方向信号输出起始地

根据(S₁·)的正负，按照以下方式动作

[+（正）] → ON

[−（负）] → OFF

• 输出脉冲数指定(S₁·)，以对应下面的当前值寄存器作为相对位置。

向[Y000]输出时→[D8141（高位），D8140（低位）]（使用32位）

向[Y001]输出时→[D8143（高位），D8142（低位）]（使用32位）

反转时，当前值寄存器的数值减小。

• 旋转方向通过输出脉冲数(S₁·)的正负符号指令。

• 在指令执行过程中，即使改变操作性数的内容，也无法在当前运行中表现出来。只在下一次指令执行时才有效。

• 若在指令执行过程中，指令驱动的接点变为OFF时，将减速停止。此时执行完成标志M8029不动作。

• 指令驱动接点变为OFF后，在脉冲输出中标志（Y000：[M8147]，Y001：[M8148]处于ON时，将不接受指令的再次驱动。

此外，在编程DRVI指令时还要注意各操作数的相互配合：

① 加减速时的变速级数固定在 10 级，故一次变速量是最高频率 1/10。因此设定最高频率时应考虑在步进电动机不失步的范围内。

② 加减速时间至少不小于 PLC 的扫描时间最大值（D8012 值）的 10 倍，否则加减速各级时间不均等（更具体的设定要求，请参阅 FX1N 编程手册）。

(4) 绝对位置控制指令 FNC158（DRVA）

以绝对驱动方式执行单速位置控制的指令，指令格式如图 4.2.13。

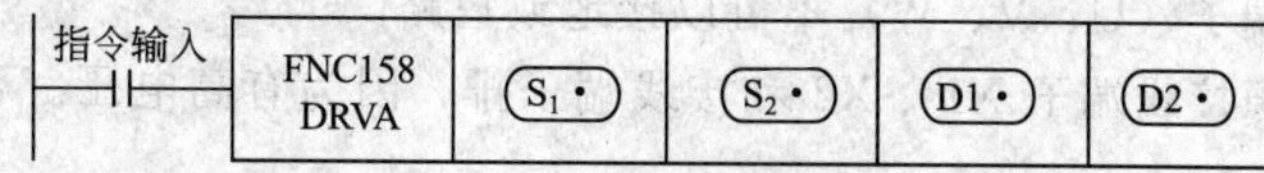

图 4.2.13 绝对位置控制指令

指令格式说明：

S1·：输出脉冲数（绝对指定）

[16 位指令]：－32，768～＋32，767

[32 位指令]：－999，999～＋999，999

S2·：输出脉冲数

[16 位指令]：10～32，767（Hz）

[32 位指令]：10～100（kHz）

D1·：脉冲输出起始地址

技能指令 Y000、Y001。

D2·：旋转方向信号输出起始地

根据S1·和当前位置的差值，按照以下方式动作

[＋（正）] → ON

[－（负）] → OFF

• 目标位置指令S1·，以对应下面的当前值寄存器作为绝对位置。

向 [Y000] 输出时→ [D8141（高位），D8140（低位）]（使用 32 位）

向 [Y001] 输出时→ [D8143（高位），D8142（低位）]（使用 32 位）

反转时，当前值寄存器的数值减小。

• 旋转方向通过输出脉冲数S1·的正负符号指令。

• 在指令执行过程中，即使改变操作数的内容，也无法在当前运行中表现出来。只在下一次指令执行时才有效。

• 若在指令执行过程中，指令驱动的接点变为 OFF 时，将减速停止。此时执行完成标志 M8029 不动作。

• 指令驱动接点变为 OFF 后，在脉冲输出中标志(Y000:[M8147],Y001:[M8148])处于 ON 时，将不接受指令的再次驱动。

(5) 与脉冲输出功能有关的主要特殊内部存储器

[D8141，D8140] 输出至 Y000 的脉冲总数

[D8143，D8142] 输出至 Y001 的脉冲总数

[D8136，D8137] 输出至 Y000 和 Y001 的脉冲总数

[M8145] Y000 脉冲输出停止（立即停止）

[M8146] Y001 脉冲输出停止（立即停止）

[M8147] Y000 脉冲输出中监控

[M8148] Y001 脉冲输出中监控

各个数据寄存器内容可以利用“（D）MOV K0 D81□□”执行清除。

注意：

① 一般情况下，每一台伺服电动机大都有其对应的驱动器。

② 主电源接线端子（L1、L2、L3）和电动机接线端子（U、V、W）不要混淆。

③ 电动机接线端子（U、V、W）不可以接地或短路。

④ 禁止触摸电源接线端子 X1 、X2 和接线端子排，因为有高电压。否则可能会导致触电事故。

⑤ 交流伺服电动机的旋转方向不可以像感应电机一样通过交换三相相序来改变。必须确保伺服驱动器上的电动机连接端子（U、V、W）与其连接电缆的色标（或航空插头的脚号）一致。

⑥ 电动机的接地端子和驱动器的接地端子以及噪声滤波器的接地端子必须保证可靠地连接到同一个接地点上。机身也必须要接地。请确保铝线和铜线不接触，以免金属腐蚀。

4.2.4 手动 JOG 试运行

(1) 电路接线按图 4.2.14 所示完成电路的接线，进行手动 JOG 运行。

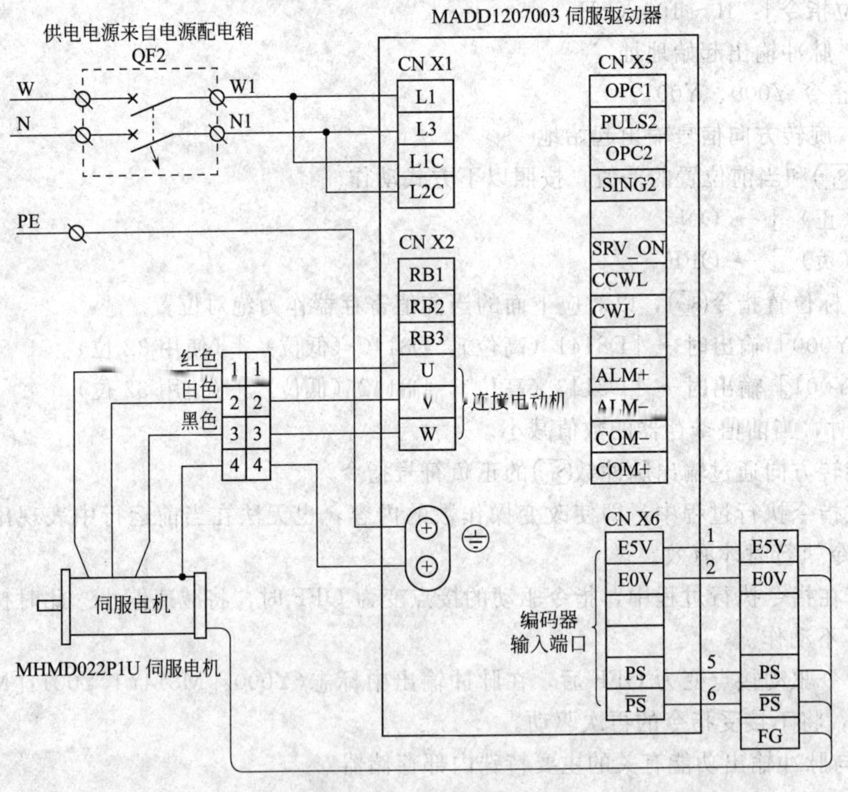

图 4.2.14 电路接线图

(2) 训练步骤

① 按照图 4.2.14 电路图完成电路的连接，并接通电源。

② 在数码显示为初始状态“r 0”下，按“(S SET)”键，然后连续按“(M MODE)”键直至数码

显示为“AF-AcL”，然后按“▲”或“▼”键至“AF-JoG”。

③ 按“S SET”键，显示“JoG -”；按住“▲”键直至显示“rEAdy”。

④ 按住“◀”键直至显示“SrV _ on”。

⑤ 按“▲”键电机逆时针旋转，松开“▲”键，电动机停止。

⑥ 按“▼”键电机顺时针旋转，松开“▼”键，电动机停止。

⑦ 按“S SET”键结束手动 JOG 运行。

要点

① 电机转速由参数 Pr3D 设定。

② 按“▲”键逆时针运转，按“▼”键顺时针运转，松开“▲”或“▼”键则电动机停止旋转。

③ 在试运行期间“SRV-ON”变成有效时，则显示“Error”，通过外部指令可转换至通常动作状态。

注意

① 不能将三相 380V 直接接入驱动器，否则将烧毁驱动器。

② 控制电源输入 L1C、L3C，也可直接接单相～220V。

③ 伺服电动机的三相引线 U、V、W 与伺服驱动器的连接有严格相序要求，切勿接错。

4.2.5 内部速度控制方式运行

(1) 电路接线按图 4.2.15 所示完成电路的接线，实现内部速度控制方式运行。

(2) 训练步骤

① 按照图 4.2.15 电路图完成电路的连接；

② 设置参数 Pr02＝1；Pr05＝1；Pr01＝1；Pr53＝1000；

③ 参数修改后保存参数，并重新上电；

④ 观察驱动器和伺服电机工作状况；

⑤ 设置参数 Pr53＝ －1000；

⑥ 参数修改后保存参数，并重新上电；

⑦ 观察驱动器和伺服电机工作状况。

要点

① 参数 Pr53 的值为转速值，为正值时伺服电动机反时针旋转，为负值伺服电动机顺时针旋转。

② 保存参数（写入 EEPrOM），必须重新上电参数才生效。

注意

Pr53 的值设置不宜过大，以免电动机转速过快发生危险。

4.2.6 用 PLC 控制伺服控制系统实现位置控制方式

(1) 电路接线按图 4.2.16 所示完成电路的接线，实现伺服电动机正反转控制，转速为 60r/min。

(2) 训练步骤

① 按照图 4.2.16 电路图完成电路的连接。

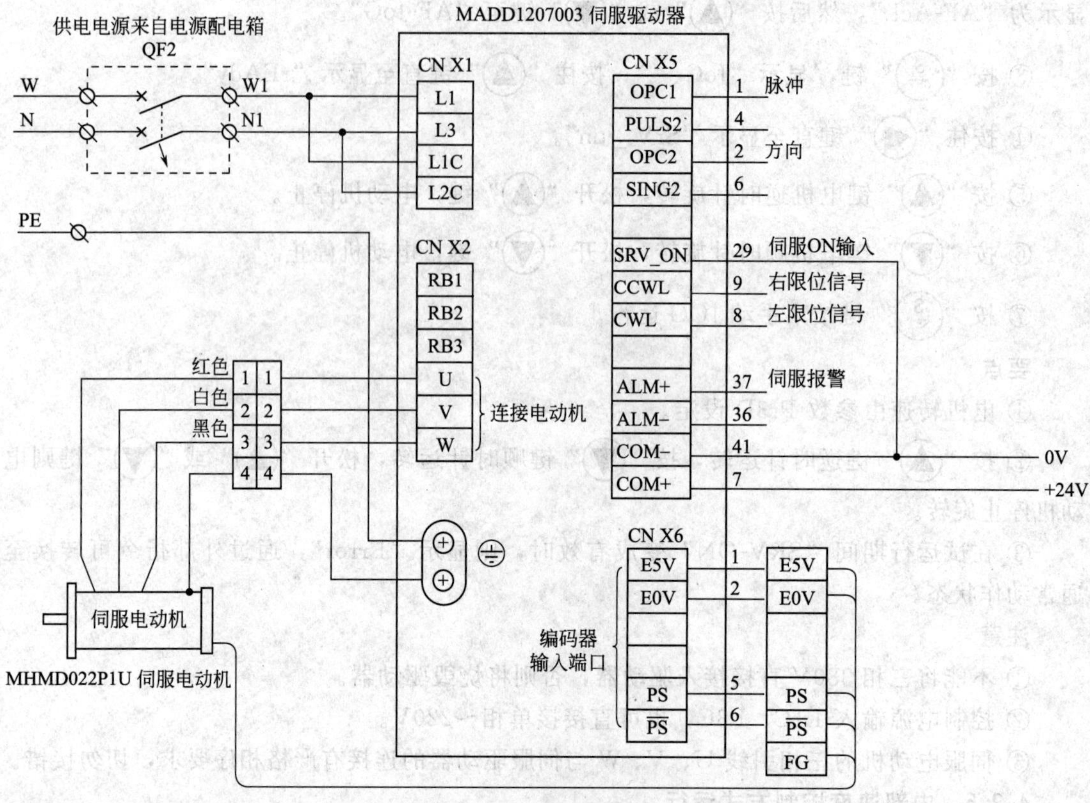

图 4.2.15 电路接线图

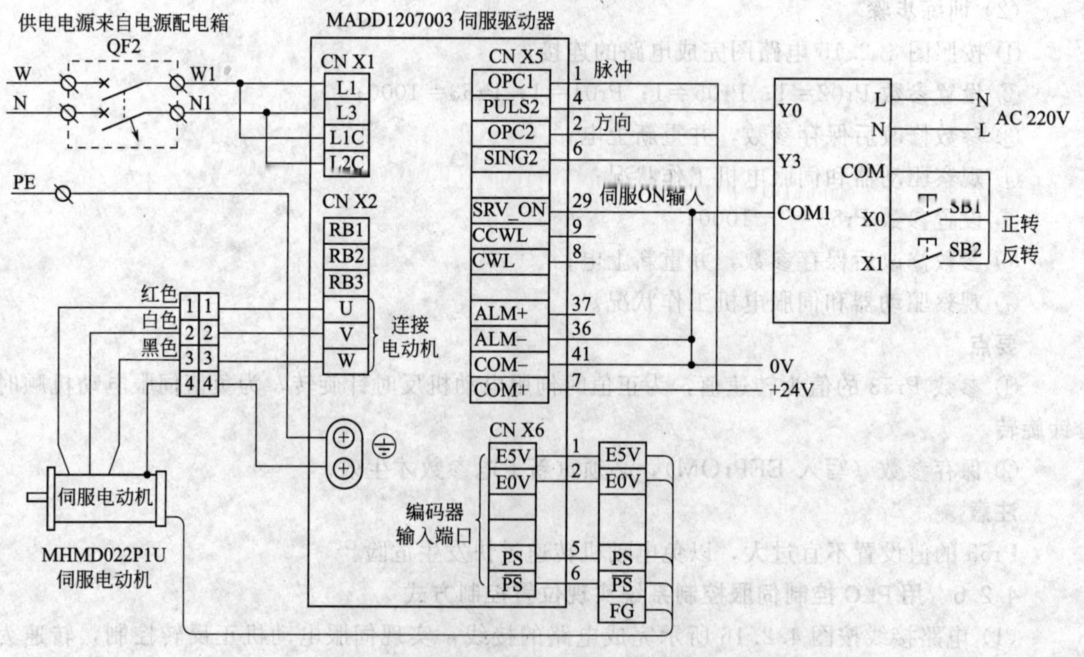

图 4.2.16 电路接线图

② 设置参数 Pr02=0；Pr42=3；Pr43=1；Pr48=10000；Pr49=0；Pr4A=0；Pr4B=6000。

③ 设计 PLC 的程序如图 4.2.17 所示。

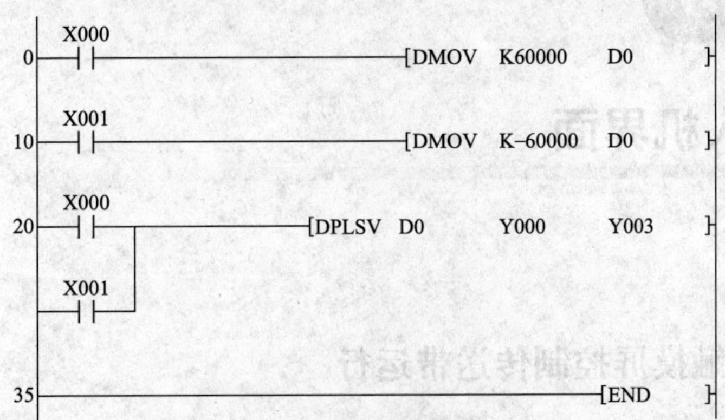

图 4.2.17 PLC 程序图

④ 接通系统电源，将所编程序输入 PLC。

⑤ 按下正转按钮 SB1 观察驱动器和步进电动机工作状况。

⑥ 按下反转按钮 SB2 观察驱动器和步进电动机工作状况。

注意

调试时，防止传送装置超出极限位置造成设备或人员的伤害。

拓展与提高

用相对位置控制指令（DRVI）进行编程，完成本任务。

【思考与练习】

① 试着练一练，把指令脉冲电子齿轮的分倍频值设置为 10000/5000。

② 试着练一练，把指令脉冲电子齿轮的分倍频值设置为 10000/5000，要求伺服电动机的转速为 500r/min，试求脉冲的频率。

③ 试着练一练，把指令脉冲电子齿轮的分倍频值设置为 10000/6000，要求伺服电动机的转速为 800r/min，试求脉冲的数量。

项目 5 人机界面

任务 5.1 触摸屏控制传送带运行

能力目标

① 能用 EV5000 完成组态软件安装及 PC 与触摸屏之间建立通信；

② 能使用 EV5000 组态软件根据要求完成组态；

③ 能用步科系列触摸屏和三菱系列 PLC 建立通信；

④ 能用触摸屏控制简单的机电一体化设备。

使用材料、工具、设备

名称	型号或规格	数量	名称	型号或规格	数量
触摸屏	MT4300C	1台	编程电缆	SC-9	1根
计算机	自行配置	1台	三相减速电机	40r/min，380V	1台
传送机构		1套	连接导线		若干
按钮	常开	7个	电工工具和万用表		1套
可编程控制器	FX_{2N}-48MR	1台	接线端子		若干
组态软件	EV5000	1套			

学习组织形式

训练和学习以小组为单位，两人一小组，两人共同制订计划并实施，协作完成软硬件的安装及调试。

任务实施及要求

(1) 任务实施

某工地运送物料的皮带输送机需要通过触摸屏上的点动按钮随时改变电机的运行方向，以及高速、中速、低速的相互转换，请你根据要求完成人机界面的组态和系统安装调试任务。

从任务描述分析，皮带输送机由三相异步电动机拖动，并由变频器和 PLC 组成的系统进行控制，并需要通过触摸屏上的点动按钮随时改变电机的运行方向，以及高速、中速、低速的相互转换。

① 创建一个开关元件。

接下来向这个工程中添加一个开关元件，首先在工程结构窗口中，选中 MT4300C 图标，点击右键里的［编辑组态］，然后就进入了组态窗口，如图 5.1.1 所示。

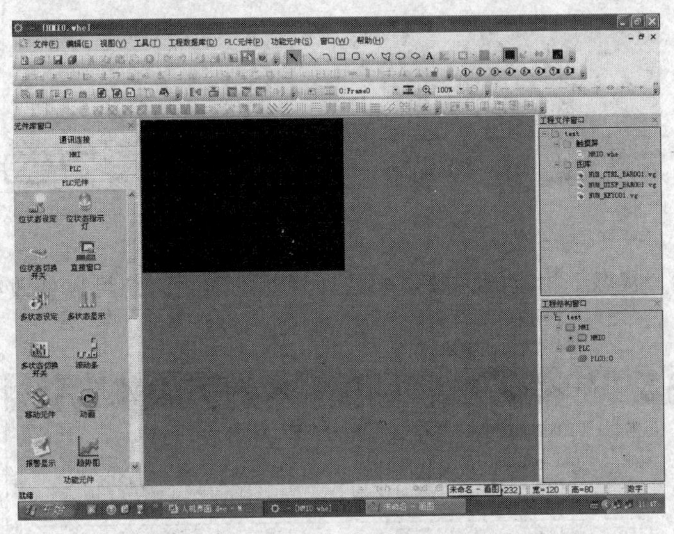

图 5.1.1　创建工程画面的组态窗口

② 确定开关元件的属性。

确定开关基本属性：在左边的 PLC 元件窗口里，轻轻点击图标，将其拖入组态窗口中放置，这时将弹出位控制元件［基本属性］对话框，设置位控制元件的输入/输出地址，如图 5.1.2 所示。

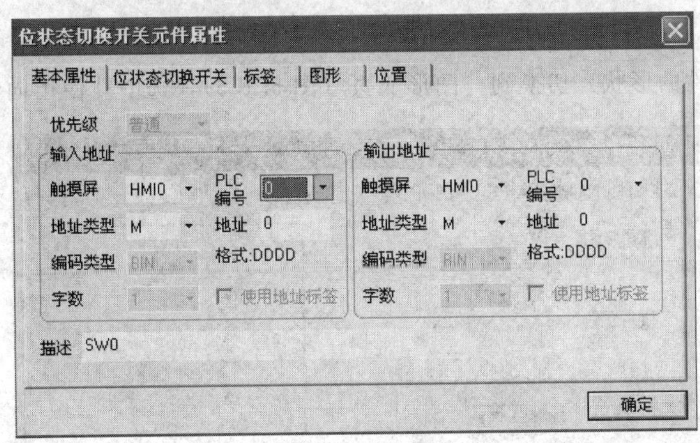

图 5.1.2　确定开关元件基本属性的界面

确定开关类型：切换到［开关］页，设定开关类型，这里设定为复位开关。如图 5.1.3 所示。

选择开关元件状态等：切换到［标签］页（图 5.1.4），选中［使用标签］，分别在［内

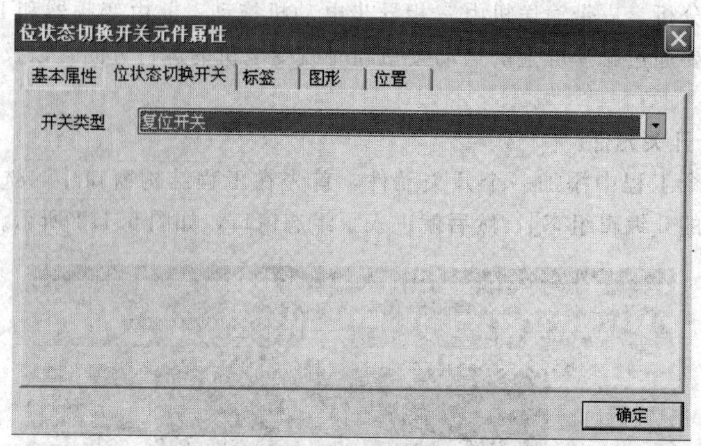

图 5.1.3　确定开关类型的界面

容］里输入状态 0、状态 1 相应的标签，并选择标签的颜色（您可以修改标签的对齐方式、字号、颜色）。

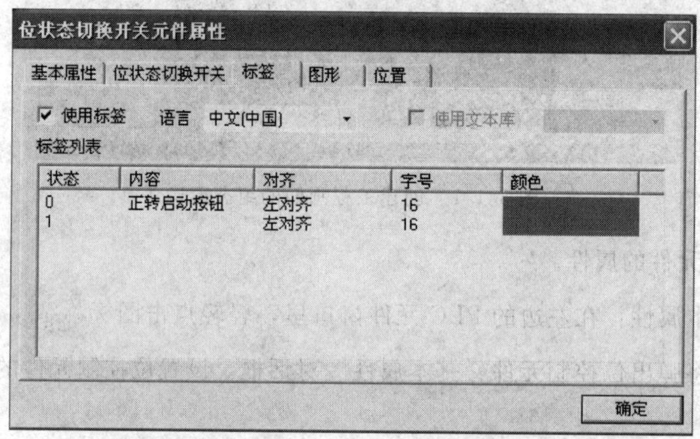

图 5.1.4　选择开关元件状态的界面

选择开关元件的形状：切换到［图形］页（图 5.1.5），选中［使用向量图］，复选框，

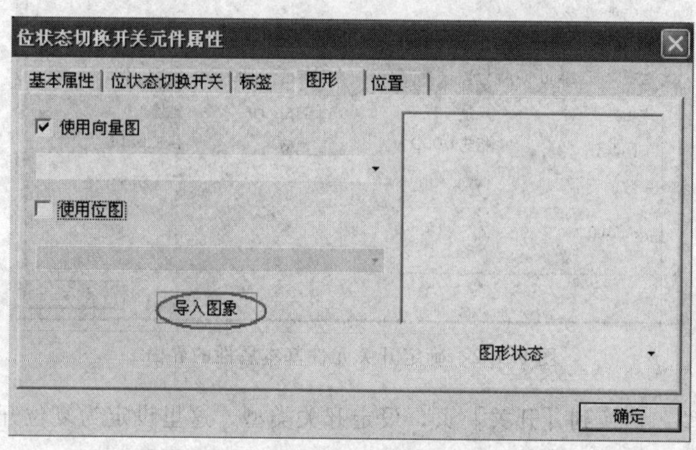

图 5.1.5　选择开关元件图形的界面（一）

点击［导入图库］，在弹出的导入图库画面中找到所用软件的图库（图 5.1.6）。

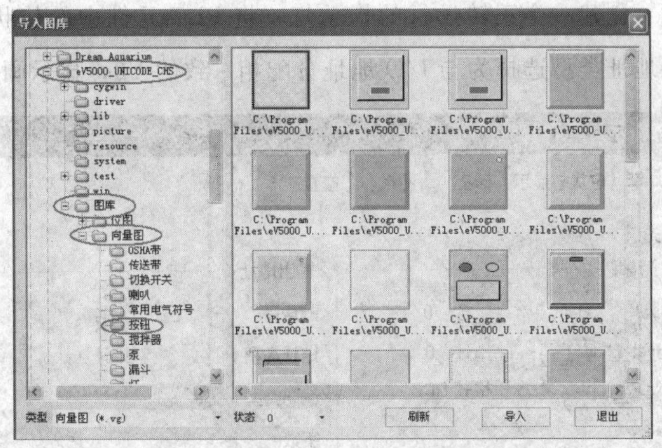

图 5.1.6　选择开关元件图形的界面（二）

选择一个想要的图形，点击［导入］，这里选择如图 5.1.7 所示的开关。

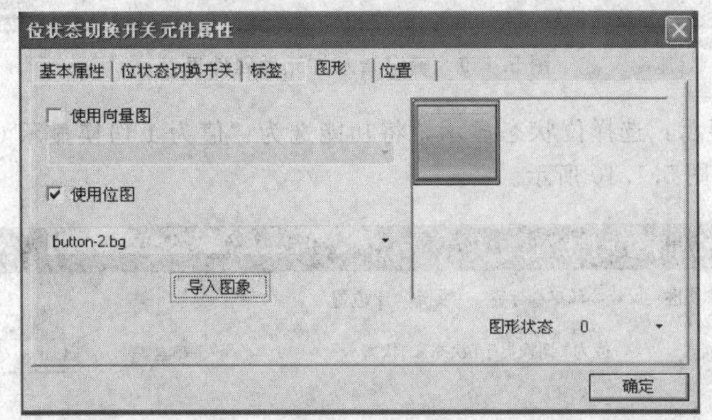

图 5.1.7　选择开关元件图形的界面（三）

最后点确定关闭对话框，放置好的元件如图 5.1.8 所示。

图 5.1.8　完成开关元件属性设置

③ 确定指示灯元件属性。

确定基本属性：创建一个正转运行的指示灯，将 PLC 元件中的位状态指示灯图标拖入黑色区域，将地址类型选择为与 I/O 地址分配相一致的 Y0，显示画面如图 5.1.9 所示。

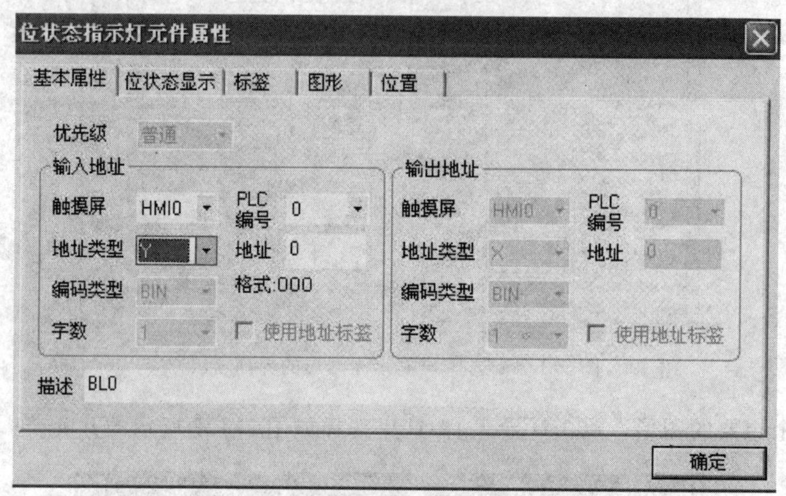

图 5.1.9　确定指示灯元件属性界面

确定位状态显示：选择位状态显示，将功能选为“值为 1 切换显示 0 状态和 1 状态”，频率设置为 3，如图 5.1.10 所示。

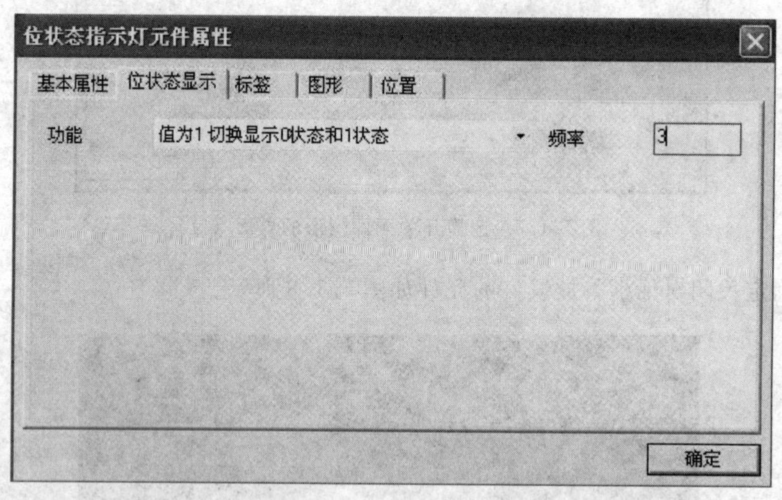

图 5.1.10　确定位状态显示

选择图形：与创建按钮一样，导入合适的指示灯图标，如图 5.1.11 所示。

④ 保存文件。

选择工具条上的［保存］，接着选择菜单［工具］/［编译］。如果编译没有错误，那么就完成了对按钮和运行指示灯的工程创建，其他元件的制作方法与此类似。根据上述创建流程，将反转启动按钮、反转运行停止、停止按钮、高速按钮、中速按钮、低速按钮、各段速的指示灯等 PLC 元件创建在同一个组态窗口内，如图 5.1.12 所示。

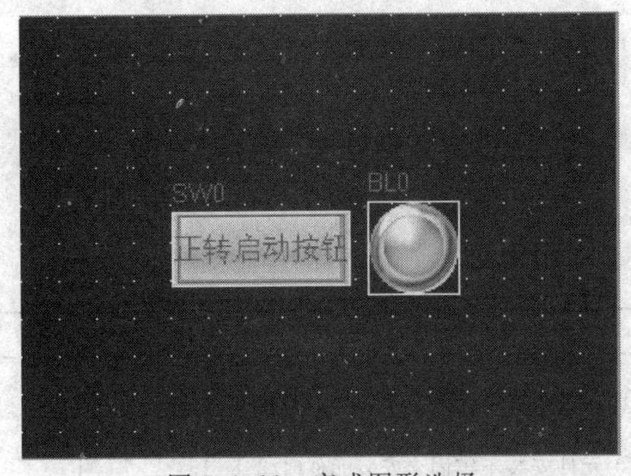

图 5.1.11　完成图形选择

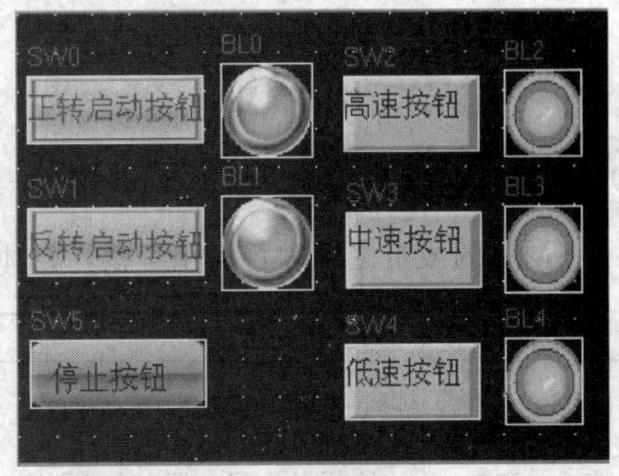

图 5.1.12　完成创建工程画面

⑤ 在计算机上仿真显示。选择菜单［工具］/［离线模拟］/［仿真］。可以看到创建的工程和真正的开关一模一样，如图 5.1.13 所示。

⑥ 进行通信连接测试（以三菱为例）。

用专用的触摸屏与三菱 PLC FX2N 的通信线将屏与 PLC 连接，如图 5.1.14 所示。

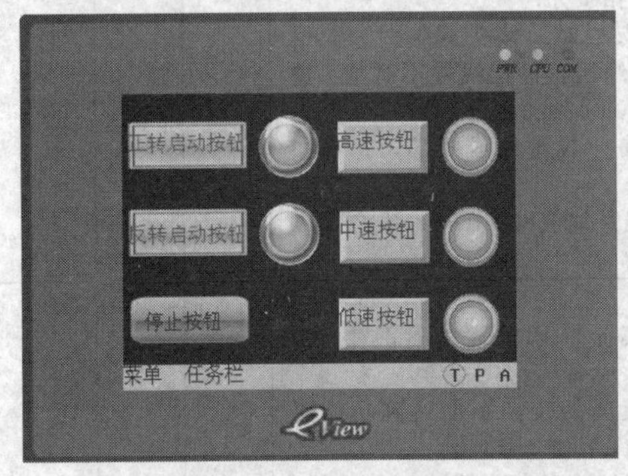

图 5.1.13　计算机显示的仿真画面

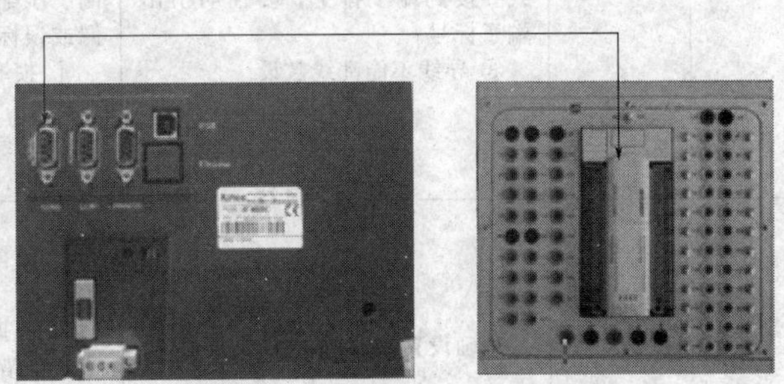

图 5.1.14　触摸屏与 PLC 的连接

参照图 5.1.15 将 PLC 与变频器连接。

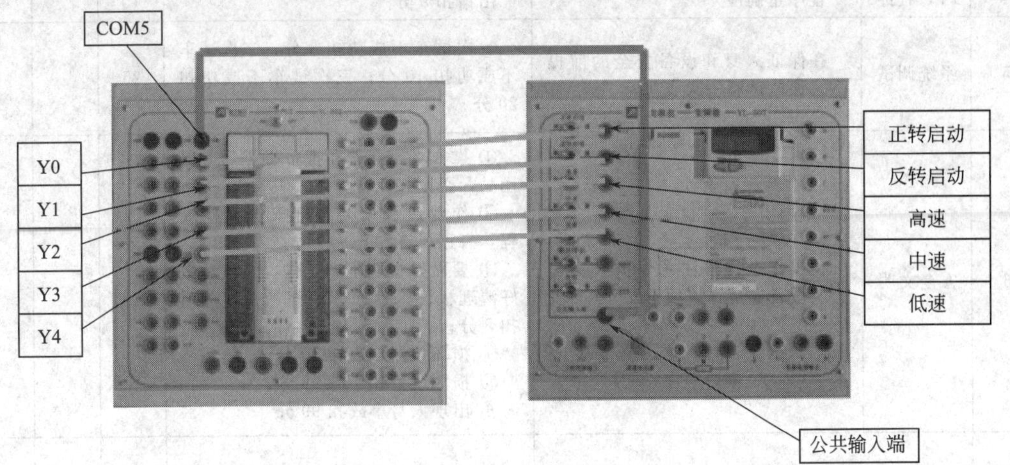

图 5.1.15　PLC 与变频器的连接

(2) 要求

① 正确进行 PLC 与变频器的连线。

② 正确设置元件的参数。

考核标准及评价

不同组的成员之间进行互相考核，教师抽查。

序号	主要内容	考核要求	评分标准	配分	扣分	得分
1	安装	① 按图纸的要求，正确使用工具和仪表，熟练安装电气元器件； ② 元件在配电板上布置要合理，安装要准确、紧固； ③ 按钮盒不固定在板上	① 元件布置不整齐、不匀称、不合理，每个扣 2 分； ② 元件安装不牢固、安装元件时漏装螺钉，每个扣 2 分； ③ 损坏元件，每个扣 4 分	15		
2	接线	① 布线要求横平竖直，接线紧固美观； ② 电源和电动机配线、按钮接线要接到端子排上，要注明引出端子标号； ③ 导线不能乱线敷设	① 电动机运行正常，但未按电路图接线，扣 2 分； ② 布线不横平竖直，主、控制电路，每根扣 1 分； ③ 接点松动、接头露铜过长、反圈、压绝缘层，标记线号不清楚、遗漏或误标，每处扣 1 分； ④ 损伤导线绝缘或线芯，每根扣 1 分； ⑤ 导线乱线敷设扣 15 分	20		
3	参数设置	正确设置参数	① 触摸屏与 PLC 通信不正常，扣 10 分； ② 触摸屏的按钮不能达到功能要求，每错一个扣 2 分； ③ 触摸屏上的指示灯未正确设置，错一个扣 1 分	30		
4	PLC 程序	程序正确性	出错扣 5 分	10		
5	系统调试	在保证人身和设备安全的前提下，通电试验一次成功	一次试车不成功扣 5 分；二次试车不成功扣 10 分；三次试车不成功扣 20 分	25		
6	安全文明	在操作过程中注意保护人身安全及设备安全（该项不配分）	① 操作者要穿着和携带必需的劳保用品，否则扣 5 分； ② 作业过程中要遵守安全操作规程，有违反者扣 5～10 分； ③ 要做好文明生产工作，结束后做好清理板面、台面、地面，否则每项扣 5 分； ④ 损坏仪器仪表扣 10 分； ⑤ 损坏设备扣 10～99 分； ⑥ 出现人身事故扣 99 分			
备注			合计			
			考核员签字	年　月　日		

知识要点

触摸屏作为一种人机界面，是操作人员和机械设备之间做双向沟通的桥梁，用户可以自由组合文字、按钮、图形、数字等来处理或者监控管理及应付随时可能变化信息的多功能显示屏幕。

随着机械设备的飞速发展，以往的操作界面需由熟练的操作员才能操作，而且操作困难，无法提高工作效率。但是使用人机界面能够明确指示并告知操作员机器设备目前的状况，使操作变得简单生动，并且可以减少操作上的失误，即使新手也可以很轻松地操作整个机器设备。使用人机界面还可以使机器的配线标准化、简单化，同时也能减少 PLC 控制器所需的 I/O 点数，降低生产成本的同时由于面板控制的小型化及高性能，相对提高了整套设备的附加价值。

5.1.1 触膜屏的应用

常见触摸屏及其应用如图 5.1.16 所示。

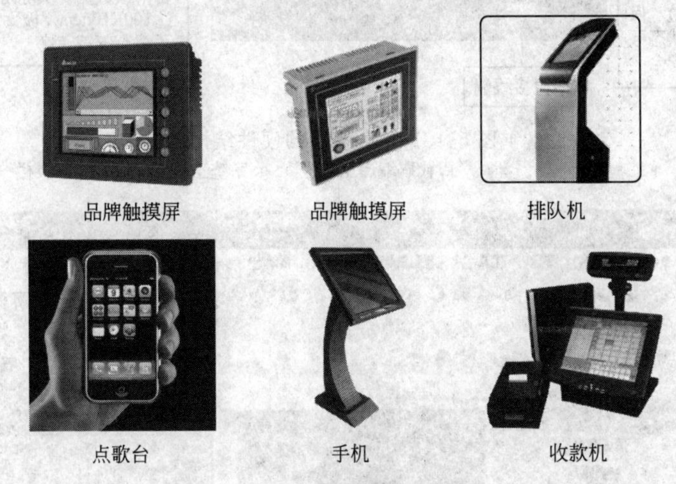

图 5.1.16 常见触摸屏及其应用

5.1.2 触摸屏的硬件结构

触摸屏的硬件结构如图 5.1.17。

5.1.3 软件运行环境和硬件设备

EV5000 的显示界面及每项的名称如图 5.1.18。

(1) 操作系统

Windows 2000/ Windows XP

(2) 计算机最低硬件要求（推荐配置）

① CPU：INTEL Pentium II 以上等级

② 内存：128MB 以上（推荐 512M）

③ 硬盘：2.5GB 以上，最少留有 100MB 以上的磁盘空间（推荐 40G 以上）

④ 光驱：4 倍速以上光驱一个

⑤ 显示器：支持分辨率 800×600，16 位色以上的显示器（推荐 1024×768，32 位真彩色以上）

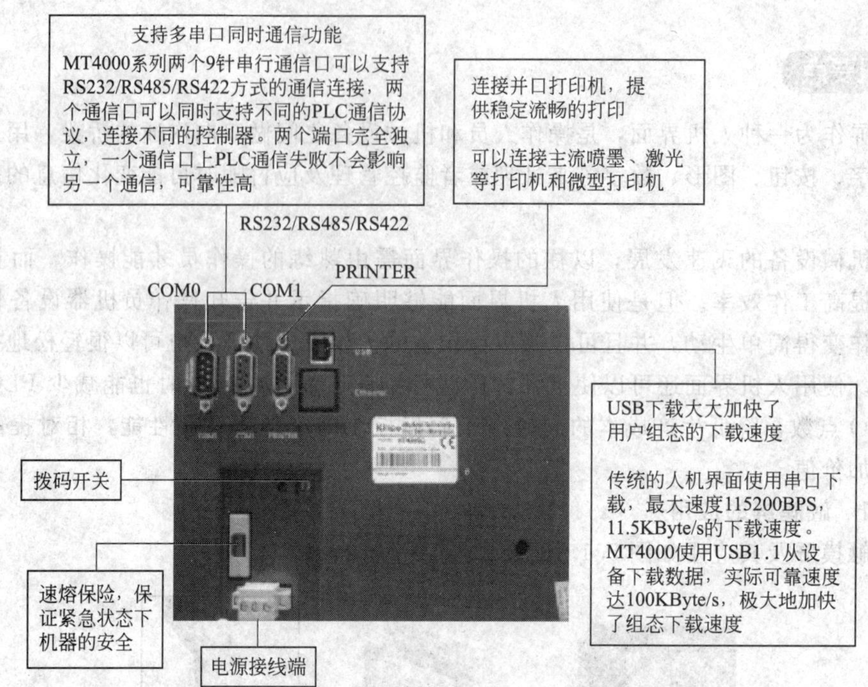

图 5.1.17　触摸屏的硬件结构

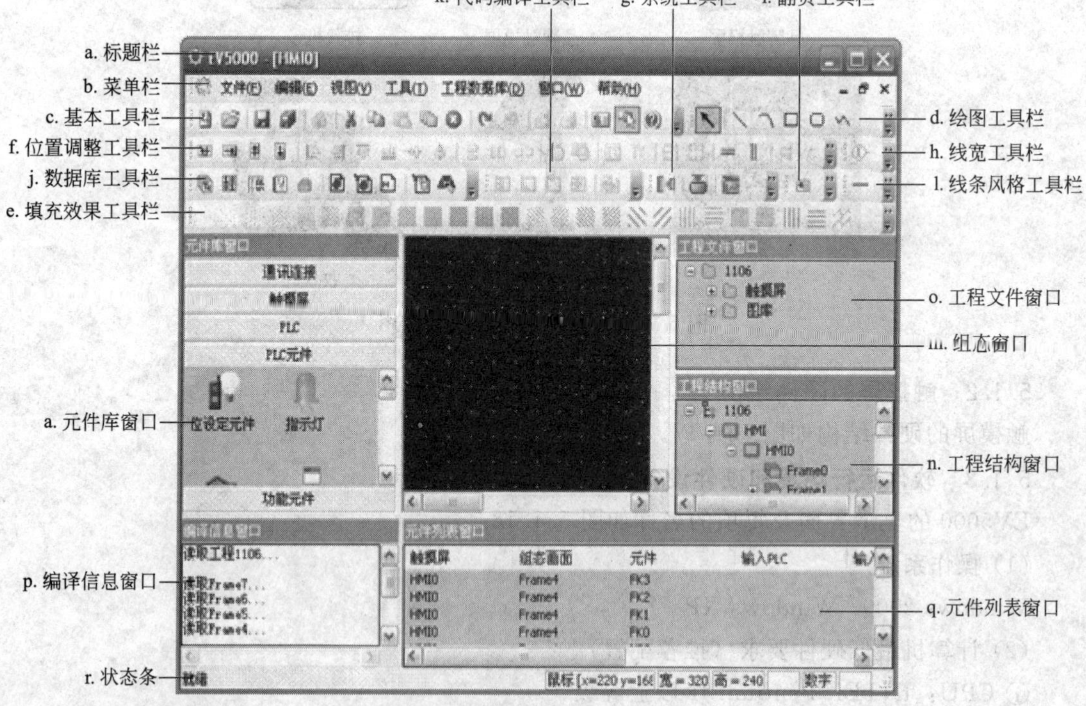

图 5.1.18　EV5000 软件界面

⑥ 鼠标键盘：各一

⑦ RS-232 COM 口：至少保留一个，以备触摸屏在使用串口线通信时使用

⑧ USB 口：USB 1.1 以上主口

⑨ 打印机：一台

5.1.4 PLC与触摸屏的通信设置

根据PLC的连线情况，设置通信类型为RS232、RS485-4W或RS485-2W，并设置与PLC相同的波特率、字长和校验位、停止位等属性。HMI属性界面右面一栏非高级用户，一般不必改动。不同的PLC，参数设置都不一样，如表5.1.1～表5.1.4。

表5.1.1 三菱主机FX2N-48MR与触摸屏MT4300C通信设置

参数项	推荐设置	可选设置	注意项
PLC类型	FX2N-48MR		
通信口类型	COM1	COM0/COM1	
通信类型	RS485-4	RS232/RS485	
数据位	7	7/8	必须与PLC通信口设定一致
停止位	1	1/2	必须与PLC通信口设定一致
波特率	9600	9600/19200/38400/57600/115200	必须与PLC通信口设定一致
校验	偶校验	无/奇校验/偶校验	必须与PLC通信口设定一致
PLC站号	0	0～255	必须采用推荐设定

表5.1.2 西门子主机S7-200与触摸屏MT4300C通信设置

参数项	推荐设置	可选设置	注意项
PLC类型	S7-200		
通信口类型	COM1	COM0/COM1	
通信类型	RS485-2	RS232/RS485	
数据位	8	7/8	必须与PLC通信口设定一致
停止位	1	1/2	必须与PLC通信口设定一致
波特率	9600	9600/19200/38400/57600/115200	必须与PLC通信口设定一致
校验	偶校验	无/奇校验/偶校验	必须与PLC通信口设定一致
PLC站号	2	0～255	必须采用推荐设定

表5.1.3 松下主机FP-X L60与触摸屏MT4300C通信设置

参数项	推荐设置	可选设置	注意项
PLC类型	FP-X L60		
通信口类型	COM1	COM0/COM1	
通信类型	RS232	RS232/RS485	
数据位	8	7/8	必须与PLC通信口设定一致
停止位	1	1/2	必须与PLC通信口设定一致

续表

参数项	推荐设置	可选设置	注意项
波特率	9600	9600/19200/38400/57600/115200	必须与 PLC 通信口设定一致
校验	奇校验	无/奇校验/偶校验	必须与 PLC 通信口设定一致
PLC 站号	1	0～255	必须采用推荐设定

表 5.1.4　欧姆龙主机 CPM2AH 与触摸屏 MT4300C 通信设置

参数项	推荐设置	可选设置	注意项
PLC 类型	CPM2AH		
通信口类型	COM1	COM0/COM1	
通信类型	RS232	RS232/RS485	
数据位	7	7/8	必须与 PLC 通信口设定一致
停止位	2	1/2	必须与 PLC 通信口设定一致
波特率	9600	9600/19200/38400/57600/115200	必须与 PLC 通信口设定一致
校验	偶校验	无/奇校验/偶校验	必须与 PLC 通信口设定一致
PLC 站号	0	0～255	必须采用推荐设定

5.1.5　创建的工程通过 USB 下载线下载到触摸屏

当完成工程的创建，您需要将其下载到触摸屏中。

① 用专用 USB 下载线将计算机与触摸屏连接，第一次使用 USB 下载，要手动安装驱动，把 USB 一端连接到 PC 的 USB 接口上，一端连接屏的 USB 接口，在屏上电的条件下，会弹出如图 5.1.19、图 5.1.20 所示安装信息。

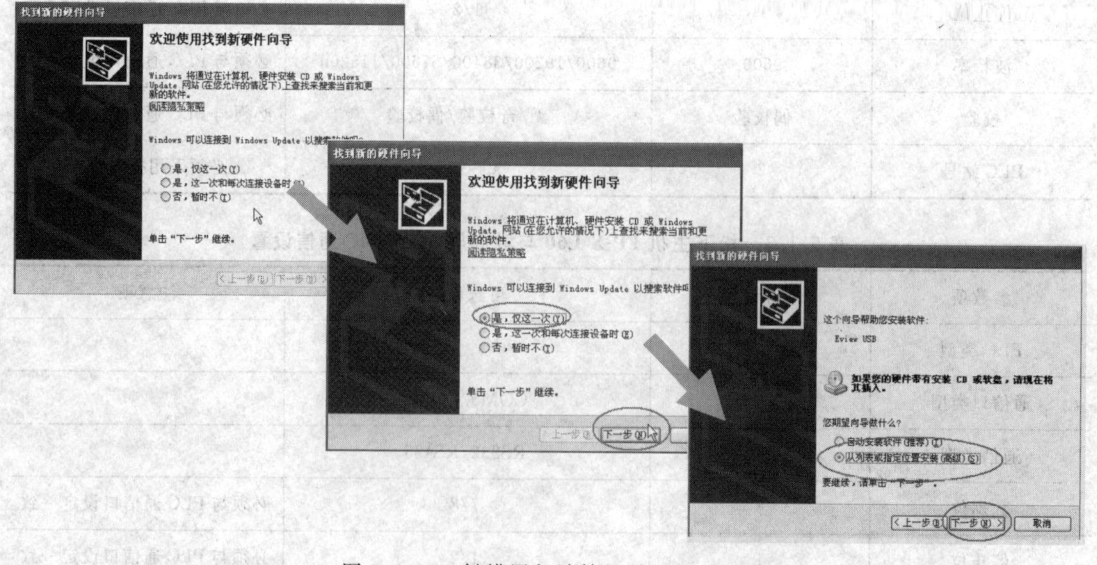

图 5.1.19　触摸屏与计算机的连接（一）

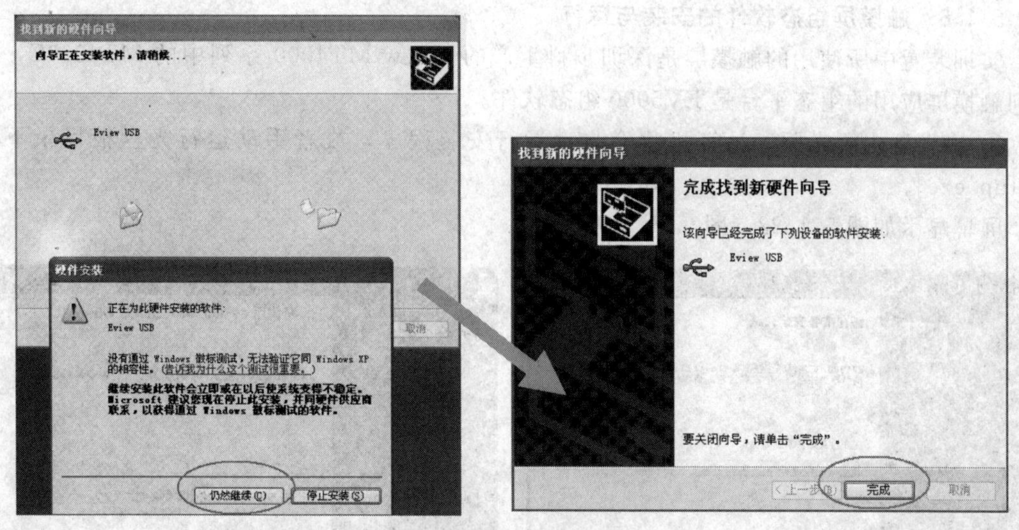

图 5.1.20 触摸屏与计算机的连接（二）

② 从我的电脑→属性→硬件→设备管理器里，选择通用串行总线控制器，可以查看到USB是否安装成功，如图 5.1.21 所示。

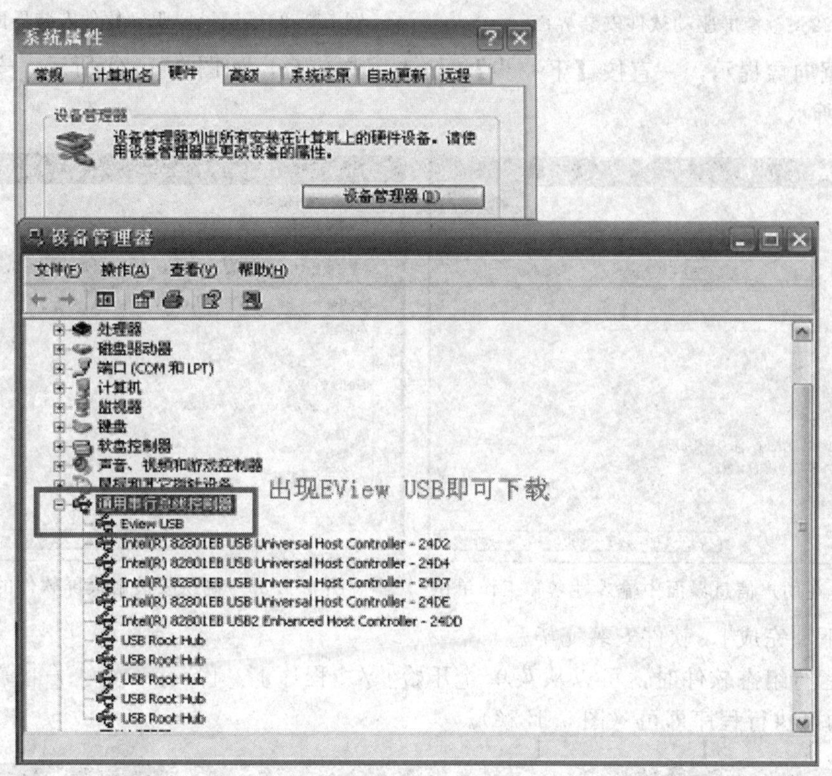

图 5.1.21 触摸屏与计算机的连接（三）

③ 以后采用 USB 来下载不需要进行其他设置，下载设备选择 USB，确定，即可进行下载。

④ 选择菜单［工具］/［下载］，将您创建的工程下载到触摸屏中。

5.1.6 触摸屏组态软件的安装与运行

实训装置中所使用的触摸屏是深圳步科生产的 Eview MT4000 系列中的 MT4300C，该系列触摸屏应用的组态平台是 EV5000 组态软件。

① 将光盘放入光驱，计算机将会自动运行安装程序，或者手动运行光盘根目录下的［Setup. exe］。

屏幕显示如图 5.1.22、图 5.1.23 所示。

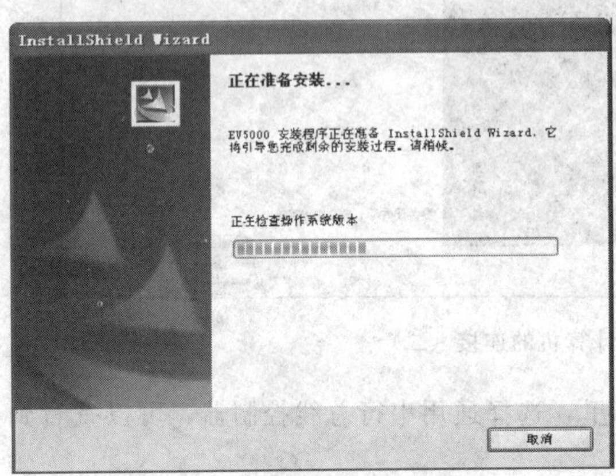

图 5.1.22 触摸屏驱动软件安装界面（一）

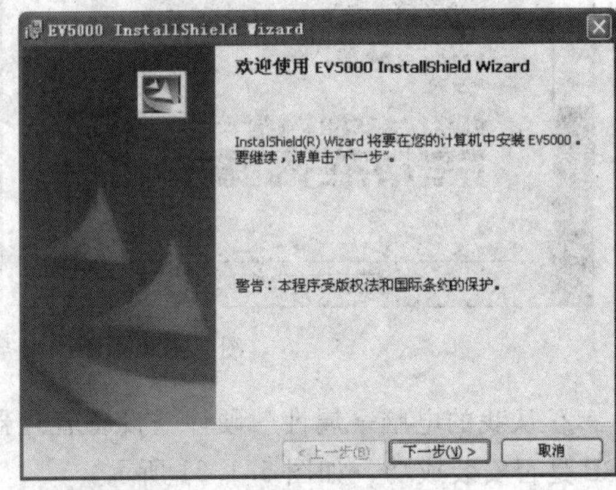

图 5.1.23 触摸屏驱动软件安装界面（二）

② 根据向导提示，一直按【下一步】，输入用户信息，如图 5.1.24 所示，安装界面如图 5.1.25 所示。

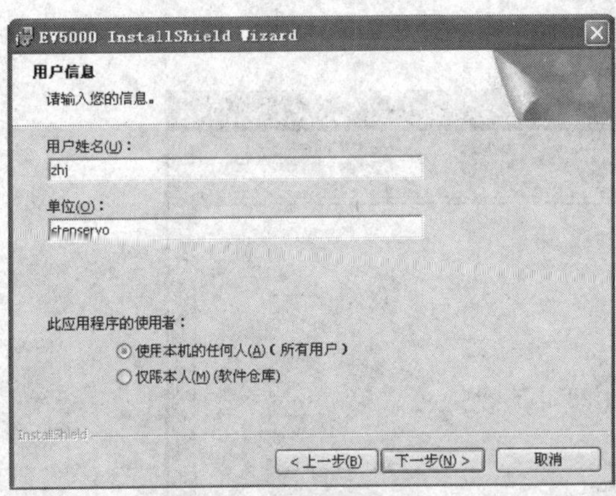

图 5.1.24 在用户信息界面中输入姓名和工作单位

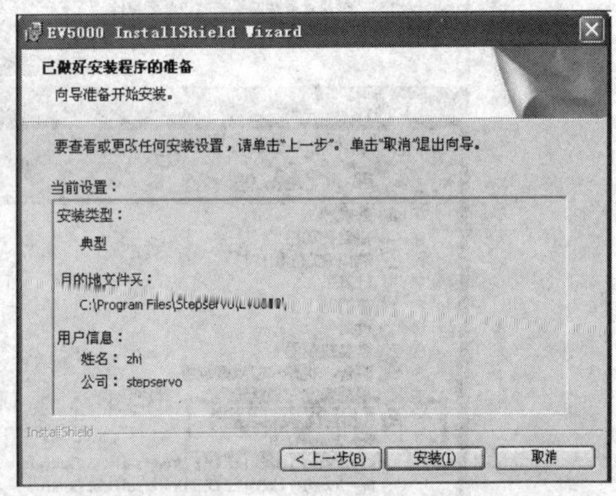

图 5.1.25 确认安装触摸屏软件的界面

③ 按下［完成］，软件安装完毕。

④ 要运行组态软件时，可以从菜单［开始］/［程序］/［Stepservo］/［EV5000］下找到相应的可执行程序即可（图 5.1.26）。

图 5.1.26 运行触摸屏软件的操作

5.1.7 组态画面工程的创建

(1) 创建工程名称

创建工程名称是为了给触摸屏控制或监控的系统命名，按以下方法和步骤完成：

创建一个新的空白的工程（图 5.1.27），安装好 EV5000 软件后，在［开始］/［程序］/［Stepservo］/［EV5000］下找到相应的可执行程序点击。

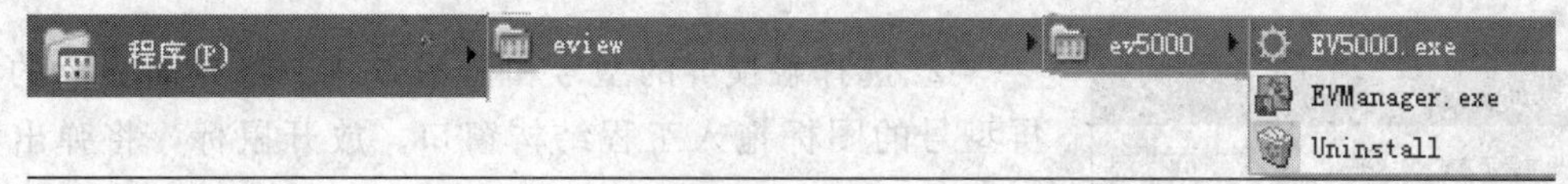

图 5.1.27 创建工程名的操作（一）

这时将弹出如图 5.1.28 所示画面。

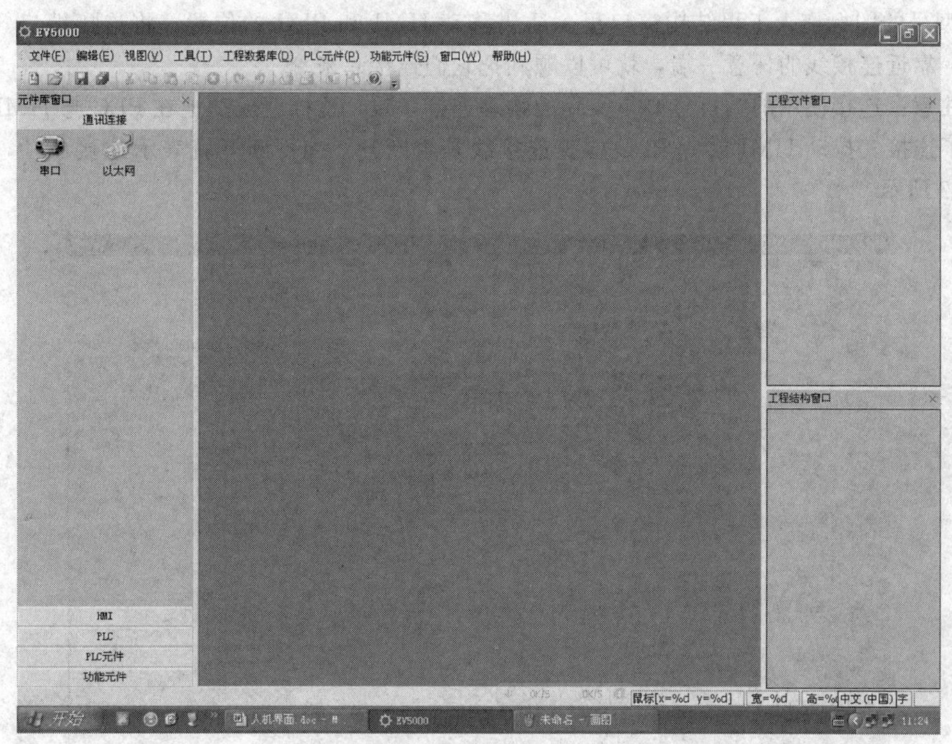

图 5.1.28 创建工程名的操作（二）

点击菜单［文件］里的［新建工程］，这时将弹出如图 5.1.29 对话框，输入想创建工程的名称。也可以点击“>>”来选择您所建文件的存放路径。在这里命名为“test”，点击［建立］即可。

图 5.1.29 创建工程名的操作（三）

(2) 确定触摸屏与 PLC 的连接和通信方式

① 确定触摸屏的通信方式：选择您所需的通信连接方式，MT5000 支持串口、以太网连接，点击元件库窗口里的通信连接，选中您所需的连接方式拖入工程结构窗口中即可（图 5.1.30）。

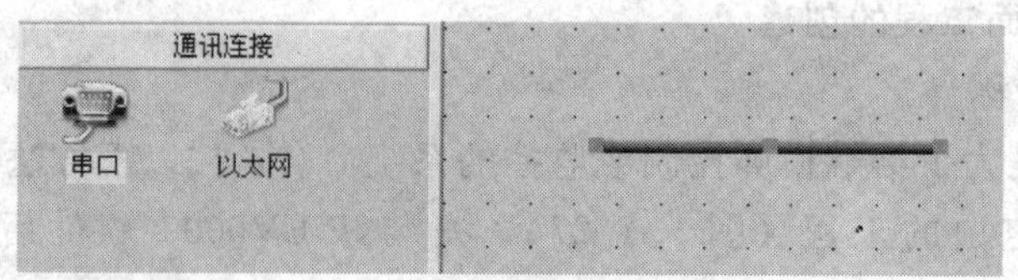

图 5.1.30　选择触摸屏的通信方式

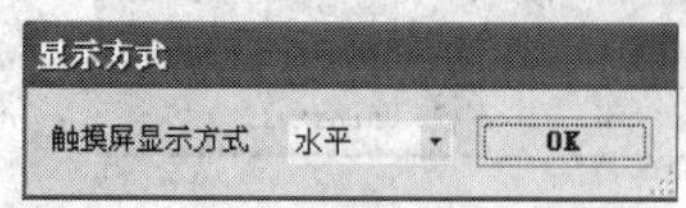

图 5.1.31　确认使用的触摸屏

② 选择触摸屏的型号和显示方式：将界面显示的触摸屏型号的图标拖入工程结构窗口。放开鼠标，将弹出如图 5.1.31 所示的对话框：可以选择水平或垂直方式显示，即水平还是垂直使用触摸屏，然后点击“OK”确认。

③ 选择需要连线的 PLC 型号：将界面显示你使用的 PLC 型号的图标拖入工程结构窗口里。适当移动 HMI 和 PLC 的位置，将连接端口（白色梯形）靠近连接线的任意一端，就可以顺利把它们连接起来。

注意： 连接使用的端口号要与实际的物理连接一致。这样就成功地在 PLC 与 HMI 之间建立了连接。拉动 HMI 或者 PLC 检查连接线是否断开，如不断开就表示连接成功，如图 5.1.32 所示。

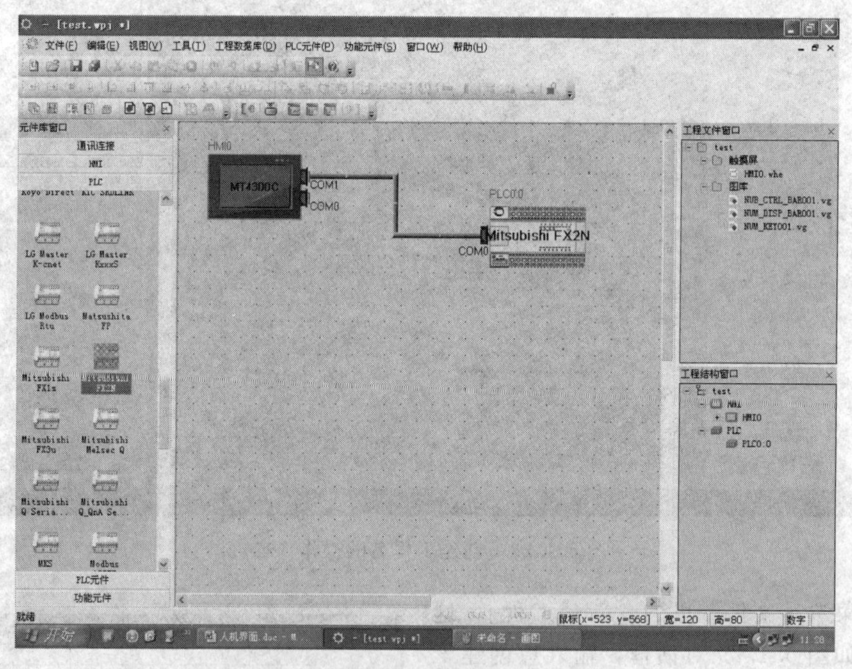

图 5.1.32　确认触摸屏连接的 PLC 的型号

(3) 设置触摸屏与 PLC 之间的通信参数

双击 MT4300C 图标，就会弹出如图 5.1.33 所示的对话框。

在此对话框中需要设置触摸屏的 IP 地址和端口号。如果您使用的是单机系统，且不使用以太网下载组态和间接在线模拟，则可以不必设置此窗口。如果您使用了以太网多机互联或以太网下载组态等功能，请根据您所在的局域网情况给触摸屏分配唯一的 IP 地址。如果网络内没有冲突，建议不要修改默认的端口号。

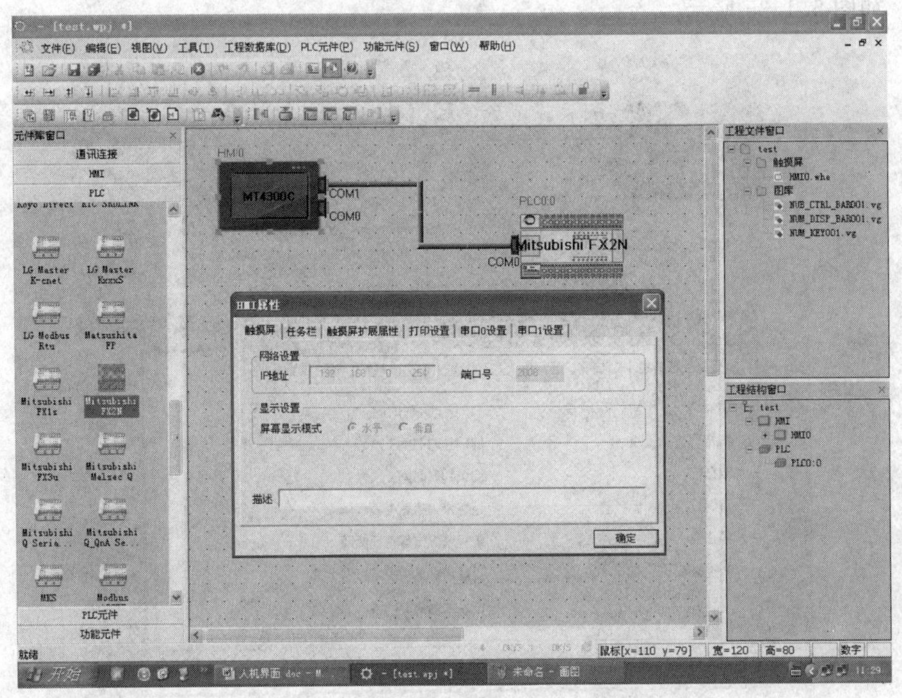

图 5.1.33　确认触摸屏的 IP 地址和端口号

① 为 PLC 设置站号：双击 PLC 图标，设置站号为相应的 PLC 站号（图 5.1.34）。

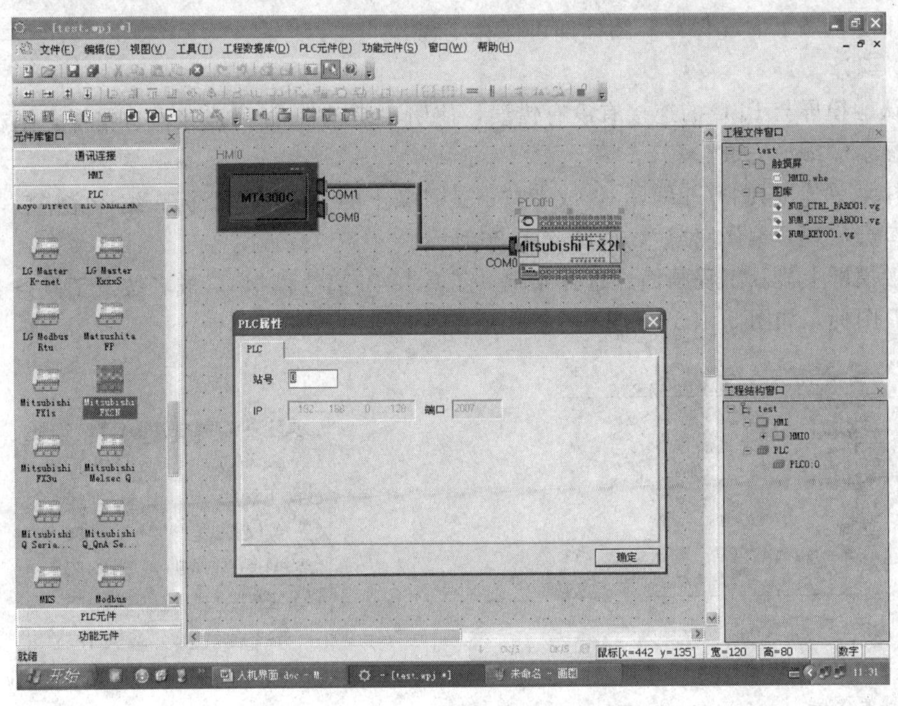

图 5.1.34　为 PLC 设置站号

② 设置连接参数：双击 HMI0 图标，在弹出的［HMI 属性］框里切换到［串口 1 设置］里修改串口 1 的参数（如果 PLC 连接在 COM0，请在［串口 0 设置］里修改串口 0 的

参数），如图 5.1.35 所示。

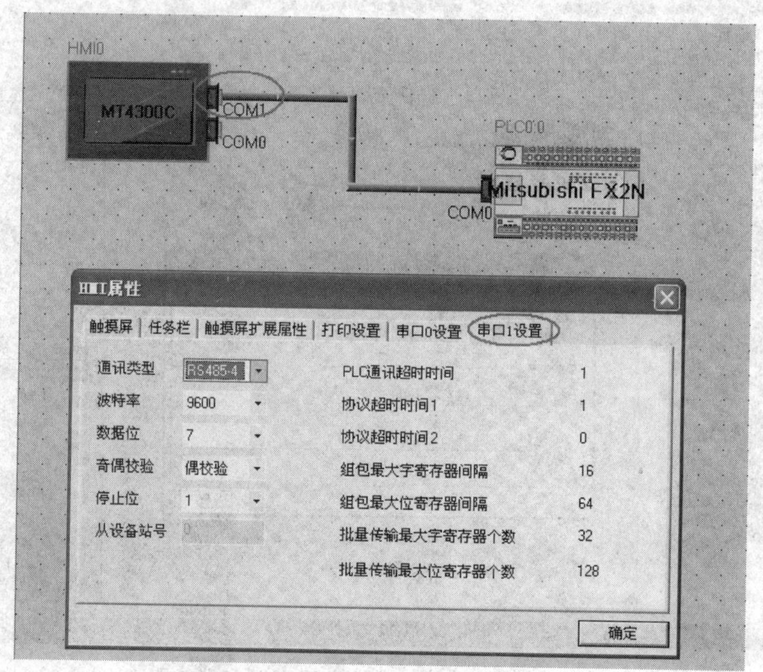

图 5.1.35　设置触摸屏与 PLC 通信参数

（4）保存文件

按下工具条上的［保存］图标即可保存工程。

（5）编译

确认触摸屏与 PLC 的连接有没有错误，使用“编译”。如果连接没有错误，则在编译信息窗口显示“编译完成”。

选择菜单［工具］/［编译］，或者按下工具条上的［编译］图标。编译完毕后，在编译信息窗口会出现“编译完成”，如图 5.1.36 所示。

在触摸屏上显示工程画面：选择菜单［工具］/［离线模拟］，或者按下工具条上的［离线模拟］图标。如图 5.1.37、图 5.1.38 所示。

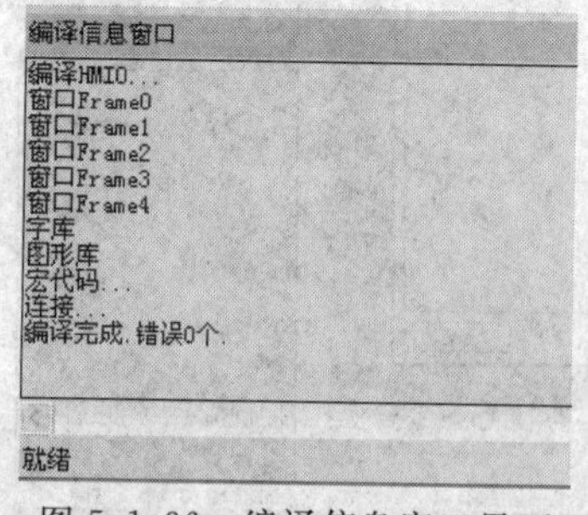

图 5.1.36　编译信息窗口界面

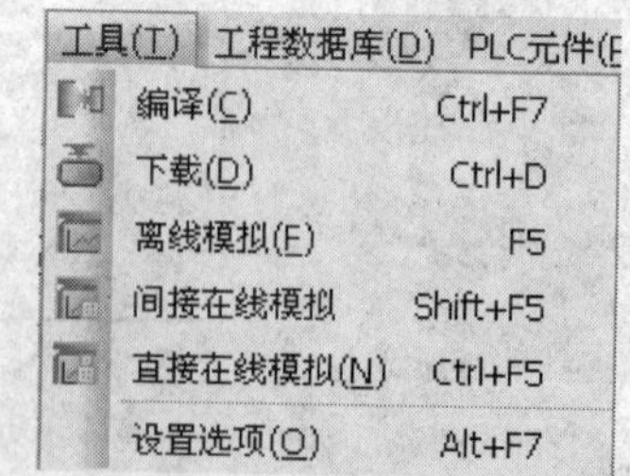

图 5.1.37　显示工程画面的方式为离线模拟

按下［仿真］，这时就可以看到刚刚创建的新空白工程的模拟图了，如图 5.1.39 所示。可以看到该工程没有任何元件，并不能执行任何操作。

在当前屏幕上单击鼠标右键［Close］或者直接按下空格键可以退出模拟程序。

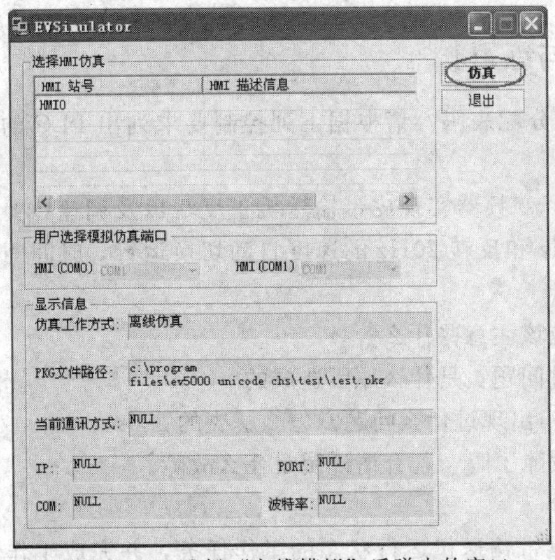

图 5.1.38 选择“离线模拟”后弹出的窗口

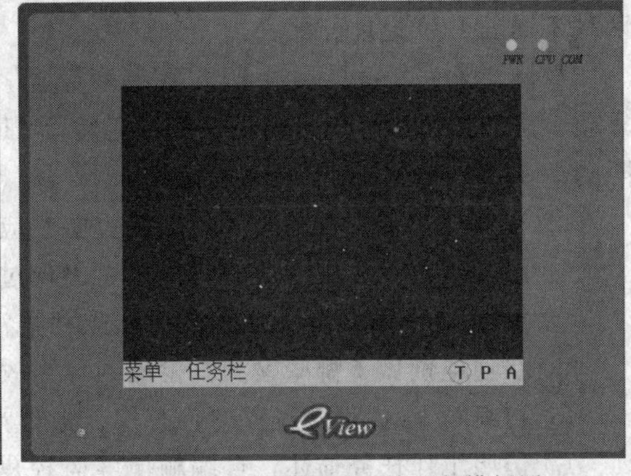

图 5.1.39 触摸屏显示的工程模拟图

拓展与提高

触摸屏拨码开关（图 5.1.40）使用方法，如表 5.1.5 所示。

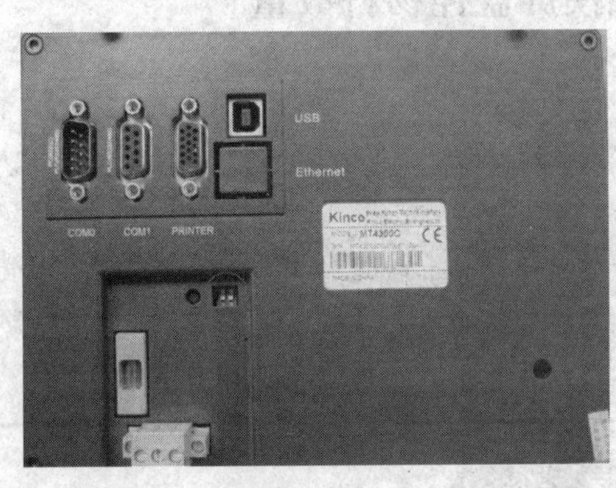

图 5.1.40 拨码开关

表 5.1.5 拨码开关工作模式

拨码开关		工作模式	工作模式说明
1	2		
OFF	OFF	正常工作模式	这是 MT4000 系列触摸屏人机界面产品的正常工作模式；触摸屏将会显示已经下载的工程的起始画面
ON	OFF	固件更新与基本参数设置模式	用于更新固件，设置 IP 地址等底层操作，一般用户请不要使用此模式
OFF	ON	触控校正模式	在这种工作模式下，当触摸屏幕时，屏幕上会相应显示一个“+”符号，可以校正触摸屏的触控精度
ON	ON	系统设置	在这种工作模式下，人机界面将启动到一个内置的系统设置界面，可以由用户进行 IP 地址、亮度、对比度、蜂鸣器等设置操作

【思考与练习】

① 能根据控制要求列出PLC的I/O地址分配表吗？请根据下列控制要求列出PLC的两种不同的I/O地址分配表。

控制要求：触摸屏通过PLC控制变频器，变频器实现皮带输送机正反转以及调速，要求按下启动按钮后，皮带输送机能以正转30Hz和反转20Hz的速度自动切换运行，时间间隔为20s，并在触摸屏上显示运行状态。

② 在做触摸屏工程的时候什么最重要？应该注意些什么？

③ 触摸屏与计算机通信的时候是否出现过问题？是什么原因造成的？

④ 触摸屏与PLC建立通信的时候顺利吗？出现过什么问题？怎么解决的？

⑤ 在通电前做了哪些检测？检测到什么故障了吗？若有请说明是什么故障。

⑥ 在编写PLC程序过程中，有什么困难？

⑦ 仿照工作任务描述，自编触摸屏监控皮带输送机运行状态的工作任务，并完成工作任务。

任务5.2 触摸屏监控物料数量

能力目标

① 能用创建数值显示元件和数值输入元件；

② 能用触摸屏监控物料数量；

③ 能进行触摸屏与计算机之间的通信高级设置。

使用材料、工具、设备

名称	型号或规格	数量	名称	型号或规格	数 量
触摸屏	MT4300C	1台	编程电缆		1根
计算机	自行配置	1台	三相减速电机	40r/min，380V	1台
传送机构		1套	连接导线		若干
按钮	常开	7个	电工工具和万用表		1套
可编程控制器	FX_{2N}-48MR	1台	接线端子		若干
组态软件	EV5000	1套			

学习组织形式

训练和学习以小组为单位，两人一小组，两人共同制订计划并实施，协作完成软硬件的安装及调试。

任务实施及要求

(1) 任务实施

从任务描述分析，皮带输送机由三相异步电动机拖动，并由变频器和 PLC 组成的系统进行控制，通过触摸屏上的按钮随时控制电机的启动和停止，并对不同物料的数量进行远程监控。

① 按照任务 5.1 创建一个具有启动和停止按钮的开关元件界面。

② 在界面上添加金属和白色物料的数值显示元件，如图 5.2.1。

③ 保存文件。选择工具条上的［保存］，接着选择菜单［工具］/［编译］。如果编译没有错误，那么就完成了该工作任务的工程创建，然后选择菜单［工具］/［离线模拟］/［仿真］。您可以看到您创建的工程离线仿真的画面，如图 5.2.2 所示。

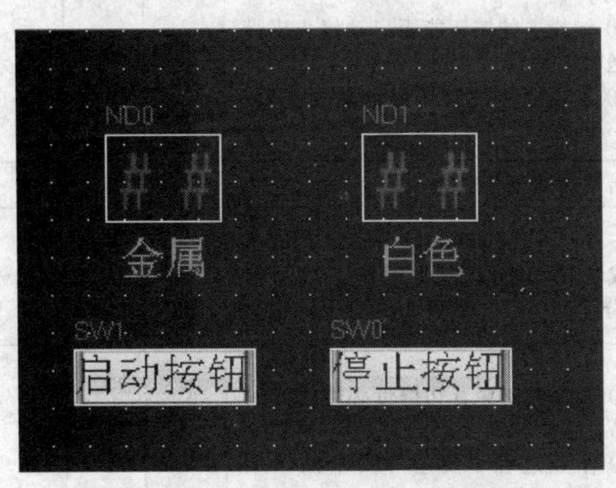

图 5.2.1　完成创建工程后的界面

图 5.2.2　在计算机上显示的仿真画面

进行计算机与触摸屏的连接，将工程下载到触摸屏中，进行 PLC 与触摸屏的通信连接，确认参数设置以及连接没有错误，通电，通信正常的情况下就可以通过触摸屏对皮带输送机进行启动停止控制，同时也能远程监控不同物料的数量。

(2) 要求

① 正确进行 PLC 与变频器的连线。

② 正确设置元件的参数。

考核标准及评价

不同组的成员之间进行互相考核，教师抽查。

序号	主要内容	考核要求	评分标准	配分	扣分	得分
1	安装	① 按图纸的要求，正确使用工具和仪表，熟练安装电气元器件； ② 元件在配电板上布置要合理，安装要准确、紧固； ③ 按钮盒不固定在板上	① 元件布置不整齐、不匀称、不合理，每个扣 2 分； ② 元件安装不牢固、安装元件时漏装螺钉，每个扣 2 分； ③ 损坏元件，每个扣 4 分	15		

续表

序号	主要内容	考核要求	评分标准	配分	扣分	得分
2	接线	① 布线要求横平竖直，接线紧固美观； ② 电源和电动机配线、按钮接线要接到端子排上，要注明引出端子标号； ③ 导线不能乱线敷设	① 电动机运行正常，但未按电路图接线，扣 2 分； ② 布线不横平竖直，主、控制电路，每根扣 1 分； ③ 接点松动、接头露铜过长、反圈、压绝缘层，标记线号不清楚、遗漏或误标，每处扣 1 分； ④ 损伤导线绝缘或线芯，每根扣 1 分； ⑤ 导线乱线敷设扣 15 分	20		
3	参数设置	正确设置参数	① 触摸屏与 PLC 通信不正常，扣 10 分； ② 触摸屏的按钮能否启动停止皮带输送机，每错一个扣 2 分； ③ 触摸屏上的数据显示是否正确，错一个扣 2 分	30		
4	PLC 程序	程序正确性	出错扣 5 分	10		
5	系统调试	在保证人身和设备安全的前提下，通电试验一次成功	一次试车不成功扣 5 分；二次试车不成功扣 10 分；三次试车不成功扣 20 分	25		
6	安全文明	在操作过程中注意保护人身安全及设备安全（该项不配分）	① 操作者要穿着和携带必需的劳保用品，否则扣 5 分； ② 作业过程中要遵守安全操作规程，有违反者扣 5～10 分； ③ 要做好文明生产工作，结束后做好清理板面、台面、地面，否则每项扣 5 分； ④ 损坏仪器仪表扣 10 分； ⑤ 损坏设备扣 10～99 分； ⑥ 出现人身事故扣 99 分			
备注			合计			
			考核员签字	年　　月　　日		

知识要点

（1）确定数字显示元件的基本属性

在组态窗口中，在左边的 PLC 元件窗口里，轻轻点击图标，将其拖入组态窗口中放置，这时将弹出数值显示元件［基本属性］对话框，设置数值显示元件地址类型，如图 5.2.3 所示。

优先级：保留功能，暂不使用。

输入地址：由数值显示元件显示的 PLC 字地址。寄存器中的数据会转为 BIN 或 BCD 格式。在这里字数限制为 1（16 位）或 2（32 位）。

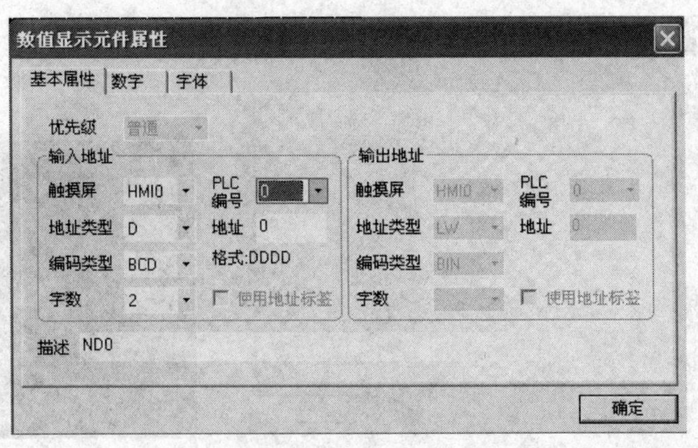

图 5.2.3 确定数字显示元件的基本属性界面

地址类型：数值显示元件对应的字地址的首地址。

编码类型：BIN 或 BCD。

字数：对输入地址可选为 1 或 2。

使用地址标签：是否使用地址标签里已登录的地址。

描述：分配给数值显示元件的参考名称（不显示）。

(2) 确定显示元件的数字

切换到［数字］页，设定数据类型和整数位，这里设定为无符号整数，整数位为 2，如图 5.2.4 所示。

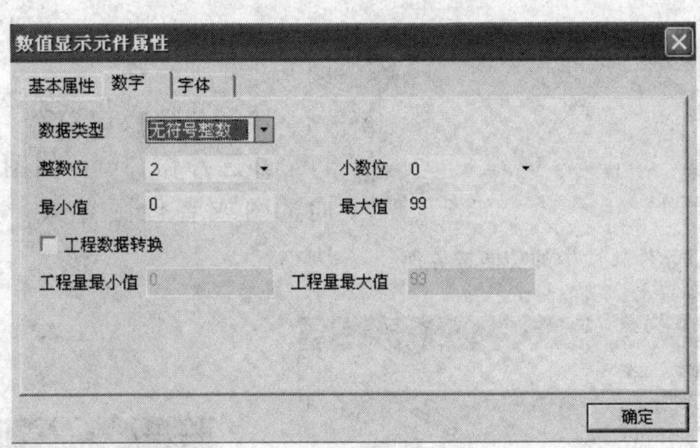

图 5.2.4 确定显示元件的数字界面

数据类型：控制数据的显示格式，可选“有符号整数”、“无符号整数”、“十六进制”、“二进制”、“密码”、“单精度浮点数”、“双精度浮点数”。

数值设定：设置小数点的位置和位数及最大值和最小值。

工程数据转换：只适用于“有符号整数”和“无符号整数”这两种数据类型。

(3) 确定显示元件数字的字体

切换到［字体］页，可以对字体大小、对齐方式以及字体颜色进行设置，如图 5.2.5 所示。

选择确定以后，组态窗口显示如图 5.2.6 所示。

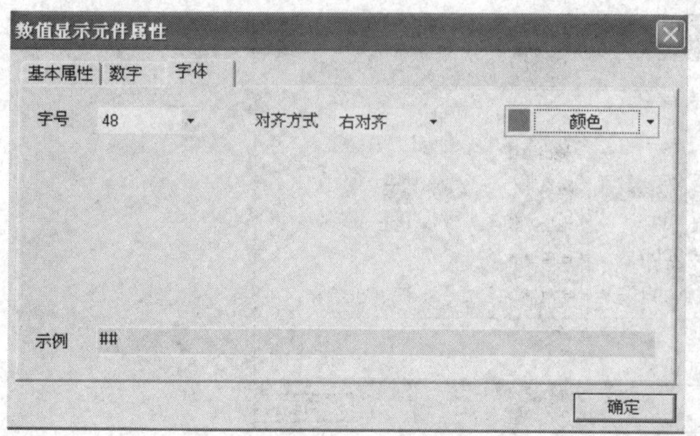

图 5.2.5　确定显示元件数字的字体界面

图 5.2.6　完成数字显示元件属性设定的界面

如何实现窗口功能的跳转

当在一个窗口无法建立过多的元件时，需要在其他窗口建立元件，为了能快速方便地从一个窗口跳转到另一个窗口，需要创建一个功能元件来完成这个任务。

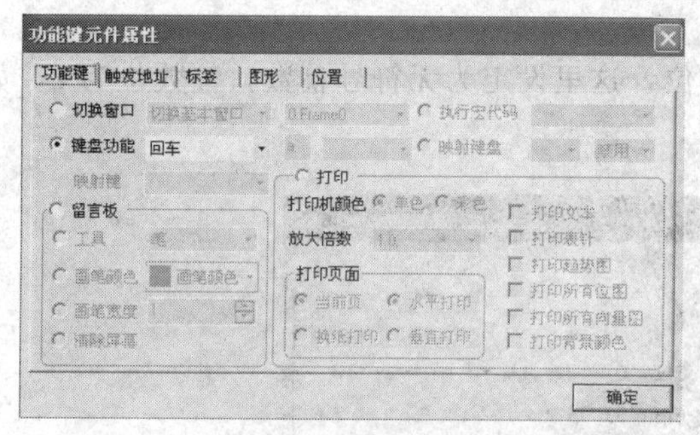

图 5.2.7　功能键元件属性中的功能键界面

创建一个功能键，按功能键图标，拖到窗口 0 中，就会弹出［功能键元件属性］框，进入［功能键］页，可选功能有："切换窗口"、"键盘功能"、"留言板"、"打印"，如图 5.2.7 所示。

选择"切换窗口"，设置成切换基本窗口，并选择窗口 4，如图 5.2.8 所示。选择向量图或者位图导入，完成后如图 5.2.9 所示。

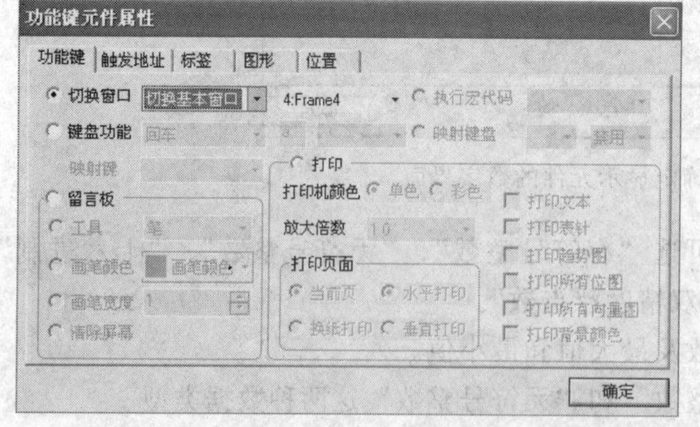

图 5.2.8　功能键元件属性中"切换窗口"

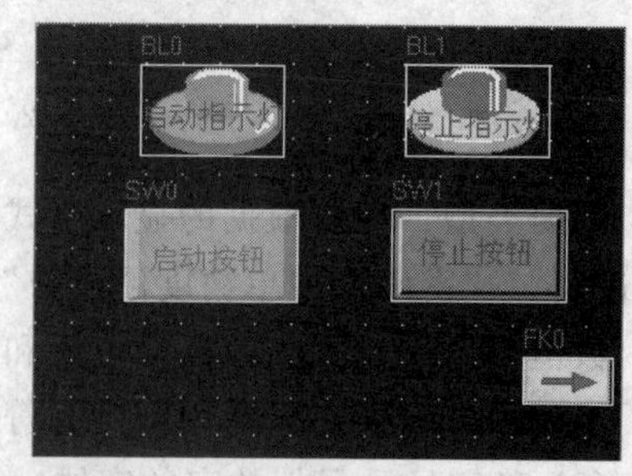

图 5.2.9　完成后的控制界面显示窗口

同理，可以在基本窗口 4 中建立一个功能键，用来切换到基本窗口 0，完成后如图 5.2.10 所示。

选择工具条上的［保存］，接着选择菜单［工具］/［编译］。如果编译没有错误，那么

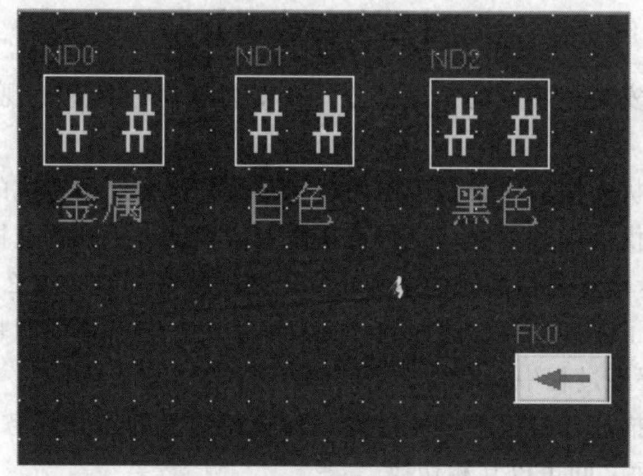

图 5.2.10　完成后的物料数量监控界面显示窗口

就完成了该工程创建，然后选择菜单［工具］/［离线模拟］/［仿真］。可以看到创建的工程离线仿真的画面，如图 5.2.11 和图 5.2.12 所示。

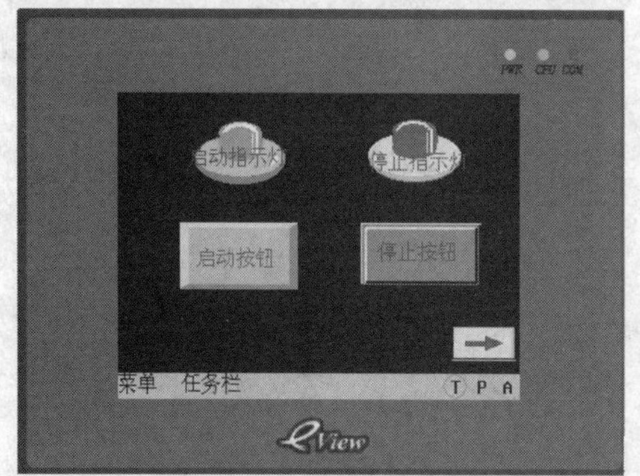

图 5.2.11　在计算机上显示的控制界面仿真画面

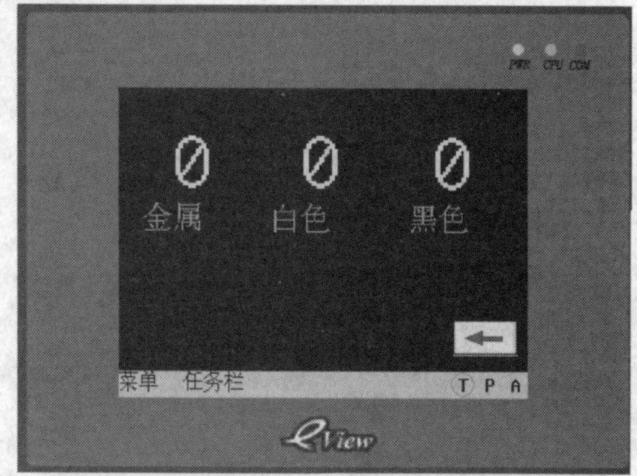

图 5.2.12　在计算机上显示的物料数量监控界面仿真画面

离线模拟仿真，分别点击→和←，画面如图 5.2.13 所示。

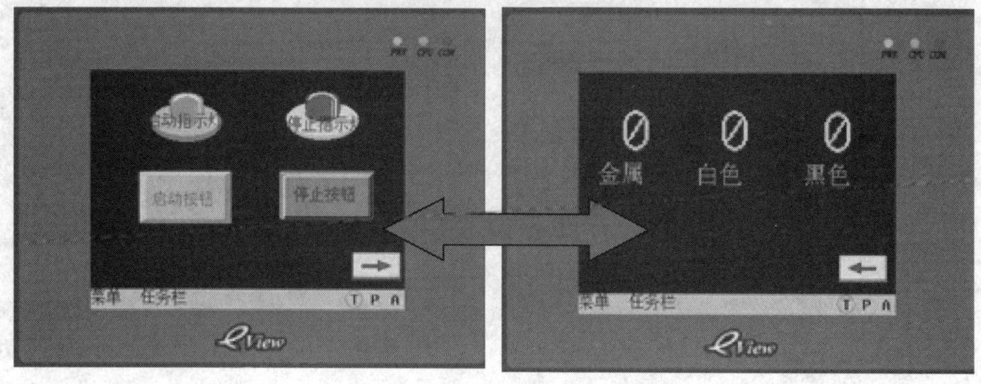

图 5.2.13　两个窗口之间的切换

【思考与练习】

① 按怎样的步骤安装该系统的机械部分？在安装过程中有返工现象吗？怎样的安装顺序最好？

② 触摸屏与计算机通信的时候是否出现过问题？是什么原因造成的？

③ 按照教材中提供的编程方法，是否发现输入信号没有用到？这样有什么好处？

④ 触摸屏与 PLC 建立通信的时候顺利吗？出现过什么问题？怎么解决的？

⑤ 在通电前你做了哪些检测？检测到什么故障了吗？若有请说明是什么故障。

⑥ 在编写 PLC 程序过程中，有什么疑问吗？

⑦ 仿照工作任务描述，自编触摸屏监控三种物料数量的工作任务，要求分控制界面和物料监控界面，两界面之间可以互相切换。

项目 6

液压传动

任务 6.1 自制液压千斤顶演示器

能力目标

① 能够叙述液压传动系统的基本概念、组成及工作原理；

② 能够说明液压技术的特点；

③ 能够应用液压传动原理解决实际相关问题。

使用材料、工具、设备

在医药商店买一套实验用品，如图 6.1.1 所示，包括一次性输液管 2 副、一次性注射器 20mL 的 2 支、一次性注射器 2.5mL 的 3 支、另准备自行车滚珠 2 颗、透明录像带包装盒 2 个、尼龙扎头若干。

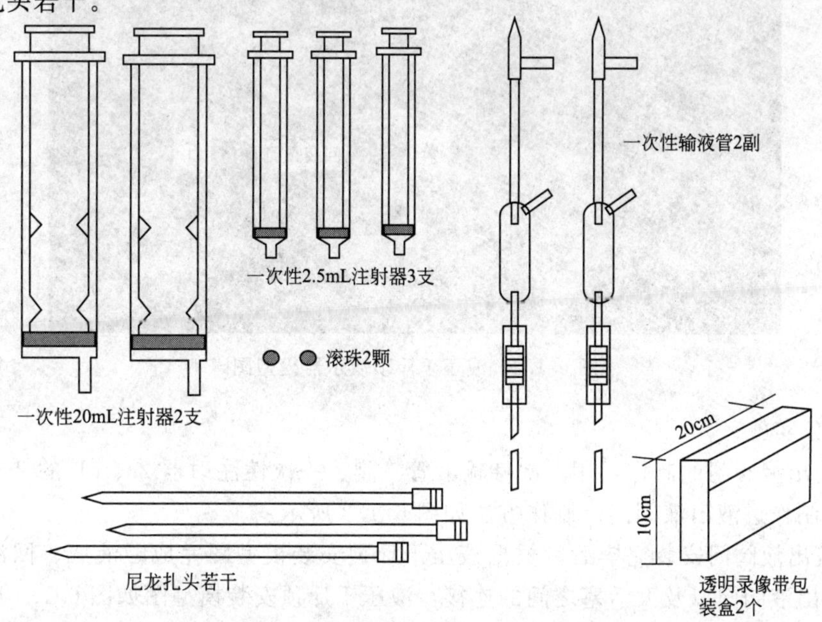

图 6.1.1　材料、工具、设备示意图

学习组织形式

训练和学习以小组为单位，六人一小组，共同制订计划并实施，协作完成液压千斤顶演示器的安装与工作。

任务实施及要求

(1) 任务描述

请利用一套实验工具，根据安装步骤自制液压千斤顶演示器，如图 6.1.2 所示，并根据要求对液压千斤顶演示器进行操作，同时，请小组成员认真观察其运行过程，通过交流讨论总结出液压千斤顶的工作原理，结合实际的液压千斤顶并进行推理，之后要求每小组派一个代表进行总结本次试验的收获与不足之处。

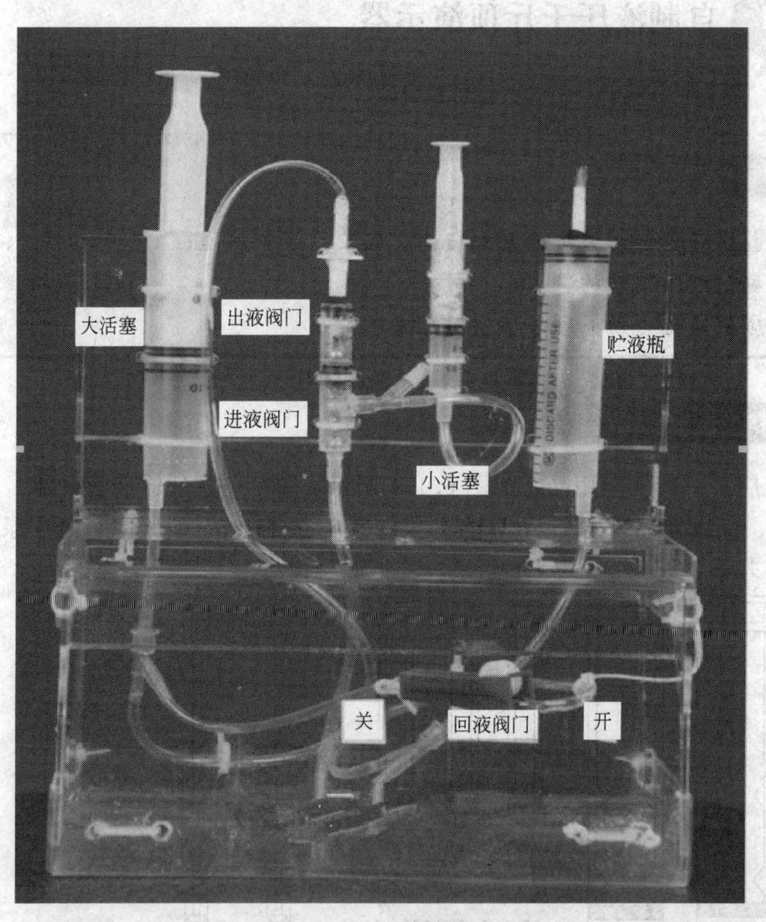

图 6.1.2　液压千斤顶演示器模型图

(2) 任务实施

① 进液出液阀门的制作：用一次性输液管 1 副、一次性注射器 2.5mL 的 2 支、自行车滚珠 2 颗、制作进液出液阀门。制作方法如图 6.1.3 所示。

② 进液出液阀门安装完毕后，根据液压千斤顶安装模型图完成贮液瓶、回液阀门、小活塞、进液出液阀门以及大活塞之间的连接，液压千斤顶安装模型图如图 6.1.4 所示。

(3) 要求

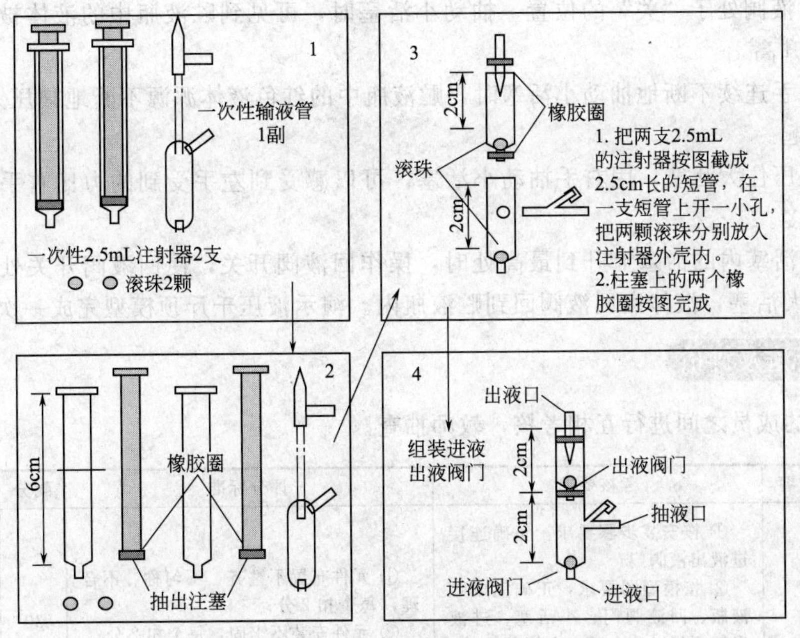

图 6.1.3 进液出液阀门制作示意图

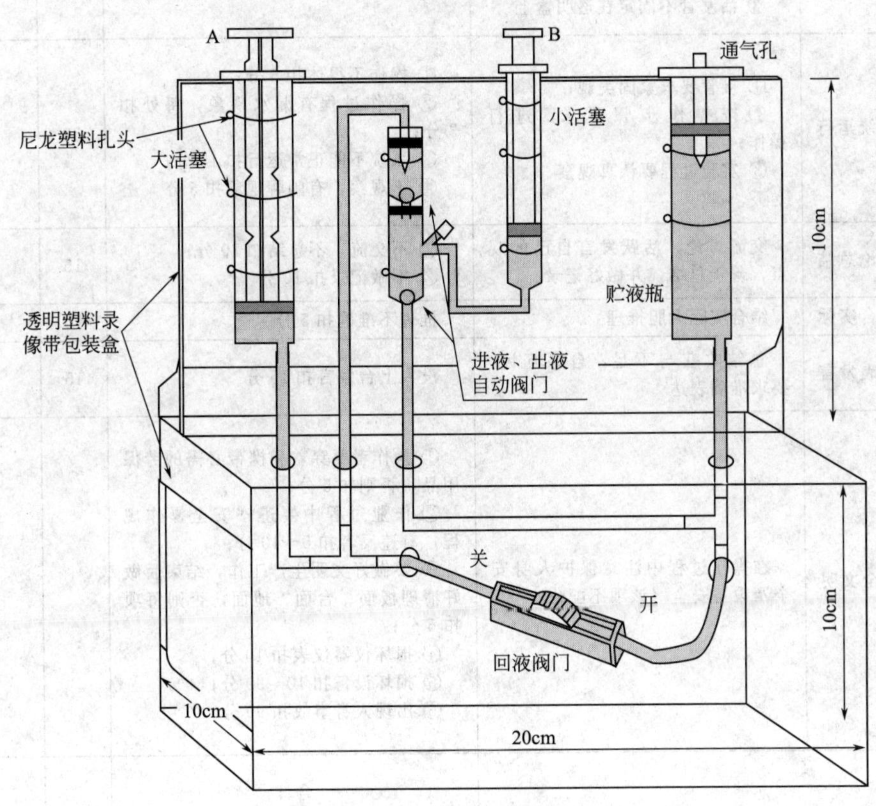

图 6.1.4 液压千斤顶安装模型图

① 打开贮液瓶的加液盖，在演示液压千斤顶模型内加入水（为增加可见性，可在水中事先滴加红色墨水）。使回液阀处于“开”的位置，把大活塞压到最低位置。

② 使回液阀处于“关”的位置，抽动小活塞时，可见到贮液瓶中的液体被压进大活塞内，使活塞升高。

③ 当用手连续不断地抽动小活塞时，贮液瓶中的红色液体源源不断地被压入大活塞内，大活塞被顶起。

④ 左手压住大活塞，用右手抽动小活塞，可以感受到左手受到的力比右手抽动小活塞的力要大很多。

⑤ 当大活塞内的活塞上升到最高处时，操作回液阀开关，使回液阀开关处于“开”的位置。压动大活塞，液体由回液阀回到贮液瓶内。演示液压千斤顶模型完成一次演示过程。

考核标准及评价

不同组的成员之间进行互相考核，教师抽查。

序号	主要内容	考核要求	评分标准	配分	扣分	得分
1	安装	① 按安装步骤要求，正确连接进液出液阀门； ② 按模型图要求，正确完成贮液瓶、回液阀门、小活塞、进液出液阀门以及大活塞之间的连接，要求准确； ③ 活塞管不固定在透明盒上	① 元件布置不整齐、不匀称、不合理，每个扣2分； ② 元件安装不牢固，每个扣2分； ③ 损坏元件，每个扣4分	30		
2	系统运行	① 接管要求紧固美观； ② 按操作步骤要求，进行操作； ③ 实验过程要认真观察	① 操作不得体扣5分； ② 操作过程有漏水现象，每处扣3分； ③ 系统不能正常运行扣15分； ④ 不观察，有闲聊现象扣5分	30		
3	讨论总结	交流讨论，活跃发言自己的观点，善于总结，并做好记录	① 不交流，不总结扣10分； ② 不做记录扣10分	15		
4	结合实际	结合实际大胆推理	推理不准确扣5分	10		
5	代表发言	总结收获与不足，自评互评，要求准确表达	没人上台发言扣15分	15		
6	安全文明	在操作过程中注意保护人身安全及设备安全（该项不配分）	① 操作者要穿着和携带必需的劳保用品，否则扣5分； ② 作业过程中要遵守安全操作规程，有违反者扣5～10分； ③ 要做好文明生产工作，结束后做好清理板面、台面、地面，否则每项扣5分； ④ 损坏仪器仪表扣10分； ⑤ 损坏设备扣10～99分； ⑥ 出现人身事故扣99分			
备注			合计			
			考核员签字	年　月　日		

6.1.1 液压传动的原理与主要参数

(1) 液压传动的原理

液压传动是根据17世纪帕斯卡提出的液体静压力传动原理，即在密闭容器内，施加于静止液体的压力可以等值的传递到液体各点，容器内压力方向垂直于内表面，这一规律也称为帕斯卡原理。因此，若在液体的面积 A 上，所受的为均匀分布的作用力 F 时，则单位面积上的作用力称为压力，用字母 p 表示，即 $p=F/A$（N/m^2）。

注意：液体压力在物理学上称压强，液压传动中习惯称为压力。

(2) 液压传动的表示方法及单位

压力的表示方法有绝对压力和相对压力。绝对压力是以绝对零压力为基准来度量。相对压力是以相对大气压为基准来度量。当绝对压力低于大气压力时，绝对压力不足于大气压力的那部分压力值，称为真空度，如图6.1.5所示。压力的单位为帕斯卡，简称为帕（Pa）。其他单位还有千帕（kPa），兆帕（MPa），标准大气压（atm），工程大气压（at）。各压力的换算关系：$1MPa=10^5Pa$，$1kPa=10^3Pa$，$1atm=0.101\times10^6Pa$，$1at=0.981\times10^5Pa$。

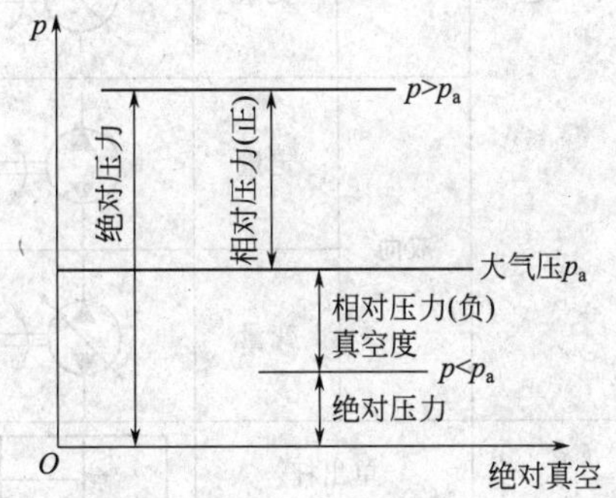

图6.1.5 绝对压力、相对压力、真空度

6.1.2 液压传动的定义

液压传动是用液体作为工作介质来传递运动和动力的传动方式。常用的液体是液压油。

6.1.3 液压传动的工作原理

液压传动系统的工作原理是以液压油为工作介质，依靠密封容积的变化来传递运动，依靠液压油内部的压力来推动作用力。它的工作过程就是机械能—液压能—机械能的能量转化过程。

6.1.4 液压系统的组成

从上面的实验分析可知，液压系统的基本组成有以下几部分。

① 能源装置——液压泵。它将原动机输入的机械能转换为液压能，给系统提供压力油液。

② 执行装置——液压缸。通过它将系统的液压能转换为机械能，推动负载做功。

③ 控制装置——液压阀。如流量控制阀、压力控制阀、方向控制阀等。通过它们的控制和调节，使液流的压力、流量和方向得以改变，从而改变执行元件的力、速度和方向。

④ 辅助装置——油箱、管路、储能器、管接头、压力表开关等。通过这些元件把系统连接起来，以实现各种工作循环。

⑤ 工作介质——液压油。

6.1.5 液压传动系统图及图形符号

液压系统图直观性强，近似于实物容易理解，但绘制困难。为了简化液压系统图，目前经常采用液压元件图形符号（如表6.1.1所示）来绘制液压系统图。这些符号只表示元件的作用和油路连接状况，而不表示其结构。

表 6.1.1　常用液压元件图形符号

类别	名称		符号	类别	名称		符号
泵、马达	一般符号			方向控制阀	单向阀	普通单向阀	
	单向	定量				液控单向阀	
		变量			换向阀	二位二通	
	双向	定量				二位三通	
		变量				二位四通	
液压缸	单出杆活塞式					二位五通	
	双出杆活塞式					三位三通	
	柱塞式					三位四通	
压力控制阀	溢流阀					三位五通	
	减压阀			流量控制阀	节流阀		
	顺序阀				调速阀		

6.1.6　液压传动的特点

(1) 液压传动的主要优点

① 体积小，质量轻，结构紧凑。

② 运动平稳、能在低速下稳定运行，易于实现快速启动、制动、频繁换向。

③ 可方便地实现无级调速，调速范围大。

④ 可实现过载保护，且液压元件能自行润滑，使用寿命较长。

(2) 液压传动的主要缺点

① 因为油液的可压缩性和泄露，传动比不准确。

② 为减少泄露，对元件精度要求高，造价高，对污染敏感。

③ 出现故障的原因复杂，查找困难。

6.1.7 液压千斤顶系统原理分析

① 通过实验认真观察，之所以大活塞能连续上升至最高处是因为当回液阀处于“关”的位置，抽动小活塞时，贮液瓶内的水在大气压的作用下顶开进液阀内的滚珠，进入小活塞内，向下压小活塞时进液阀的滚珠在重力作用下关闭，出液阀内滚珠被液体顶开，液体被压入大活塞中。因此，当用手连续不断地抽动小活塞时，贮液瓶中的红色液体源源不断地被压入大活塞内，大活塞被顶起直到最高位置。

② 同理，结合实物，如图 6.1.6 所示为液压千斤顶的工作原理图。其工作原理是提起手柄使小活塞向上移动，小活塞下端油腔容积增大，形成局部真空，这时单向阀 3 打开，通过吸油管从油箱 4 中吸油；用力压下手柄，小活塞下移，小活塞下腔压力升高，单向阀 3 关闭，单向阀 2 打开，下腔的油液经油管 7 输入举升大液压缸 6 的下腔，迫使大活塞向上移动，顶起重物。再次提起手柄吸油时，单向阀 2 自动关闭，使油液不能倒流，从而保证了重物不会自行下落。不断地往复扳动手柄，就能不断地把油液压入举升缸下腔，使重物逐渐地升起。如果打开截止阀 5，举升缸下腔的油液通过回油管、截止阀 5 流回油箱，重物就向下移动。

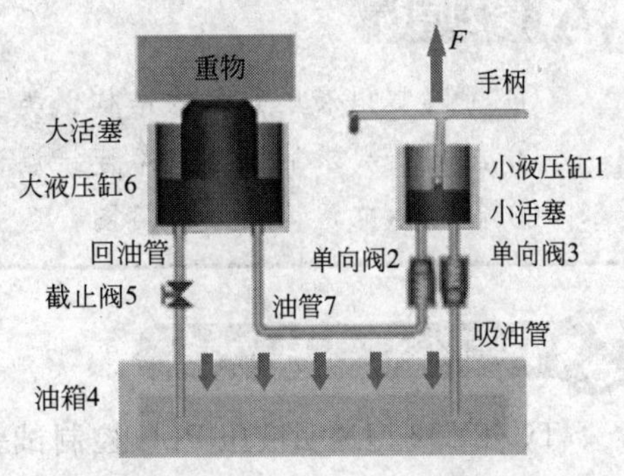

图 6.1.6 液压千斤顶工作原理图

拓展与提高

请同学们推敲液压千斤顶的案例，结合给出的工程项目——娱乐设施，如图 6.1.7 所示，大胆联想它是如何与动力源连接？并且是如何控制的？

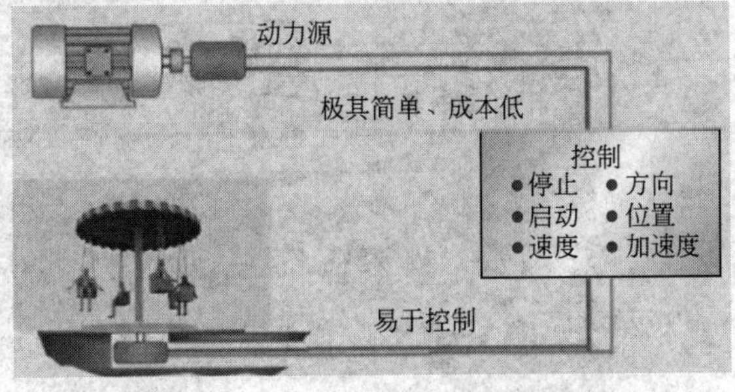

图 6.1.7 工程项目——娱乐设施

【思考与练习】

① 液压传动系统的工作原理是什么？它由哪几部分组成？各部分的作用是什么？

② 液压传动系统的主要优缺点有哪些？

③ 一份报告。要求上网搜寻或生活中发现的有关液压传动系统的典型应用。

任务 6.2 液压机床工作台控制

能力目标

① 了解常用液压元件的结构、类型和符号，理解液压系统图和电气控制图；

② 能根据要求油路、电路连接调试，并编写控制程序；

③ 能够独立识读液压回路图。

使用材料、工具、设备

TC-TY02 型透明液压 PLC 控制试验台，定量油泵，双作用油缸，三位四通 O 型换向阀，溢流阀，单向阀以及各液压辅助元件。

学习组织形式

实训以小组为单位，10 人一小组，共同制订计划并实施，协作完成软硬件的安装及调试。

任务实施及要求

图 6.2.1　TC-TY02 型透明液压 PLC 控制试验台

(1) 任务描述

在液压传动的机械中，有些执行元件的运动常常按严格要求依次顺序动作。液压机床常要求先夹紧工件，然后使工作台移动以进行切削加工，而顺序动作回路就是满足这些要求的液压回路。现有 TC-TY02 型透明液压 PLC 控制试验台（如图 6.2.1 所示）和各类液压元件实现工作台顺序控制，请根据用顺序阀控制两液压缸的顺序动作回路系统图（如图 6.2.2 所示）和电气控制原理图（如图 6.2.3 所示）完成油路、电路的连接，并组装完毕，需要进行调试和启动操作运行，最后根据控制要求编写 PLC 的梯形图程序。

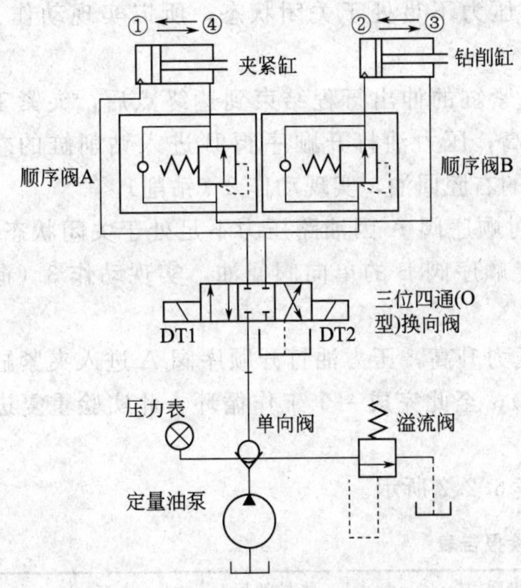

图 6.2.2 用顺序阀控制两液压缸的顺序动作回路系统图

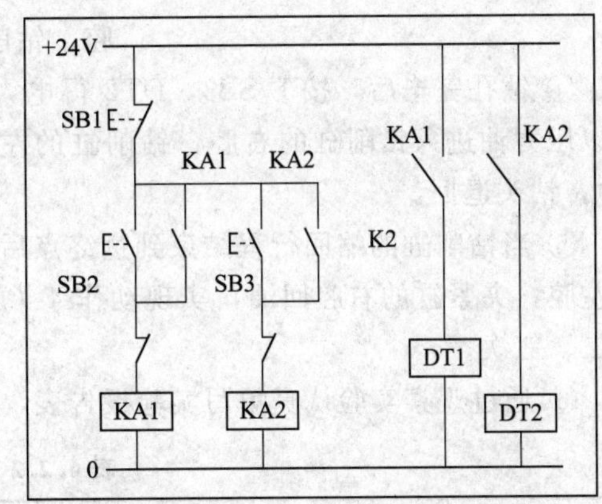

图 6.2.3 用顺序阀控制两液压缸的顺序动作回路电气控制原理图

(2) 任务实施

① 根据用顺序阀控制两液压缸的顺序动作回路的系统图（如图 6.2.2 所示）和电气控制原理图（如图 6.2.3 所示），从储存柜中选出将需要用到的元件。

② 把已选出的元件布置在工作台框架上，两液压缸分别装在工作台面上的两根 T 型槽中。并根据系统图（如图 6.2.2 所示）和电气控制原理图（如图 6.2.3 所示）完成油路和电路的连接。

③ 在完成上述任务的基础上利用 PLC 控制系统。

根据该实验液压系统工作循环的工作特性、控制要求以及实际输入/输出情况，选定 PLC 的型号（具体型号看实验平台图片），其控制系统 PLC 的 I/O 分配表和 PLC 的梯形图程序分别如表 6.2.1 和图 6.2.4 所示。

表 6.2.1 控制系统 PLC 的 I/O 分配表

输入元件		输出元件	
端口编号	输入设备名称	端口编号	输出设备名称
X1	停止按钮	Y1	顺序阀 A 电磁阀
X2	夹紧按钮	Y2	顺序阀 B 电磁阀
X3	钻削按钮		

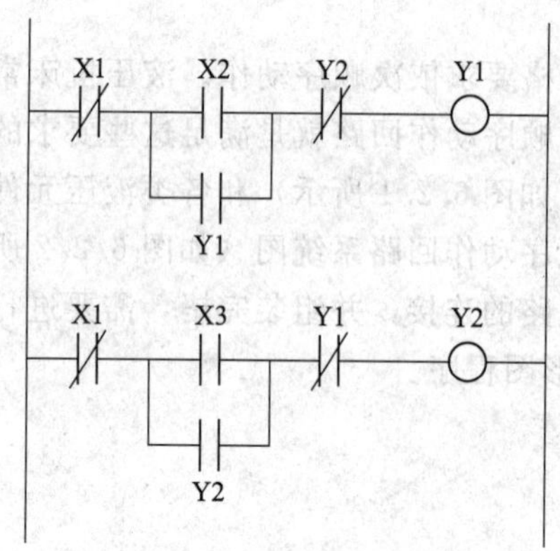

图 6.2.4　PLC 的梯形图程序

(3) 要求

① 扭开钥匙开关，打开总电源开关（指示灯亮），按下照明灯（日光灯亮）。接通两个单级自动开关（即过载保护按钮），两个自动开关的直流电压表有 24V 的直流电压指数。

② 按下 SB2，DT1 得电，压力油进入夹紧缸的左腔，夹紧缸的右腔经顺序阀 A 的单向阀回油，此时顺序阀 B 因油路压力不足处于关闭状态，所以实现动作 1（夹紧）。

③ 当夹紧缸的伸出行程结束到达终点后，夹紧工件，压力升高，压力油打开顺序阀 B 进入钻削缸的左腔，钻削缸的右腔回油，实现动作 2（钻削）。

④ 钻孔完毕后，按下 SB3，DT2 得电，此时顺序阀 A 因油路压力不足处于关闭状态，所以压力油进入钻削缸的右腔，钻削缸的左腔经顺序阀 B 的单向阀回油，实现动作 3（退刀），钻头退回。

⑤ 当钻削缸的缩回行程结束到达终点后，压力升高，压力油打开顺序阀 A 进入夹紧缸的左腔，夹紧缸的右腔回油，实现动作 4（放松），至此完成一个工作循环。此实验重复进行二、三次。

⑥ 通过观察实验认真填写实验报告表，如表 6.2.2 所示。

表 6.2.2　实验报告表

姓名		学号		组别		指导教师	
同组人员							
实验课题							
实验目的							
实验器材							
实验内容	① 连接回路的操作步骤； ② 实验演示； ③ 在此绘制并填写电磁铁动作顺序表						
	电磁铁 / 液压缸动作		DT1			DT2	
	夹紧缸、钻削缸活塞推出						
	夹紧缸、钻削缸活塞返回						
数据记录 数据处理	① 夹紧缸活塞推出时的压力数值； ② 钻削缸活塞推出时的压力数值； ③ 夹紧缸活塞返回时的压力数值； ④ 钻削缸活塞返回时的压力数值						
实验结果分析	解释液压回路工作过程中压力变化的原因						
教师评语							

注意：这种顺序动作回路的可靠性在很大程度上取决于顺序的性能和压力调定值。为了保证严格的动作顺序，应使顺序阀的调定压力大于先动作的液压缸的最高工作压力，一般应大于 (8～10)×1000Pa，否则顺序阀可能在压力波动下先行压力，使钻孔液压缸产生先动现象（也就是工件未夹紧就钻孔），影响工作的可能性。

考核标准及评价

不同组的成员之间进行互相考核，教师抽查。

序号	主要内容	考核要求	评分标准	配分	扣分	得分
1	安装	① 按系统图和电路图的要求，正确选用元件； ② 元件在配电板上布置要合理，安装要准确、紧固； ③ 按钮盒不固定在板上	① 元件布置不整齐、不匀称、不合理，每个扣2分； ② 元件安装不牢固，每个扣2分； ③ 损坏元件，每个扣4分	20		
2	接管接线	① 布管、布线要求横平竖直，元件间紧固美观； ② 元件要注明引出端子标号； ③ 导线不能乱线敷设	① 系统运行正常，但未按电路图接线，扣2分； ② 布线不横平竖直，每根扣1分； ③ 接点松动，标记线号不清楚、遗漏或误标，每处扣1分； ④ 损伤油管，每根扣1分； ⑤ 导线乱线敷设扣15分	20		
3	系统运行	在保证人身和设备安全的前提下，通电试验一次成功	一次试验不成功扣5分；二次试验不成功扣10分；三次试验不成功扣20分	30		
4	PLC程序	程序正确性	出错扣5分	15		
5	总结发言	总结收获与不足，自评互评，要求准确表达	没人上台发言扣15分	15		
6	安全文明	在操作过程中注意保护人身安全及设备安全（该项不配分）	① 操作者要穿着和携带必需的劳保用品，否则扣5分； ② 作业过程中要遵守安全操作规程，有违反者扣5～10分； ③ 要做好文明生产工作，结束后做好清理板面、台面、地面，否则每项扣5分； ④ 损坏仪器仪表扣10分； ⑤ 损坏设备扣10～99分； ⑥ 出现人身事故扣99分			
备注			合计			
			考核员签字	年　月　日		

知识要点

6.2.1 能源装置——液压泵

(1) 液压泵的工作原理

如图6.2.5所示为最简单的单柱塞液压泵的工作原理图。图中柱塞2装在缸体3中形成一个密封容积a，柱塞在弹簧4的作用下始终压紧在偏心轮1上。原动机驱动偏心轮1旋转，使柱塞2做往复运动，使密封容积a的大小发生周期性的交替变化。当a由小变大时就形成部分真空，使油箱中油液在大气压作用下，经吸油管顶开单向阀6进入油腔a而实现吸油；反之，当a由大变小时，a腔中吸满的油液将顶开单向阀5流入系统而实现压油。这样液压

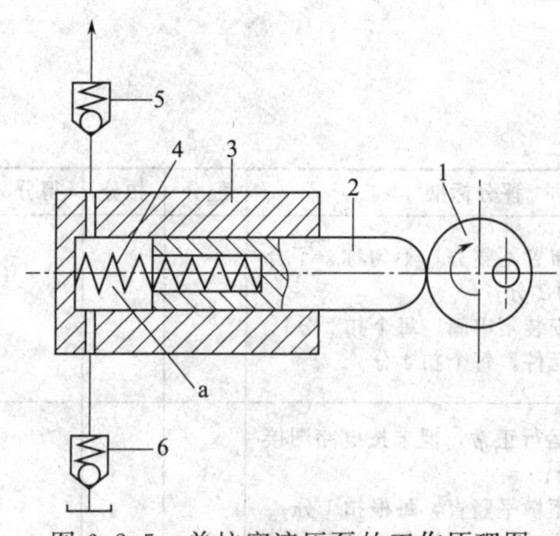

图 6.2.5　单柱塞液压泵的工作原理图
1—偏心轮；2—柱塞；3—缸体；
4—弹簧；5，6—单向阀

泵就将原动机输入的机械能转换成液体的压力能，原动机驱动偏心轮不断旋转，液压泵就不断地吸油和压油。

由此可知，液压泵是靠密封容积的变化来实现吸油和排油的，其输出油量的多少取决于柱塞往复运动的次数和密封容积变化的大小，所以液压泵又称为容积式泵。

通过以上分析可以得出液压泵工作的基本条件：

① 在结构上能形成密封的工作容积。

② 密封工作容积能实现周期性的变化，密封工作容积由小变大时与吸油腔相通，由大变小时与排油腔相通。

③ 吸油腔与排油腔必须相互隔开。

（2）常见液压泵

常见液压泵有齿轮泵、叶片泵、柱塞泵等，其中液压泵按啮合形式不同分为外啮合齿轮泵和内啮合齿轮泵，叶片泵可分为单作用和双作用叶片泵，柱塞泵分为轴向柱塞泵和径向柱塞泵。如图 6.2.6 所示为常见液压泵的实体图。

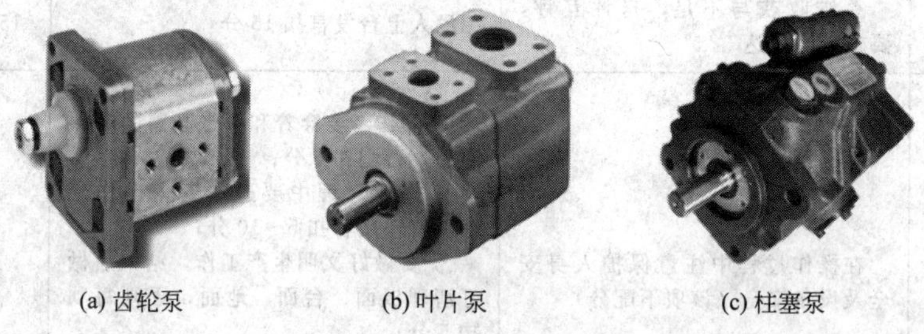
(a) 齿轮泵　　(b) 叶片泵　　(c) 柱塞泵

图 6.2.6　常见液压泵实体图

6.2.2　执行装置——液压缸

液压缸是液压系统的执行元件，是将液压系统的压力能转换成机械能的能量转换装置，用来驱动工作机构实现直线运动或往复摆动，它的结构简单，工作可靠，传动平稳，在各种机械的液压系统中得到广泛应用。常用的液压缸有活塞式液压缸和柱塞液压缸。

6.2.3　控制装置——液压控制阀

液压控制阀用来控制液压系统中油液的压力、流量和流动方向，从而控制液压执行元件的启动、停止、运动方向、速度及作用力等，液压控制阀简称为液压阀。其中控制通、断和流向的称为方向控制阀，控制压力的称为压力控制阀，控制流量的称为流量控制阀。

（1）方向控制阀

方向控制阀是利用阀芯和阀体间相对位置的改变，实现油路与油路间的接通或断开，从而控制液压系统中液流方向。方向控制阀分为单向阀和换向阀。

（2）压力控制阀

压力控制阀是利用作用于阀芯上的液体压力和弹簧力相平衡的原理进行工作，用来控制工作液体的压力。常见压力控制阀有溢流阀、减压阀和顺序阀。

(3) 流量控制阀

油液流经小孔、狭缝或毛细血管时，会产生较大的液阻，同流面积越小，油液受到的液阻越大，通过阀口的流量就越小，所以改变节流口的通流面积，使液阻发生变化，就可以调节流量的大小，这就是流量控制阀的工作原理。

6.2.4 液压的辅助装置

液压系统的辅助装置有储能器、油箱、滤油器、热交换器及管系元件等，是液压系统一个重要的组成部分。

(1) 储能器

储能器在液压系统中可以用作辅助动力源、保压和补漏、缓冲及消除压力脉动。

(2) 油箱

油箱的作用是储存油液，使渗入油液中的空气逸出，沉淀油液中的污物和散热。油箱可分为整体式和分离式两种。

(3) 滤油器

滤油器又称为过滤器，其功用是清除油液中的各种杂质。滤油器一般安装在液压泵的吸油口、压油口及重要元件的前面。

(4) 热交换器

为有效地控制液压系统的油温，在油箱中配有冷却器和加热器。

(5) 管系元件

管系元件，简称为管件。管件是用来连接液压元件，输送液压油的连接件。管件应保证足够的强度，性能好，压力损失小，拆装方便。

管件包括油管和管接头。常用的油管有钢管、铜管、尼龙管、塑料管和橡胶软管等。

6.2.5 液压基本回路

现代机械的液压传动系统虽然越来越复杂，但基本都由一些基本回路所组成。液压基本回路是由相关液压元件组成，能实现某一特定功能的基本油路。基本回路按其在系统中的功用可分为：压力控制回路——控制整个系统或局部油路的工作压力；速度控制回路——控制和调节执行元件的速度；方向控制回路——控制执行元件运动方向的变换和锁停；同步和顺序回路——控制几个执行元件同时动作或先后次序的协调等。

拓展与提高

液压动力滑台是组合机床用来实现进给运动的通用部件，它通过液压传动系统可以方便

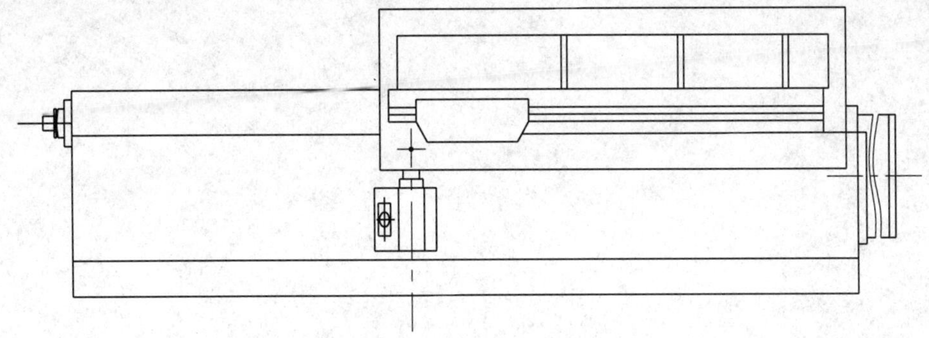

图 6.2.7 液压动力滑台的结构简图

地进行无级调速，正反向平稳，冲击力小，便于频繁地换向工作，因此，液压动力滑台在组合机床中已得到广泛的应用。如图 6.2.7 和图 6.2.8 所示分别是液压动力滑台的结构图和液压传动系统工作循环图。现请大家设计一套采用 PLC（包括软、硬件的设计）对此系统进行控制的方案。

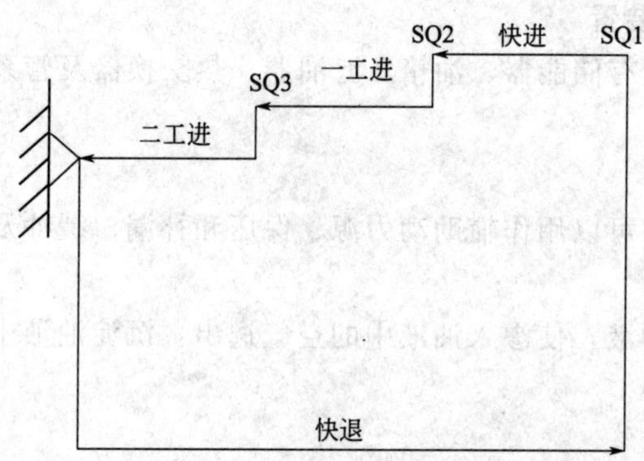

图 6.2.8　液压传动系统工作循环图

【思考与练习】

① 在本任务的实验中，若不连接顺序阀的泄露油管会出现什么现象？为什么？

② 液压泵的工作原理是什么？其工作的必备条件有哪些？

③ 液压控制阀主要有哪几类？各类中常用的阀有哪些？画出它们的图形符号。

项目 7 工程实践

任务 7.1 自动化生产线

能力目标

① 能读懂电气原理图和气动原理图；

② 按照要求连接电路和气路；

③ 根据控制要求编写 PLC 程序，设置变频器参数；

④ 能够根据控制要求进行电气和机械的调整，完成系统调试。

使用材料、工具、设备

序号	名称	型号及规格	数量	单位	备注
1	实训桌	1190mm×800mm×840mm	1	张	
2	PLC 模块单元	三菱 FX2N-48MR	1	台	不同用户采用不同的配置
3	变频器模块单元	三菱 FR-E740	1	台	
4	电源模块单元	三相电源总开关（带漏电和短路保护）1个，熔断器3只，单相电源插座2个，安全插座5个	1	块	
5	按钮模块单元	24V/6A、12V/2A 各一组；急停按钮1只，转换开关2只，蜂鸣器1只，复位按钮黄、绿、红各1只，自锁按钮黄、绿、红各1只，24V 指示灯黄、绿、红各2只	1	套	
6	物料传送机部件	直流减速电机（24V，输出转速 6r/min）1台，送料盘1个，光电开关1只，送料盘支架1组	1	套	

续表

序号	名称	型号及规格	数量	单位	备注
7	气动机械手部件	单出双杆气缸1只，单出杆气缸1只，气手爪1只，旋转气缸1只，电感式接近开关2只，磁性开关5只，缓冲阀2只，非标螺丝2只，双控电磁换向阀4只	1	套	
8	皮带输送机部件	三相减速电机（380V，输出转速40r/min）1台，平皮带1355mm×49mm×2mm 1条，输送机构1套	1	套	
9	物件分拣部件	单出杆气缸3只，金属传感器1只，光纤传感器2只，光电传感器1只，磁性开关6只，物件导槽3个，单控电磁换向阀3只	1	套	
10	接线端子模块	接线端子和安全插座	1	块	
11	物料	金属5个，尼龙黑白各5个	15	个	
12	安全插线		1	套	
13	气管	$\phi 4 \backslash \phi 6$	若干	米	
14	PLC编程线缆	亚龙	1	条	
15	PLC编程软件	GX-developer或WIN-C	1	套	
16	尼龙扎带	3×15cm	若干	条	
17	编码套管	$2.5mm^2$	若干	米	
18	配套工具		1	套	
19	电工工具		1	套	
20	线架		1	个	
21	实训指导书		1	套	
22	电脑推车	亚龙	1	台	
23	计算机	品牌机	1	台	
24	空气压缩机		1	台	
25	万用表	模拟表或数字表	1	块	

学习组织形式

训练和学习以小组为单位，两人一小组，两人共同制订计划并实施，协作完成硬件的安装软件设计及综合调试。

任务实施及要求

(1) 任务描述

按下列要求完成YL-235A光机电一体机（图7.1.1）实训考核系统任务。

部件的初始位置：

系统上电、PLC运行，所有部件都回到初始位置。

机械手的摆动臂靠在送料机构的出料口位置，机械手的悬臂缩回，机械手的手臂气缸的活塞杆缩回，手指松开。

分拣机构的三个气缸活塞杆缩回。

传送带驱动电动机停止。

送料电动机停止。

在初始状态时，红色警示灯亮。

设备的运行控制过程如下。

① 启动　按下启动按钮，红色警示灯灭，绿色警示亮，并按工作过程进行动作。

② 工作过程　设备运行后，送料电动机启动并开始上料，当工件到达出料口时（出料口传感器检测到工件），送料电动机停止运行，机械手的悬臂伸出→手臂下降→手指合拢抓取工件（机械手指在出料口抓取工件 2s 后，送料电动机启动上料）→手臂上升→悬臂缩回→机械手摆动到物料传送与分拣机构的落料口位→悬臂伸出→手臂下降→手指松开放下工件→手臂缩回→悬臂收回→机械手摆动到送料机构的出料口位→落料口传感器检测到物料后，传送带驱动电动机启动并以 20Hz 运行，带动物料自左向右运送，料槽 1、2、3 分别对应气缸的 1、2、3，分别分拣金属物料、白色塑料物料和黑色塑料物料，即当金属物料运至料槽 1 时由气缸 1 将其推入料槽，当白色塑料物料运至料槽 2 时，由气缸 2 将其推入料槽。当黑色塑料物料运至料槽 3 时，气缸 3 将其推入料槽。料槽 1 推进两个金属工件，所有设备暂停 5s 再继续工作。

若落料口传感器 30s 内检测不到物料则传送带驱动电动机停止运行；若出料口 40s 内无工件（出料口传感器检测不到工件），送料电动机和传送带电动机停止运行；机械手则停止工作并回到初始位置，并发出声音报警，再次按下启动按钮系统才能工作。

③ 停止　按下停止按钮，若机械手中有工件，需搬运工件完成后，才停止工作，其他部件立即回到初始位置。按下急停按钮，系统立即停止，急停按钮复位后再次按下启动按钮系统继续急停时的工作。

任务一：根据气动三联装置组装图和 YL-235A 结构示意图安装气动三联装置，并连接气路，根据电路原理图完成电路连接；

任务二：调整传感器灵敏度，符合系统控制要求；

任务三：根据任务要求利用 GX-developer 软件设计三菱 FX_{2N}-48MR PLC 程序，并设置三菱 FR-E740 变频器参数设置；

任务四：调试设备，使设备的各项动作符合系统控制要求。

(2) 任务实施

①根据电气 I/O 接线图完成系统电气接线，如图 7.1.2 所示。

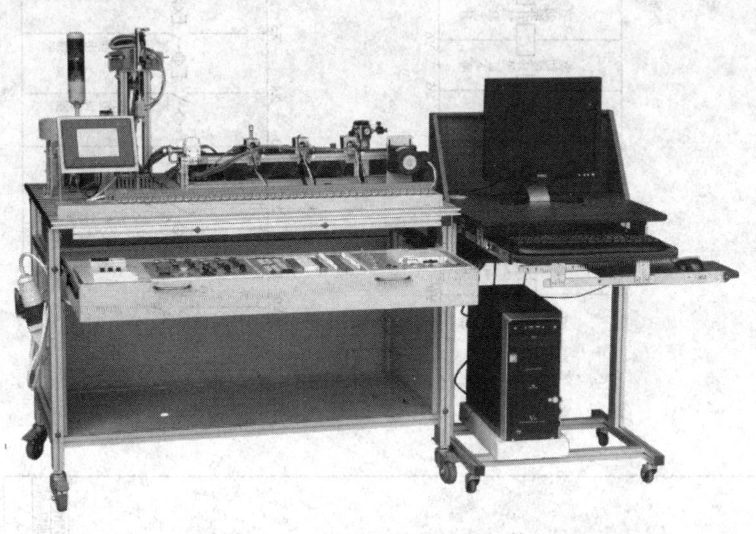

图 7.1.1　YL-235A 光机电一体机

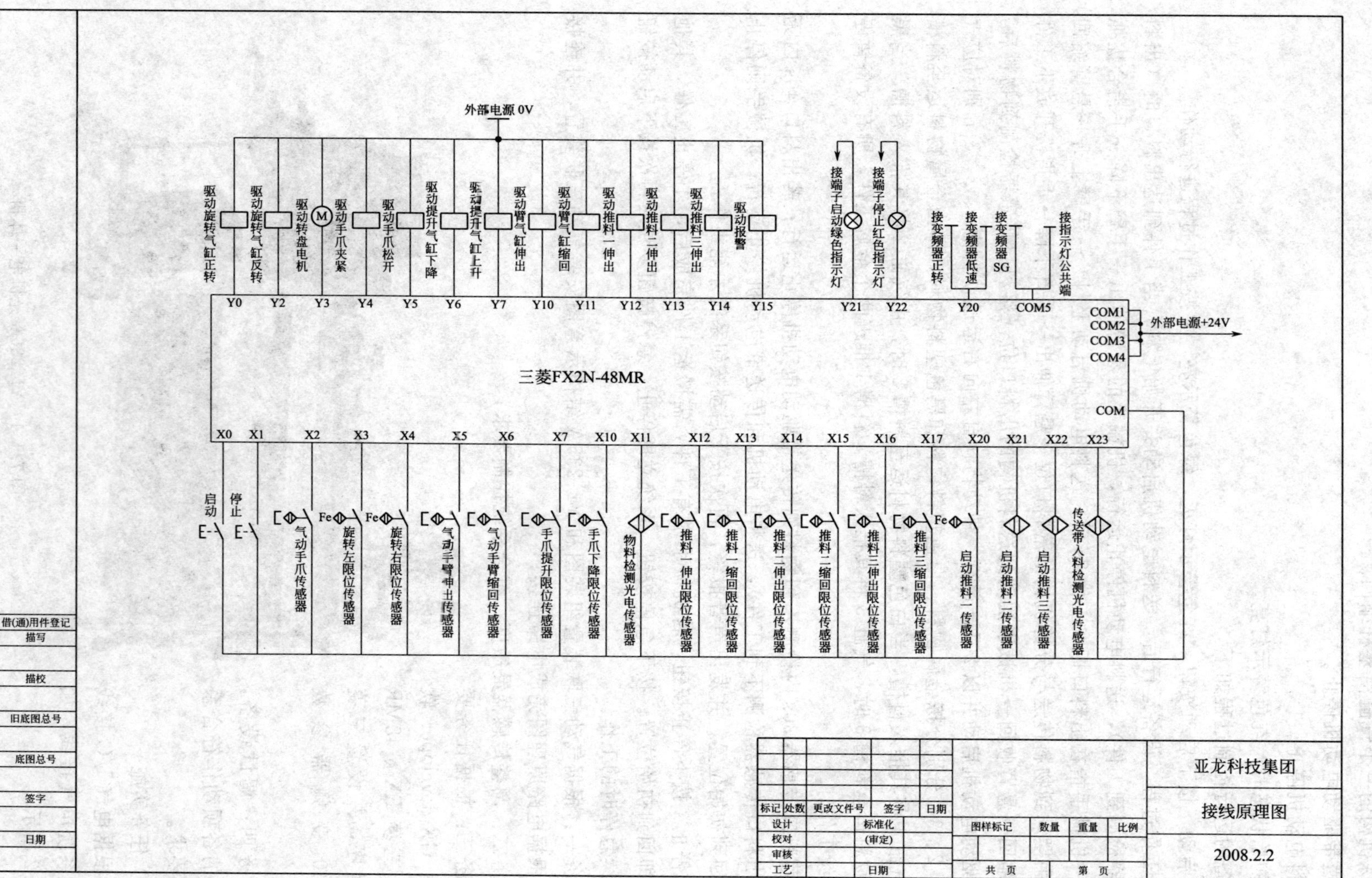

图 7.1.2 三菱 FX_{2N}-48MR PLC 参考 I/O 接线图

电气 I/O 表见表 7.1.1，端子接线布置如图 7.1.3。

表 7.1.1　三菱 FX_{2N}-48MR PLC I/O 表

输入地址			输出地址		
序号	地址	备注	序号	地址	备注
1	X0	启动	1	Y0	驱动手臂正转
2	X1	停止	2	Y1	
3	X2	气动手爪传感器	3	Y2	驱动手臂反转
4	X3	旋转左限位传感器	4	Y3	驱动转盘电机
5	X4	旋转右限位传感器	5	Y4	驱动手爪抓紧
6	X5	气动手臂伸出传感器	6	Y5	驱动手爪松开
7	X6	气动手臂缩回传感器	7	Y6	驱动提升气缸下降
8	X7	手爪提升限位传感器	8	Y7	驱动提升气缸上升
9	X10	手爪下降限位传感器	9	Y10	驱动臂气缸伸出
10	X11	物料检测传感器	10	Y11	驱动臂气缸缩回
11	X12	推料一伸出限位传感器	11	Y12	驱动推料一伸出
12	X13	推料一缩回限位传感器	12	Y13	驱动推料二伸出
13	X14	推料二伸出限位传感器	13	Y14	驱动推料三伸出
14	X15	推料二缩回限位传感器	14	Y15	驱动报警
15	X16	推料三伸出限位传感器	15	Y20	驱动变频器
16	X17	推料三缩回限位传感器	16	Y21	运行指示
17	X20	启动推料一传感器	17	Y22	停止指示
18	X21	启动推料二传感器			
19	X22	启动推料三传感器			
20	X23	启动传送带			

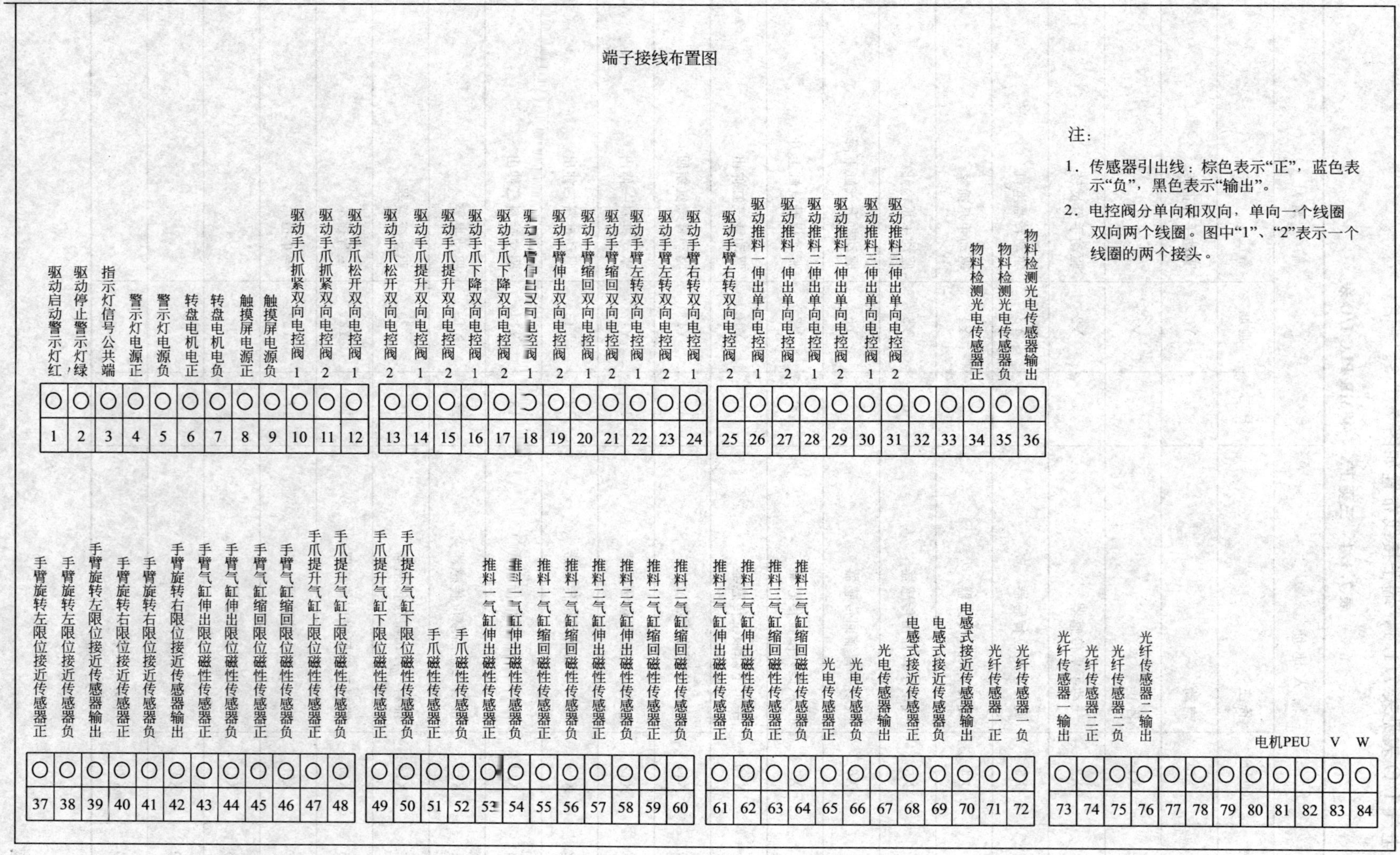

端子接线布置图

端子号	名称
1	驱动启动警示灯红
2	驱动停止警示灯绿
3	指示灯信号公共端
4	警示灯电源正
5	警示灯电源负
6	转盘电机电正
7	转盘电机电负
8	触摸屏电源正
9	触摸屏电源负
10	驱动手爪抓紧双向电控阀 1
11	驱动手爪抓紧双向电控阀 2
12	驱动手爪松开双向电控阀 1
13	驱动手爪松开双向电控阀 2
14	驱动手爪提升双向电控阀 1
15	驱动手爪提升双向电控阀 2
16	驱动手爪下降双向电控阀 1
17	驱动手爪下降双向电控阀 2
18	驱动手臂伸出双向电控阀 1
19	驱动手臂伸出双向电控阀 2
20	驱动手臂缩回双向电控阀 1
21	驱动手臂缩回双向电控阀 2
22	驱动手臂左转双向电控阀 1
23	驱动手臂左转双向电控阀 2
24	驱动手臂右转双向电控阀 1
25	驱动手臂右转双向电控阀 2
26	驱动推料一伸出单向电控阀 1
27	驱动推料一伸出单向电控阀 2
28	驱动推料二伸出单向电控阀 1
29	驱动推料二伸出单向电控阀 2
30	驱动推料三伸出单向电控阀 1
31	驱动推料三伸出单向电控阀 2
32	
33	
34	物料检测光电传感器正
35	物料检测光电传感器负
36	物料检测光电传感器输出
37	手臂旋转左限位接近传感器正
38	手臂旋转左限位接近传感器负
39	手臂旋转左限位接近传感器输出
40	手臂旋转右限位接近传感器正
41	手臂旋转右限位接近传感器负
42	手臂旋转右限位接近传感器输出
43	手臂气缸伸出限位磁性传感器正
44	手臂气缸伸出限位磁性传感器负
45	手臂气缸缩回限位磁性传感器正
46	手臂气缸缩回限位磁性传感器负
47	手爪提升气缸上限位磁性传感器正
48	手爪提升气缸上限位磁性传感器负
49	手爪提升气缸下限位磁性传感器正
50	手爪提升气缸下限位磁性传感器负
51	手爪磁性传感器正
52	手爪磁性传感器负
53	推料一气缸伸出磁性传感器正
54	推料一气缸伸出磁性传感器负
55	推料一气缸缩回磁性传感器正
56	推料一气缸缩回磁性传感器负
57	推料二气缸伸出磁性传感器正
58	推料二气缸伸出磁性传感器负
59	推料二气缸缩回磁性传感器正
60	推料二气缸缩回磁性传感器负
61	推料三气缸伸出磁性传感器正
62	推料三气缸伸出磁性传感器负
63	推料三气缸缩回磁性传感器正
64	推料三气缸缩回磁性传感器负
65	光电传感器正
66	光电传感器负
67	光电传感器输出
68	电感式接近传感器正
69	电感式接近传感器负
70	电感式接近传感器输出
71	光纤传感器一正
72	光纤传感器一负
73	光纤传感器一输出
74	光纤传感器二正
75	光纤传感器二负
76	光纤传感器二输出
77	
78	
79	
80	
81	
82	电机PEU
83	V
84	W

注：

1. 传感器引出线：棕色表示“正”，蓝色表示“负”，黑色表示“输出”。
2. 电控阀分单向和双向，单向一个线圈双向两个线圈。图中“1”、“2”表示一个线圈的两个接头。

图 7.1.3　端子接线布置图

② 请按照图 7.1.4 完成气路的安装。

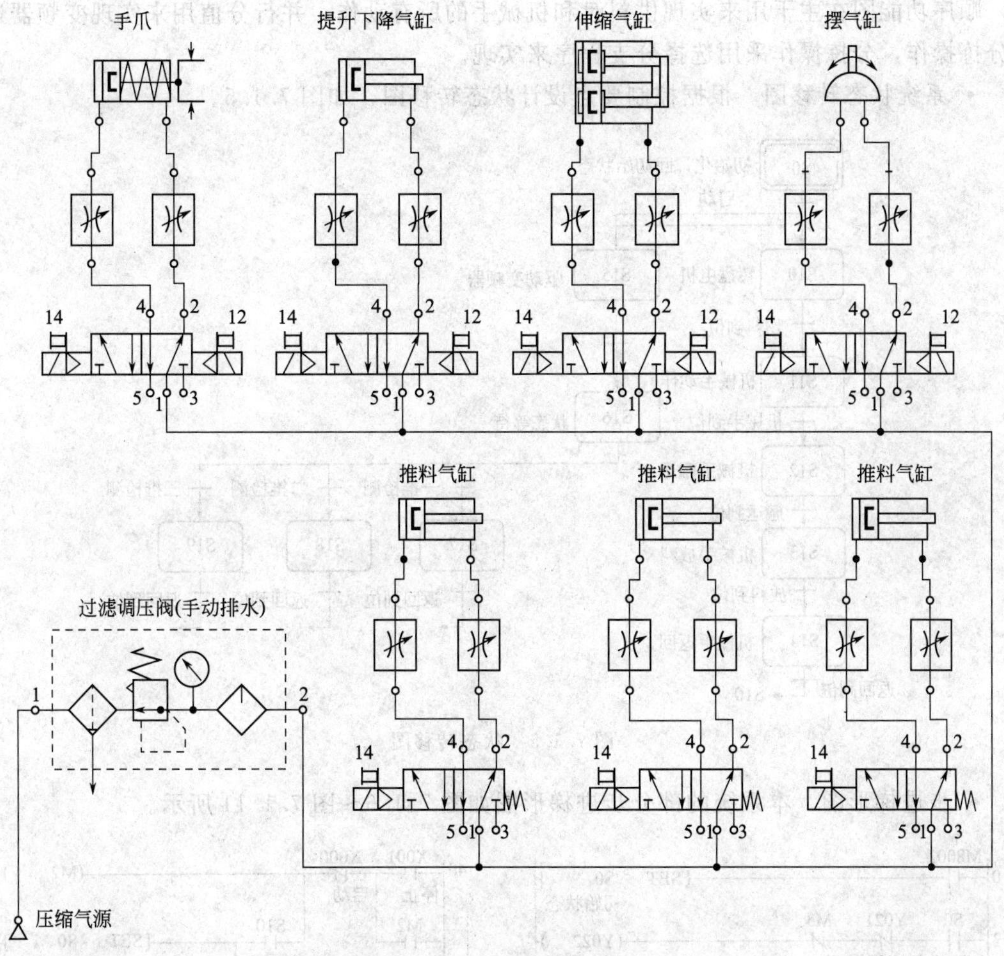

图 7.1.4　气动回路原理图

注意事项：

安装气路前应先检查相关的机械部分是否安装完毕，试验其运动部分是否动作灵活。

选择合适的气管，根据气路图正确的安装气路，如有条件尽可能对气管加以颜色区分，气管应做好绑扎和固定处理。

气路安装完毕，先检查空气压缩机是否良好，如良好则开启压缩机，保证空气压缩机的压力在 0.4～0.6MPa。

待空气压缩机的压力升至 0.4MPa 时即可为设备接通气路，手动控制气阀检查其动作情况。

③ 程序设计

• 程序设计思路。本任务为典型生产线控制，是典型的顺序控制系统，为了编程思路清晰及编程简单化，故采用步进梯形图来实现，程序编制的标准就是用最短的梯形图（SFC）完全实现控制功能，达到控制要求。

• 控制分析。本程序主要包括供料盘、机械手、输送带及报警等功能，将主要功能分成顺序控制中的骨干状态，辅助部分融入其中或设计在 SFC 之外梯形图中实现。

系统上电 PLC 自动进入初始状态，初始状态应对设备进行初始化，重点复位的是机械手，顺序功能图在主干用来实现供料盘和机械手的所有动作，并行分值用来实现变频器运转和分拣操作，分拣操作采用选择分支程序来实现。

• 系统状态转移图。根据控制要点设计状态转移图，如图 7.1.5。

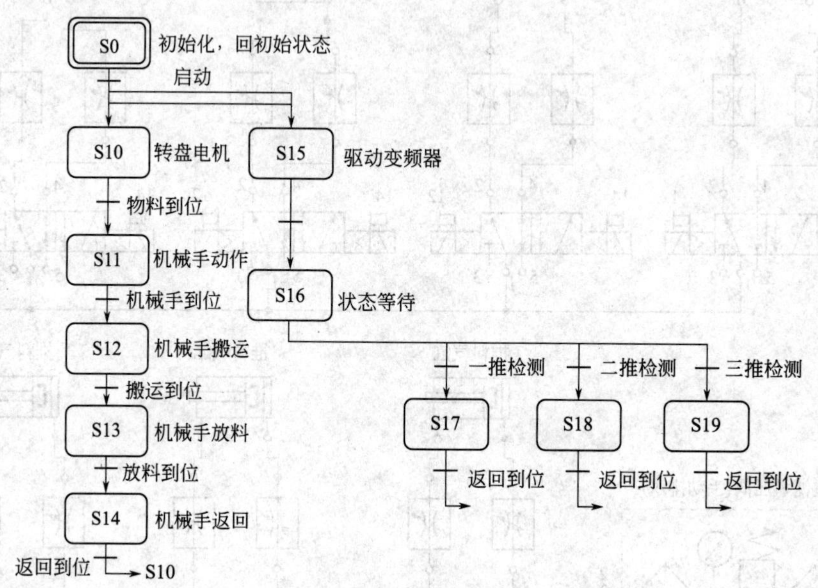

图 7.1.5 状态转移图

• 步进梯形图。本系统的部分步进梯形图如图 7.1.6～图 7.1.11 所示。

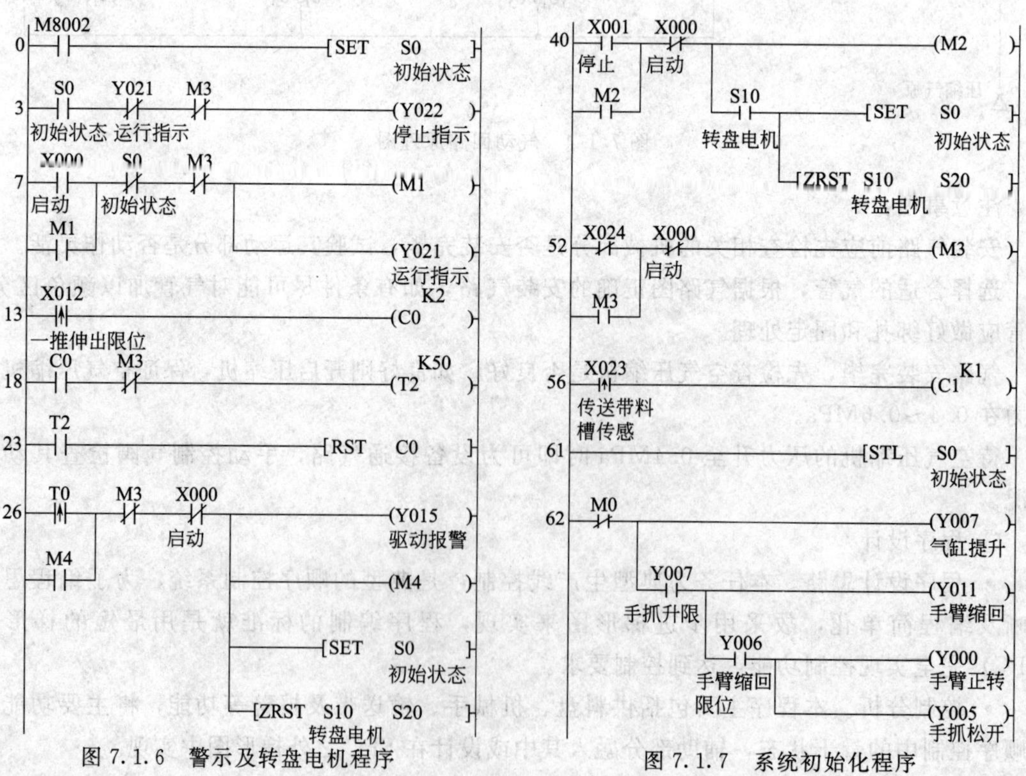

图 7.1.6 警示及转盘电机程序

图 7.1.7 系统初始化程序

69
X007
手抓升限
X006
手臂缩回限位
X003
机械手左限
X002
手抓
Y003
转盘电机
X017
三推缩回限位
X015
二推缩回限位
X013
一推缩回限位
Y020
驱动变频器
M0

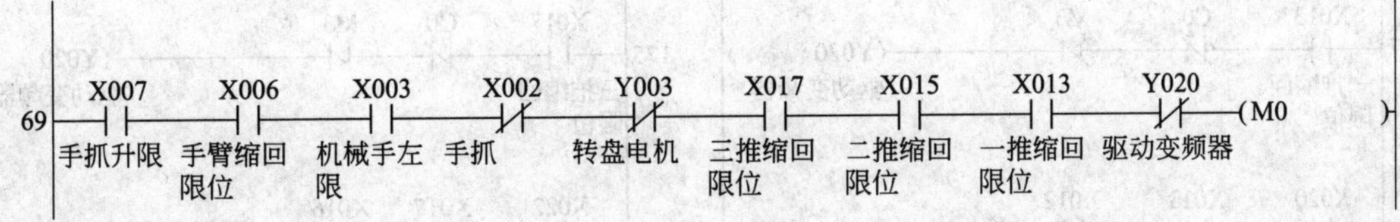

图 7.1.8 初始化到位判断程序

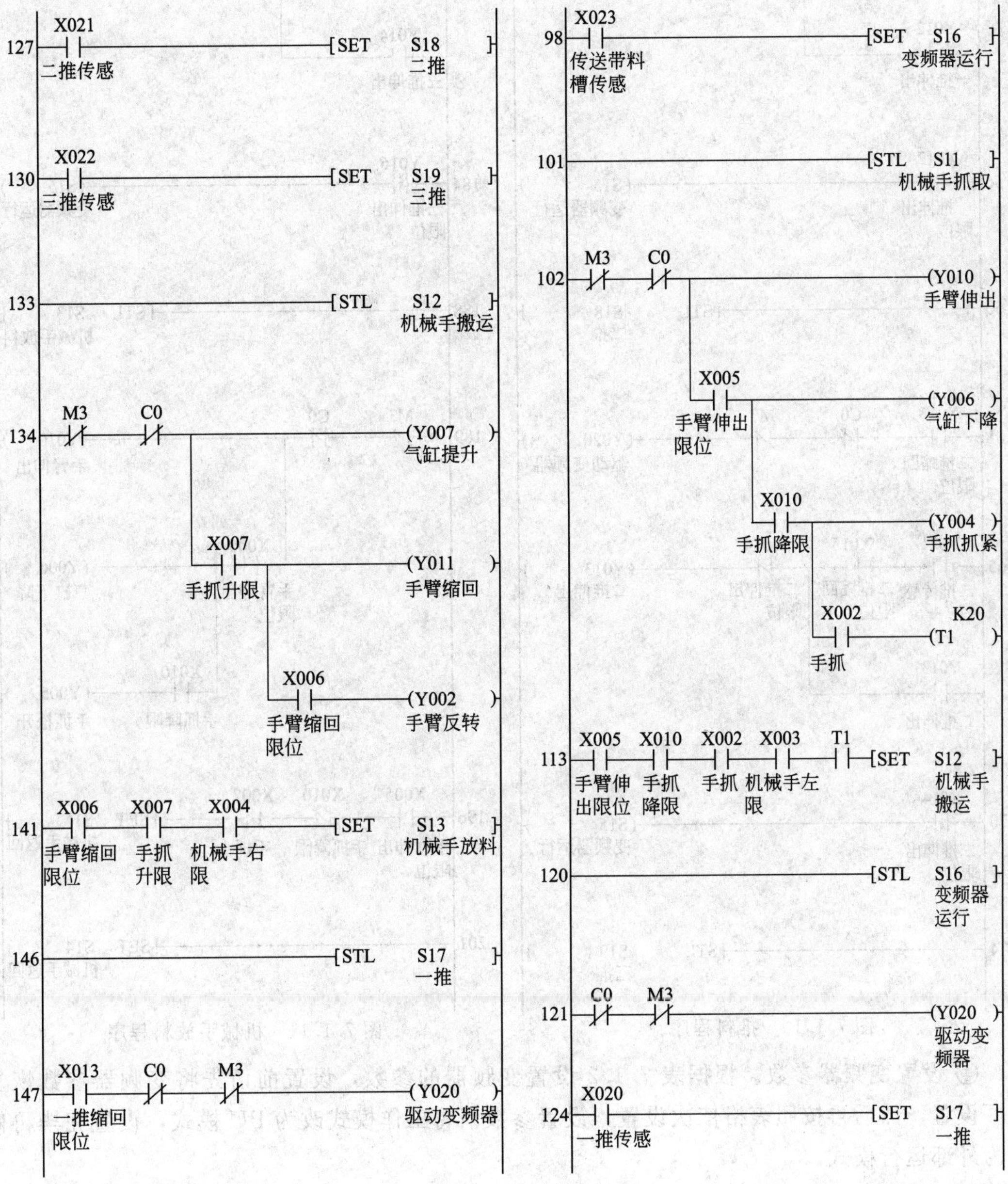

127
X021
二推传感
SET S18
二推
130
X022
三推传感
SET S19
三推
133
STL S12
机械手搬运
134
M3
C0
Y007
气缸提升
X007
手抓升限
Y011
手臂缩回
X006
手臂缩回限位
Y002
手臂反转
141
X006
手臂缩回限位
X007
手抓升限
X004
机械手右限
SET S13
机械手放料
146
STL S17
一推
147
X013
一推缩回限位
C0
M3
Y020
驱动变频器
98
X023
传送带料槽传感
SET S16
变频器运行
101
STL S11
机械手抓取
102
M3
C0
Y010
手臂伸出
X005
手臂伸出限位
Y006
气缸下降
X010
手抓降限
Y004
手抓抓紧
X002
手抓
K20
T1
113
X005
手臂伸出限位
X010
手抓降限
X002
手抓
X003
机械手左限
T1
SET S12
机械手搬运
120
STL S16
变频器运行
121
C0
M3
Y020
驱动变频器
124
X020
一推传感
SET S17
一推

图 7.1.9 机械手搬运程序

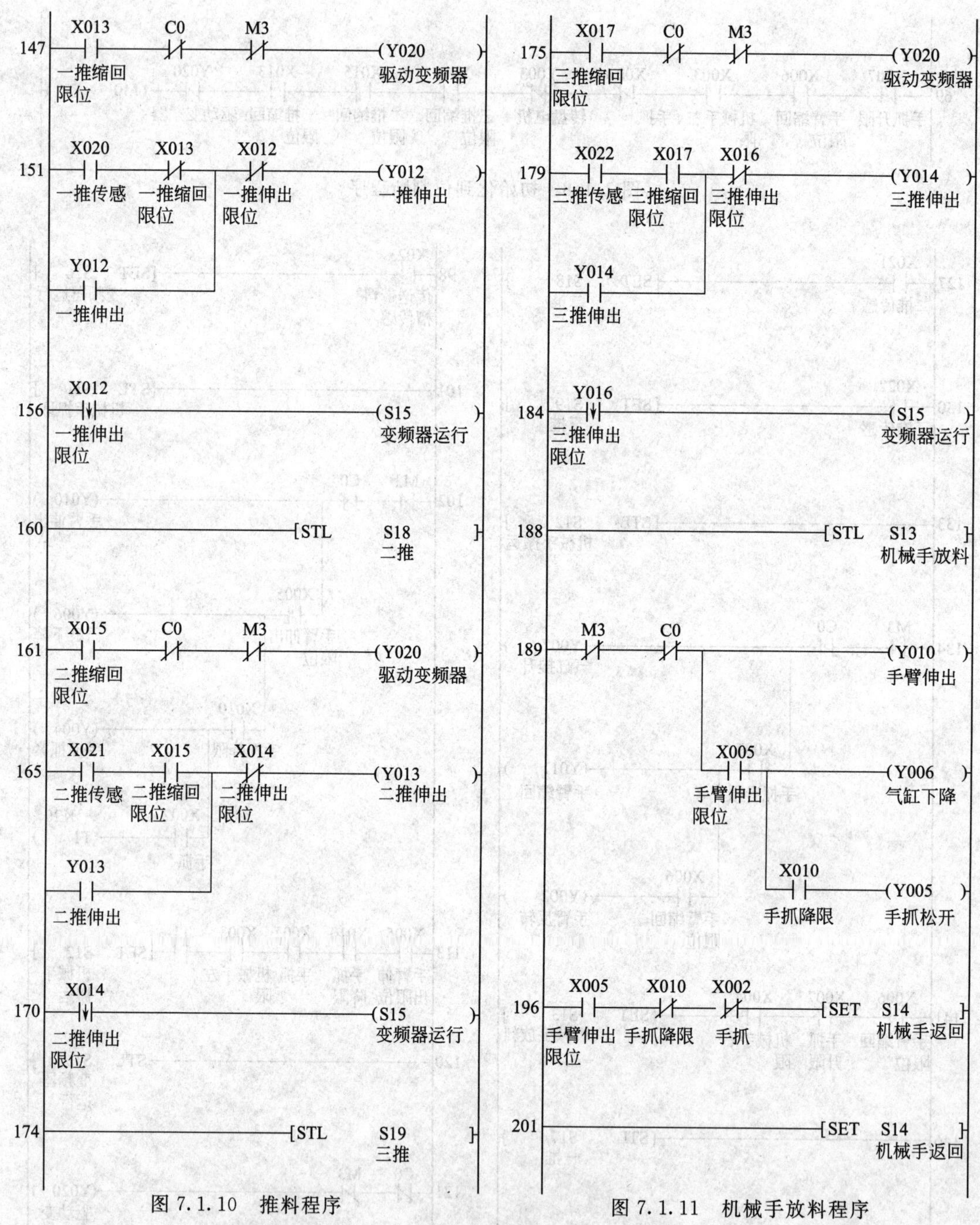

图 7.1.10　推料程序

图 7.1.11　机械手放料程序

④ 设置变频器参数。根据表 7.1.2 设置变频器的参数，设置前请先将变频器参数恢复出厂设置，然后再按照表格依次设置，设置参数请将工作模式改为 PU 模式，设置完毕再修改为外部运行模式。

表 7.1.2　变频器参数设置

参数名称	参数号	设定值
提升转矩	Pr. 0	5%
上限频率	Pr. 1	50Hz

续表

参数名称	参数号	设定值
下限频率	Pr. 2	5Hz
基准频率	Pr. 3	50Hz
低速频率	Pr. 6	10Hz
加速时间	Pr. 7	3s
减速时间	Pr. 8	2s
操作模式	Pr. 79	2

注意事项：

• 变频的方向信号和速度信号均取自同一 PLC 的端子，接线时特别注意；

• 变频器在调试时应先在空载下调试正常后方可接入负载，以免造成不必要的伤害；

• 电动机的转向可以通过改变输入变频器的电源相序或变频器输出给负载的相序调整来改变。

(3) 要求

① 确认机械部分安装正确，运动部分动作灵活；

② 接通电源，按钮模块、PLC 模块和变频器模块供电正常，初始化动作及相关规定动作是否正常，检查各传感器是否正常工作，分别检查物料三个料槽传感器工作是否正常，分辨灵敏度是否达到要求；

③ 拨动变频器的手动开关，检查电动机是否动作正常；

④ 再次确认气路的完整性和正确性；

⑤ 启动系统进行试车，并随时做好停机检查的准备；

⑥ 对硬软件进行调整，以使系统达到任务要求。

考核标准及评价

不同组的成员之间进行互相考核，教师抽查。

序号	主要内容	考核要求	评分标准	配分	扣分	得分
1	安装	① 按图纸的要求，正确使用工具和仪表，熟练安装电气元器件； ② 元件在配电板上布置要合理，安装要准确、紧固； ③ 按钮盒不固定在板上	① 元件布置不整齐、不匀称、不合理，每个扣 2 分； ② 元件安装不牢固、安装元件时漏装螺钉，每个扣 2 分； ③ 损坏元件，每个扣 4 分	15		
2	接线	① 布线要求横平竖直，接线紧固美观； ② 电源和电动机配线、按钮接线要接到端子排上，要注明引出端子标号； ③ 导线不能乱线敷设	① 电动机运行正常，但未按电路图接线，扣 2 分； ② 布线不横平竖直，主、控制电路，每根扣 1 分； ③ 接点松动、接头露铜过长、反圈、压绝缘层，标记线号不清楚、遗漏或误标，每处扣 1 分； ④ 损伤导线绝缘或线芯，每根扣 1 分； ⑤ 导线乱线敷设扣 15 分	20		

续表

序号	主要内容	考核要求	评分标准	配分	扣分	得分
3	参数设置	正确设置参数	① 设置参数前没有对变频器进行参数清除操作扣 3 分； ② 未按要求设置运行频率，每错一个扣 2 分； ③ 没有设置上、下限频率扣 5 分； ④ 未设置 Pr. 9 参数扣 3 分； ⑤ 不会设置其他参数，错一个扣 1 分	30		
4	PLC 程序	程序正确性	出错扣 5 分	10		
5	系统调试	在保证人身和设备安全的前提下，通电试验一次成功	一次试车不成功扣 5 分；二次试车不成功扣 10 分；三次试车不成功扣 20 分	25		
6	安全文明	在操作过程中注意保护人身安全及设备安全（该项不配分）	① 操作者要穿着和携带必需的劳保用品，否则扣 5 分； ② 作业过程中要遵守安全操作规程，有违反者扣 5～10 分； ③ 要做好文明生产工作，结束后做好清理板面、台面、地面，否则每项扣 5 分； ④ 损坏仪器仪表扣 10 分； ⑤ 损坏设备扣 10～99 分； ⑥ 出现人身事故扣 99 分			
备注			合计			
			考核员签字	年　月　日		

知识要点

7.1.1　顺序功能图（Sequential Function Char）

SFC 是描述控制系统的控制过程、功能和特点的一种编程语言，专门用来编制顺序控制程序。三菱 FX 系列 PLC 利用 STL 步进开始指令、RET 步进返回指令以及大量的状态器 S 构成 SFC 状态转移图，来完成各种顺序控制功能。

7.1.2　关于状态器

状态继电器用 S 来表示，是 PLC 软元件之一，是一个位元件，主要用在状态转移图中，当不做状态器使用时可以作为辅助继电器 M 来使用，在 FX_{2N}系列 PLC 中共有 1000 个状态继电器，具体如表 7.1.3 所示。

表 7.1.3　状态继电器地址分配

序号	地址	数量	用途	备注
1	S0～S9	10 点	用于初始状态	仅用于初始状态
2	S10～S19	10 点	用于返回原点状态	可做普通状态使用

续表

序号	地址	数量	用途	备注
3	S20～S499	480点	普通状态	
4	S500～S899	400点	掉电保持的状态	
5	S900～S999	100点	报警状态	

7.1.3 关于SFC

顺序功能图将流程图中的每一道工序或一个工作用一个状态器来代替，将要做的工作用PLC的线圈或功能指令来代替，将各个转移条件用PLC的触电或电路块来代替。SFC包括三大任务：驱动负载、制定转移条件和制定转移方向，这也是SFC的三要素。

7.1.4 步进顺控指令

步进顺控指令包括步进顺控开始指令STL和步进顺控结束指令RET。STL指令用来制定激活对应的状态，被激活的状态被视为“有电”可以立即驱动负载，当状态转移后当前状态会立刻复位，除被SET驱动的线圈，其余均复位。步进结束使用RET指令。

拓展与提高

该项目中如果要求压下停止按钮后，系统需要将传动带上的物料分拣完毕后方能停机，该如何调整系统设计？请你做一做。

【思考与练习】

① 在系统PLC软件设计中分别用到了并行流程分支和选择流程分支，它们有什么区别，请举例说明。

② 请尝试逐渐提高Pr.6的值，即提高输出频率，看系统工作情况有何变化，并尝试调试系统。

任务7.2 恒压供水系统

能力目标

① 能够识读系统框图及基本原理图；

② 能够按照系统图完成供水回路的安装与调整；

③ 能够按照电气原理图完成电路安装与硬件调整；

④ 能够设计PLC控制系统软件程序，会使用模拟量模块，为变频器设置参数；

⑤ 能简单运用FX2N-5A模拟量输入输出模块，并对系统进行综合调试。

使用材料、工具、设备

名称	型号或规格	数量	名称	型号或规格	数 量
计算机	品牌机	1台	磁芯水龙头	$\phi 20$	2支
PLC模块	三菱 FX_{2N}-48MR	1台	编程下载电缆	SC-09	1条
模拟量模块	三菱 FX_{2N}-5A	1台	PPR管	$\phi 20$	20个
变频器模块单元	三菱 FR-E740/0.75kW	1台	PPR管直接头	$\phi 20$	10个
空气断路器	10A带漏电保护	1台	PPR管直90°弯接头	$\phi 20$	10个
按钮和指示灯	24V指示灯，250V按钮	若干	PPR管三通	$\phi 20$	5个
开关电源	24V/3A	1台	钢锯弓		1把
交流接触器	CJX2系列，AC 220V线圈	5个	卷尺	5m	1把
热继电器	JR16系列，3A	1个	PPR管割刀		1把
变频磁力驱动泵	三相AC 380V，功率：0.37kW，扬程：12m，流量：20L/min	1台	热熔机	400W	1把
压力变送器（压力传感器）	雪松BP800，0～200kPa	1个	尼龙扎带	3×15cm	1包
铜闸阀	$\phi 20$	2只	编码套管	2.5mm²	1包
止回阀（截止阀）	$\phi 20$	2只	电工工具	定制	1套
橡胶软接头	$\phi 20$	2只	导线	BVR 1.5mm²和1.0mm²	2卷

学习组织形式

工程实践和学习以小组为单位，四人一小组，四人共同制订计划并实施，协作完成硬件的安装软件设计及综合调试。该任务可根据各学校的实际情况搭建控制系统，所用设备和组建也根据实际情况进行搭建，分组最好按照三人小组进行实践和训练。

任务实施及要求

（1）任务描述

如图7.2.1所示为简易恒压供水系统工艺流程图，该系统引入水箱，为典型无负压恒压供水系统，避免二次或三次加压对城市供水管网的水压的影响。系统上电，启动系统后水泵M2单台工频运行为系统供水，为保证供水管网的水压维持基本恒定，达到供水可靠性的目的，当用水量大而导致供水管网内的水压低于100kPa时启动M1变频器控制的变频水泵电机以25Hz频率补充供水，当供水管网水压低于50kPa时M1改变频率也以50Hz工频运行补充供水，变频泵电机运行频率通过改变模拟量输出电压控制来实现，系统具有启停按钮。请根据要求完成供水管道安装、电气线路的安装、PLC软件编写、变频器参数设定以及最后的系统调试。

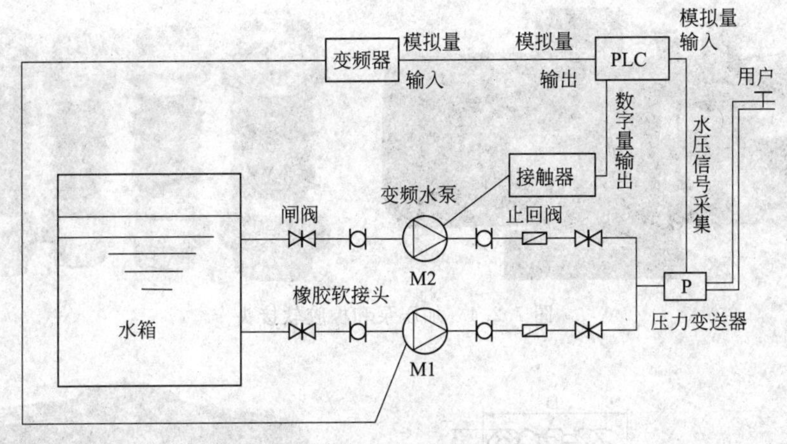

图 7.2.1　恒压供水系统工艺流程图

(2) 任务实施

根据系统框图完成供水系统水路的安装。

供水回路的安装因所购器件和设备的不同会稍有些不同，但基本思路和方法基本是一致的，在安装和调试过程中，应该注意以下问题。

① 水路安装应自水源端开始依次安装到用户末端，否则将不能完成安装，所安装管件应统一口径，如有改变应采用合理的变径配件进行变径，安装过程中正确安装使用热熔器套件，并在安装前做好安装规划，安装过程中应注意做好密封工作，各非热熔连接部分应合理使用密封胶垫和密封生料带，生料带的缠绕应顺着螺纹扭紧的方向缠绕，并且用量要适中，热熔器和使用方法如图 7.2.2 所示，生料带如图 7.2.3 所示。

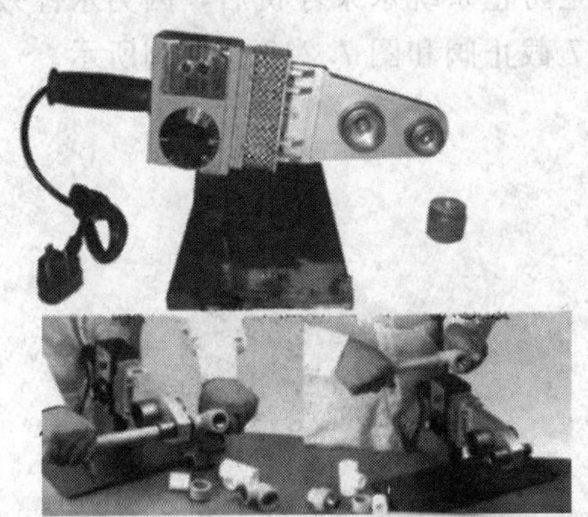

图 7.2.2　热熔器和使用方法

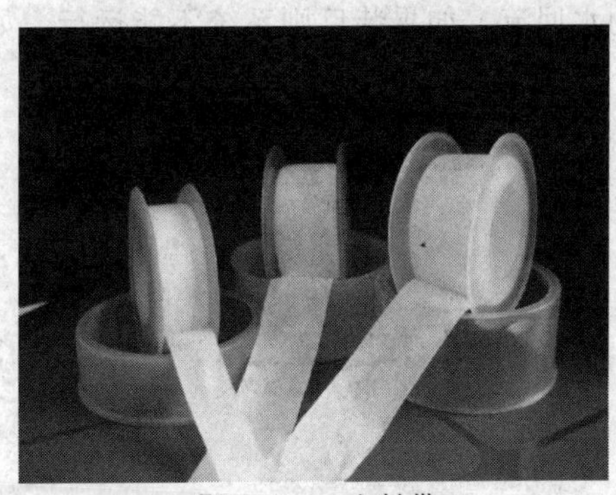

图 7.2.3　生料带

② 加压泵在安装过程中应注意水流方向一定不能错，所以应特别注意水泵上的箭头所示方向，根据箭头进出方向安装，同时为了减少水泵在运行过程中的震动对系统的影响，所以在水泵的进出水端均应安装具有减震功能的橡胶软接头（图 7.2.4)。

③ 供水系统中某些阀，如闸阀和球阀安装方向无任何要求，可以随意安装，因此在安装过程中只要考虑到方便程度来安装即可，铜闸阀和球阀在所有阀中所开口径是最大的，因此广泛应用在供水回路的源端，这种无方向的水阀最大的特点是在其阀体上无方向箭头标示。铜闸阀顺时针旋转为扭紧关闭，逆时针旋转为扭松开启，球阀的开启和关闭只需旋转操作手柄 90°即可，日常应用中常见的铜球阀及其结构如图 7.2.5 所示，常见的 PPR 球阀如图

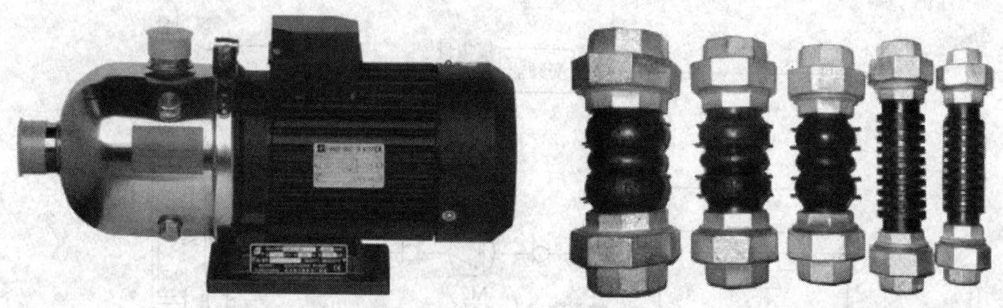

图 7.2.4　加压泵和橡胶软接头

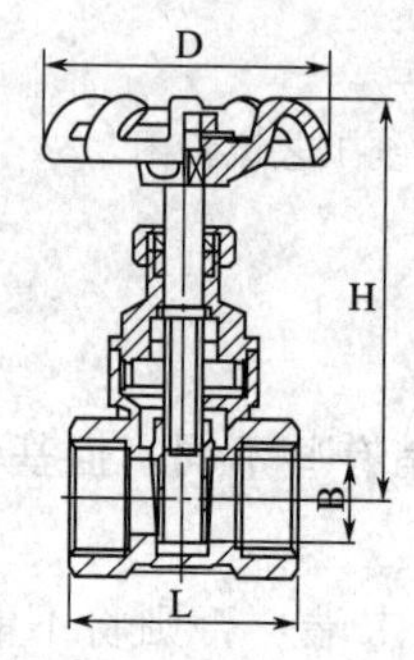

图 7.2.5　铜球阀及其结构

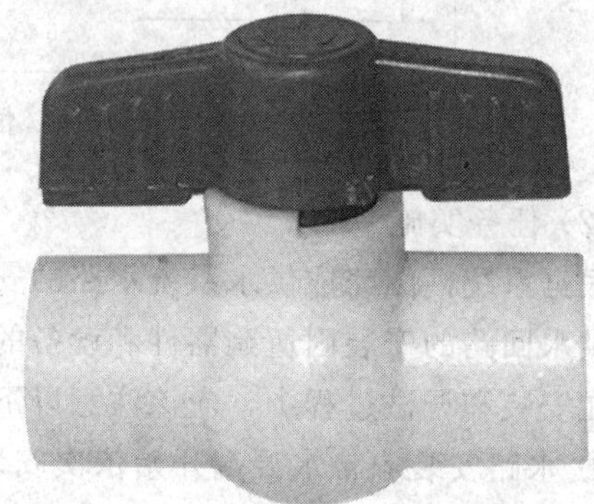

图 7.2.6　PPR 球阀

7.2.6 所示。

④ 供水系统中某些阀，如截止阀和止回阀，安装方向有明确要求，则这种阀必须按照其规定方向安装，特别是止回阀，在系统中的作用是防止系统水泵停机后，因为水锤效应高处的水回流，如果装反则系统不能运行，如图 7.2.7 截止阀和图 7.2.8 止回阀所示。

图 7.2.7　截止阀

图 7.2.8　止回阀

⑤ 在供水系统中，为了过滤掉水中的杂质，某些管网系统中会安装过滤器，常见的过滤是 Y 形过滤器，如图 7.2.9 所示，该过滤器在安装过程中也存在安装方向问题，如需使用该器件，请在安装过程中特别注意其箭头标识，同时还应注意其在垂直方向上的要求。

图 7.2.9　Y 形过滤器

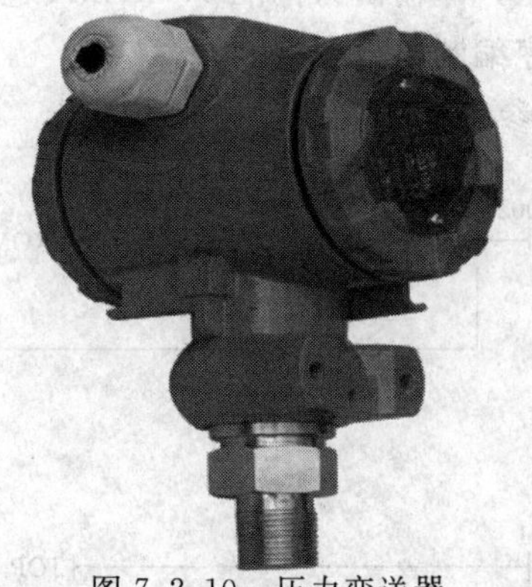

图 7.2.10　压力变送器

⑥ 压力变送器（图 7.2.10）实时监测水路系统中的水压，并将信号反馈给控制系统，压力表用于实时指示系统中的水压，请在安装过程中将两个器件安装在相邻的位置，以便于准确地判断系统压力情况。

⑦ 供水系统在安装过程中应对安装的管道进行加固处理，一般使用管扣进行固定加固，减少系统在运行过程中的震动，同时防止管道因为压力过高引起的随意摆动。

⑧ 系统安装完成应对加压泵接交流电，对系统进行工频加压试验，并及时发现系统中的问题，及时解决。

根据电气 I/O 接线图完成系统电气接线。

系统原理图见图 7.2.11。

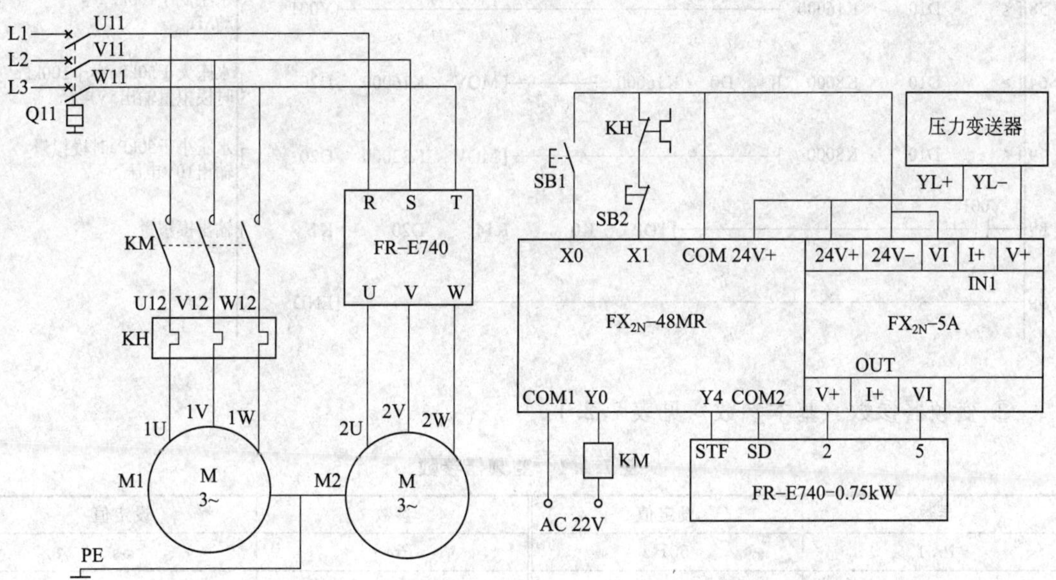

图 7.2.11　系统原理图

注意

① 安装过程中请按图接线，特别是模拟量的输入与输出，切勿大意接错线；

② 引入引出控制板的线路应经由端子排；

③ 压力传感器线路来自于被控对象，请务必做好线路的保护工作，通常压力变送器采

用电流型，即输出为标准 4～20mA 电流，应将其变换为标准 0～10V 电压型。

程序编制与下载控制调试

① 参考程序

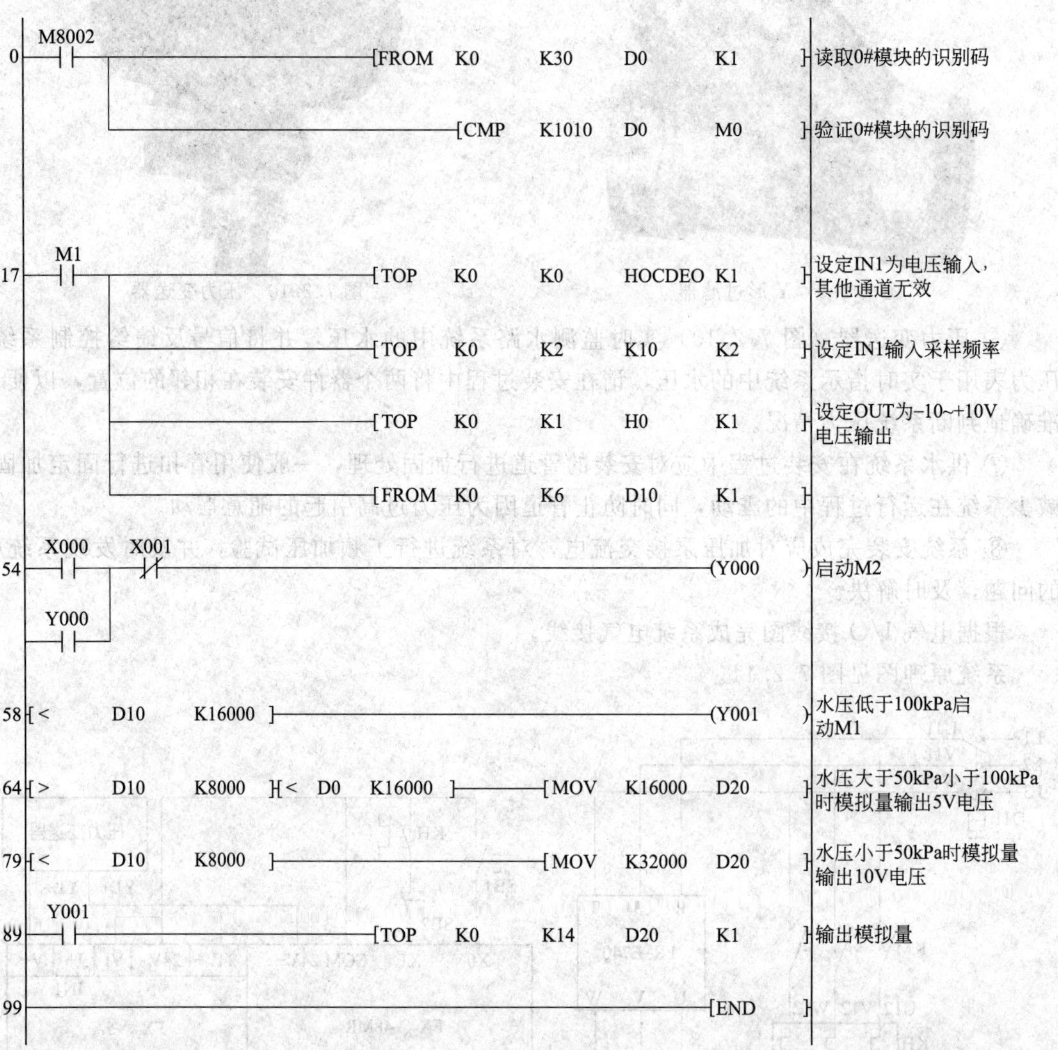

```
     M8002
 0 ──┤├──┬──────────────[FROM  K0     K30    D0      K1  ]  读取0#模块的识别码
         └──────────────[CMP   K1010  D0     M0          ]  验证0#模块的识别码

     M1
17 ──┤├──┬──────────────[TOP   K0     K0     HOCDEO  K1  ]  设定IN1为电压输入，其他通道无效
         ├──────────────[TOP   K0     K2     K10     K2  ]  设定IN1输入采样频率
         ├──────────────[TOP   K0     K1     H0      K1  ]  设定OUT为-10~+10V电压输出
         └──────────────[FROM  K0     K6     D10     K1  ]

     X000    X001
54 ──┤├──┬───┤/├────────────────────────────(Y000     )  启动M2
     Y000│
   ──┤├──┘

58 ─[<  D10  K16000 ]───────────────────────(Y001     )  水压低于100kPa启动M1

64 ─[>  D10  K8000  ][<  D0  K16000 ]──[MOV  K16000  D20 ]  水压大于50kPa小于100kPa时模拟量输出5V电压

79 ─[<  D10  K8000  ]──────────────────[MOV  K32000  D20 ]  水压小于50kPa时模拟量输出10V电压

     Y001
89 ──┤├─────────────────[TOP   K0     K14    D20     K1  ]  输出模拟量

99 ─────────────────────────────────────────[END      ]
```

② 变频器参数（基本参数）见表 7.2.1。

表 7.2.1　变频器参数

参数	设定值	参数	设定值
Pr. 1	50Hz	Pr. 8	5s
Pr. 2	0Hz	Pr. 9	1
Pr. 3	50Hz	Pr. 14	0
Pr. 7	3s	Pr. 79	2

系统综合调试及运行

① 水路安装完成后应进行启动加压泵进行工频打压试验，检查水路安装过程中是否存在问题，如有漏水或其他异常情况应尽快解决。

② 电路等自动化控制系统，应先进行空载调试，然后再进行负载调试，以免造成不必要损失。

③ 软件参数的调整应是循序渐进的逐渐调试，切勿大起大落的乱调试，以免造成系统不稳定甚至是意外。

④ 由于本系统涉及电路和水路，因此系统的绝缘等级会有所降低，在安装调试过程中应特别注意用电安全。

考核标准及评价

不同组的成员之间进行互相考核，教师抽查。

序号	主要内容	考核要求	评分标准	配分	扣分	得分
1	安装	① 按图纸的要求，正确使用工具和仪表，熟练安装电气元器件； ② 元件在配电板上布置要合理，安装要准确、紧固； ③ 按钮盒不固定在板上	① 元件布置不整齐、不匀称、不合理，每个扣2分； ② 元件安装不牢固、安装元件时漏装螺钉，每个扣2分； ③ 损坏元件，每个扣4分	15		
2	接线	① 布线要求横平竖直，接线紧固美观； ② 电源和电动机配线、按钮接线要接到端子排上，要注明引出端子标号； ③ 导线不能乱线敷设	① 电动机运行正常，但未按电路图接线，扣2分； ② 布线不横平竖直，主、控制电路，每根扣1分； ③ 接点松动、接头露铜过长、反圈、压绝缘层，标记线号不清楚、遗漏或误标，每处扣1分； ④ 损伤导线绝缘或线芯，每根扣1分； ⑤ 导线乱线敷设扣15分	20		
3	参数设置	正确设置参数	① 设置参数前没有对变频器进行参数清除操作扣3分； ② 未按要求设置运行频率，每错一个扣2分； ③ 没有设置上、下限频率扣5分； ④ 未设置Pr. 14参数扣3分； ⑤ 不会设置其他参数，错一个扣1分	30		
4	PLC程序	程序正确性	出错扣5分	10		
5	系统调试	在保证人身和设备安全的前提下，通电试验一次成功	一次试车不成功扣5分；二次试车不成功扣10分；三次试车不成功扣20分	25		
6	安全文明	在操作过程中注意保护人身安全及设备安全（该项不配分）	① 操作者要穿着和携带必需的劳保用品，否则扣5分； ② 作业过程中要遵守安全操作规程，有违反者扣5～10分； ③ 要做好文明生产工作，结束后做好清理板面、台面、地面，否则每项扣5分； ④ 损坏仪器仪表扣10分； ⑤ 损坏设备扣10～99分； ⑥ 出现人身事故扣99分			

续表

序号	主要内容	考核要求	评分标准		配分	扣分	得分
备注			合计				
			考核员 签字	年　　月　　日			

7.2.1 FX_{2N}-5A 特殊功能模块

FX_{2N}-5A 特殊功能模块有 4 路输入通道和 1 路输出通道。

输入通道接受模拟信号并将其转换成相应的数值。输出通道获取一个数值并且输出一个对应的模拟量信号。

① 模拟量信号输入可以选择电压输入或电流输入，使用 PLC 主单元系统的 TO 指令来设定有效的模拟量输入信号。

② FX_{2N}-5A 可以和三菱 FX 系列 PLC 配合使用，使用中请注意 FX_{2N}主机只允许扩展 7 个模块。

③ FX_{2N}-5A 特殊功能模块要 PLC 使用 FROM/TO 两条指令与其缓冲存储器（BMF）进行数据交换来操作。

④ FX_{2N}-5A 特殊功能模块如图 7.2.12 所示，IN1-IN4 为 4 个模拟量输入端，OUT 为模拟量输出端，V＋为电压＋端，I＋为电流＋端，VI－为电压和电流的公共端子。

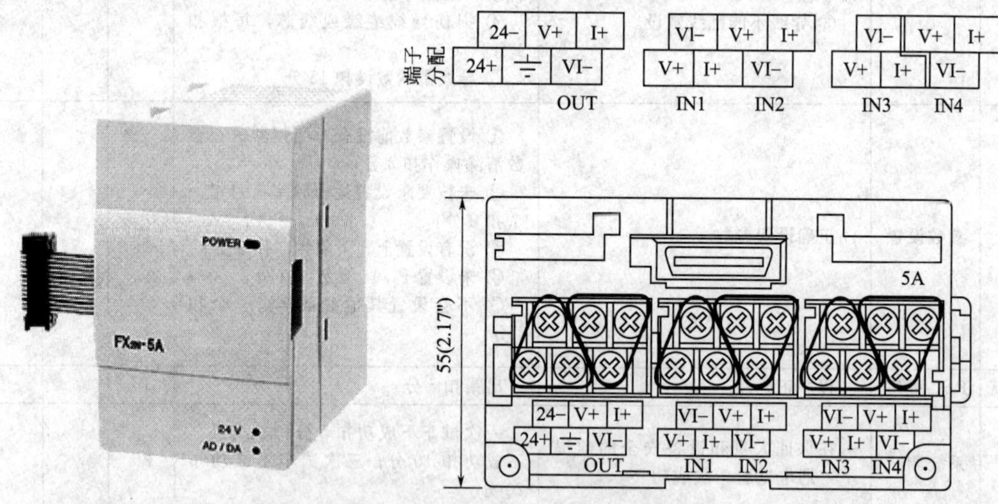

图 7.2.12　FX_{2N}-5A 特殊功能模块

7.2.2 PLC 的 FROM/TO 指令

① FROM-读取指令，将特殊功能模块缓冲存储器（BFM）的内容读到可编程控制器的某个寄存器内。

该指令的含义是当 X0 节点闭合时，将第“1”号扩展单元模块的 29 号缓冲器的内容读取到 M0 开头的 4 个单元内，读取个数为 1 个。

② TO 指令，将 PLC 指定寄存器的内容写到特殊功能模块指定缓冲寄存器（BFM）里面。

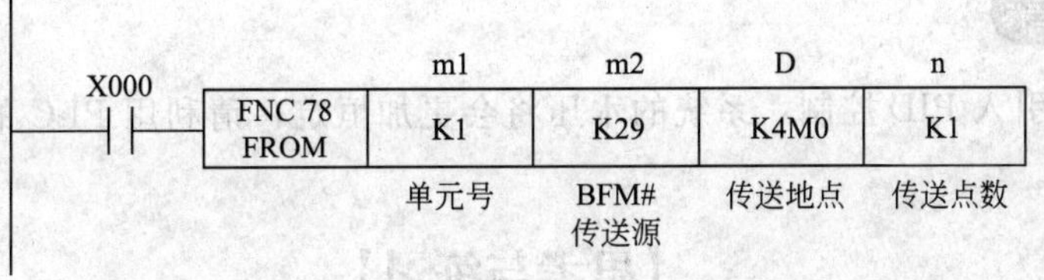

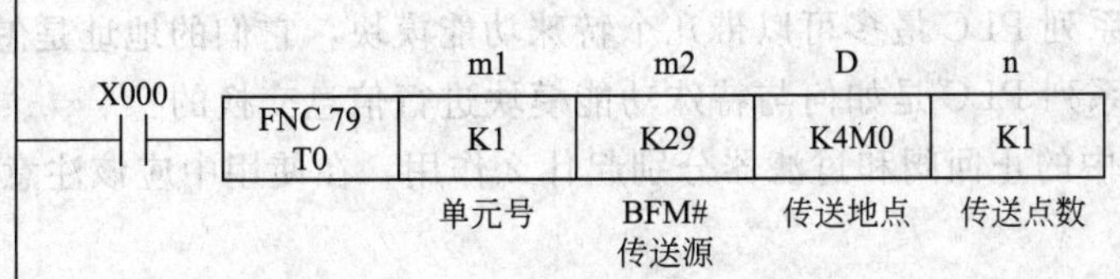

该指令的含义是当X0节点闭合时，将PLC M0开头的4个单元的数据写到第“1”号扩展单元模块的29号缓冲器内，读取个数为1个。

7.2.3 热熔器的使用注意事项

① 安装前检查

- 电线、插头、插座是否完好，热熔器具是否松动或损坏。
- 管材、管件是否同一品牌。

② 正规厂家生产的热熔机器一般有红绿指示灯，红灯代表加温，绿灯代表恒温，第一次达绿灯时不可使用，必须第二次达绿灯时方可使用，热熔时温度在260～280℃。低于或高于该温度，都会造成连接处不能完全熔合，留下渗水隐患。

③ 对每根管材的两端在施工前应检查是否损伤，以防止运输过程中对管材产生的损害，如有损害或不确定，管安装时，端口应减去4～5cm，并不可用锤子或重物敲击水管，以预防管道爆管，相对提高使用寿命。

④ 切割管材必须使端面垂直于管轴线，管材切割应使用专用管子剪。

⑤ 加热时：无旋转地把管端导入加热模头套内，插入到所标识的深度，同时，无旋转地把管件推到加热模头上，达到规定标志处。

⑥ 达到加热时间后，立即把管材管件从加热模具上同时取下，迅速无旋转地直线均匀插入到已热熔的深度，使接头处形成均匀凸缘，并要控制插进去后的反弹。

20水管热热深度14mm，加热时间5s，加工时间4s，冷却时间3min；

25水管热热深度15mm，加热时间7s，加工时间4s，冷却时间3min；

32水管热热深度16.5mm，加热时间8s，加工时间4s，冷却时间4min；

40水管热热深度18mm，加热时间12s，加工时间6s，冷却时间4.5min；

50水管热热深度20mm，加热时间18s，加工时间6s，冷却时间5min；

63水管热热深度24mm，加热时间24s，加工时间7s，冷却时间6min。

⑦ 在规定的加工时间内，刚熔接好的接头还可校正，可少量旋转，但过了加工时间，严禁强行校正。注意：接好的管材和管件不可有倾斜现象，要做到基本横平竖直，避免在安装龙头时角度不对，不能正常安装。

⑧ 在规定的冷却时间内，严禁让刚加工好的接头处承受外力。

拓展与提高

如果在本案引入 PID 控制，系统的水压将会更加恒定，请利用 PLC 的 PID 功能设计一个恒压供水系统。

【思考与练习】

① 三菱 FX 系列 PLC 最多可以带几个特殊功能模块，它们的地址是怎么定义的？
② 三菱 FX 系列 PLC 是如何与特殊功能模块进行信息交换的？
③ 供水回路中的止回阀和过滤器分别起什么作用，在使用中应该注意些什么？

任务 7.3 工业洗衣机

能力目标

① 能读系统流程图，并能对各个步骤进行分析和说明；
② 能够明确改造工作任务，并提出可行的设计方案；
③ 能自行设计电路原理图，并进行小组的讨论整改；
④ 能够熟练使用温度控制器和水位控制开关。

使用材料、工具、设备

名称	型号或规格	数量	名称	型号或规格	数 量
计算机	品牌机	1 台	行程开关	JLXK1-291	2 个
PLC 模块	三菱 FX_{2N}-48MR	1 台	指示灯	DC 24V	若干
变频器模块单元	三菱 FR-E740/0.75kW	1 台	编程下载电缆	SC-9	1 条
空气断路器	10A 带漏电保护	1 个	万用表	自定	1 块
按钮和指示灯	24V 指示灯，250V 按钮	若干	电工工具	定制	1 套
开关电源	24V/3A	1 个	尼龙扎带	3×15cm	1 包
小型继电器	HH53P，DC 24 线圈，AC 250V，5A	12 个	导线	BVR 1.5mm²	1 卷
电动机	三相异步电动机（调试自选）	1 台			

学习组织形式

工程实践和学习以小组为单位，四人一小组，四人共同制订计划并实施，协作完成硬件的安装软件设计及模拟调试。该任务可根据各学校的实际情况搭建控制系统，所用设备和组建也根据实际情况进行搭建，如有类似实物则更能满足训练要求。

任务实施及要求

(1) 任务描述

工业洗衣机适用于洗涤各种棉织、毛纺、麻类、化纤混纺等衣物织品，在服装厂、水洗厂、工矿企业、学校、宾馆、酒店、医院等的洗衣房具有广泛应用，是减轻劳动强度，提高工作效率，降低能耗的理想设备。从世界上第一台洗衣机问世，工业洗衣机就相伴而生。

一般工业洗衣机有其专门的控制系统，但其专门的控制系统存在稳定性不强，后期使用维护成本较高等缺点，因此，企业对于过保质期控制系统损坏的工业洗衣机一般都用 PLC 来改造其控制系统，既能满足控制要求，又便于后续的维护和维修工作，并且还能根据自身需要改变洗涤的程序，现有一台海狮 XGQ-25F 型海狮牌全自动洗涤脱水机，已使用多年，其控制系统已彻底报废，现请你为其设计一套由 PLC 构成的控制系统。

设计完成的控制系统能满足如图 7.3.1 的控制需要，只采用全自动控制，不再沿用原有的控制模式，具体控制要求是：系统上电后，选择水位和温度，按下启动按钮，等待 5s 后，系统开启冷水进水阀，热水进水阀和蒸汽进气阀，同时进行加水和加热，当水位和温度两个条件同时满足时，系统开启投放洗涤剂电磁阀，5s 后停止投放开始洗涤，洗涤采用让滚筒正转 20s→暂停 5s→反转 20s→暂停 5s，如此执行 5 个循环，结束循环后进行排水，水位达到低水位时，延时 20s 启动脱水程序，脱水分为中速拖和高速拖两种状态，脱水 3min 后结束一个大循环，大循环共执行 3 次，3 次结束后洗衣机报警，等待 5s 后结束洗涤工作。图 7.3.2 所示为 XGQ-25F 全自动洗涤脱水机。

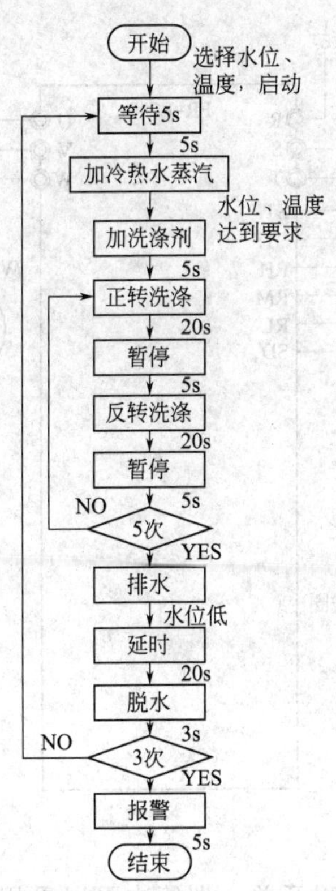

图 7.3.1 洗涤流程图

图 7.3.2 XGQ-25F 全自动洗涤脱水机

（2）任务实施

根据要求完成模拟系统搭建

① PLC 的 I/O 分配表如表 7.3.1。

表 7.3.1　PLC 的 I/O 分配表

输入			输出		
输入元件	作用	输入继电器	输出元件	作用	输出继电器
SB1	启动按钮	X0	YA1	进冷水电磁阀	Y0
SB2	停止按钮	X1	YA2	进热水电磁阀	Y1
SQ1	剧烈震动开关	X2	YA3	进蒸汽电磁阀	Y2
SQ2	门开关	X3	YA4	洗涤剂电磁阀	Y3
K1	水位开关	X4	YA5	排水气动阀	Y4
K2	水温开关	X5	YA6	门锁气动阀	Y5
			声光报警器	声光报警器	Y10
			STF	变频器正转	Y20
			STR	变频器反转	Y21
			RH	变频器高速	Y22
			RM	变频器中速	Y23
			RL	变频器低速	Y24

② 系统电路原理图如图 7.3.3。

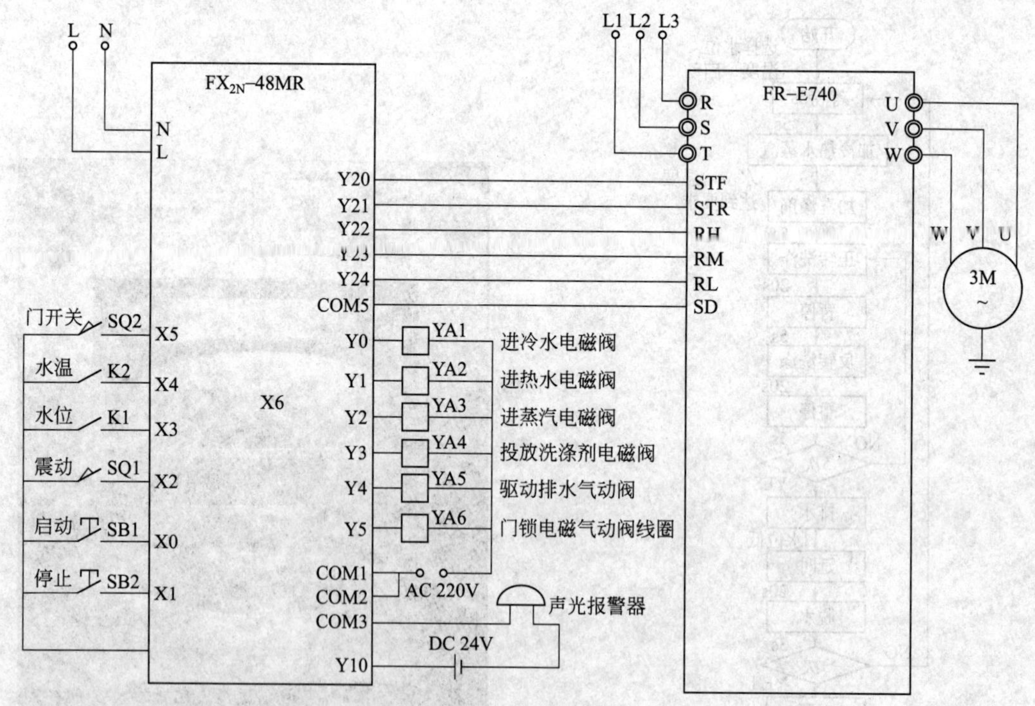

图 7.3.3　电路原理图

③ 门开关作为系统启动条件，该洗衣机采用普通行程开关，训练中可以采用旋钮来代替，当洗衣机门未关闭系统将不能启动。门开关如图 7.3.4 所示。

④ 水位开关用于检测水位，在此选用共有三个挡位的霍尔水位开关，水位开关的外形如图 7.3.5 所示。

图 7.3.4　门开关

图 7.3.5　水位开关

⑤ 系统的启动按钮和停止按钮应采用自动复位的常开按钮。

程序编制与下载控制调试

① 参考程序（SFC）

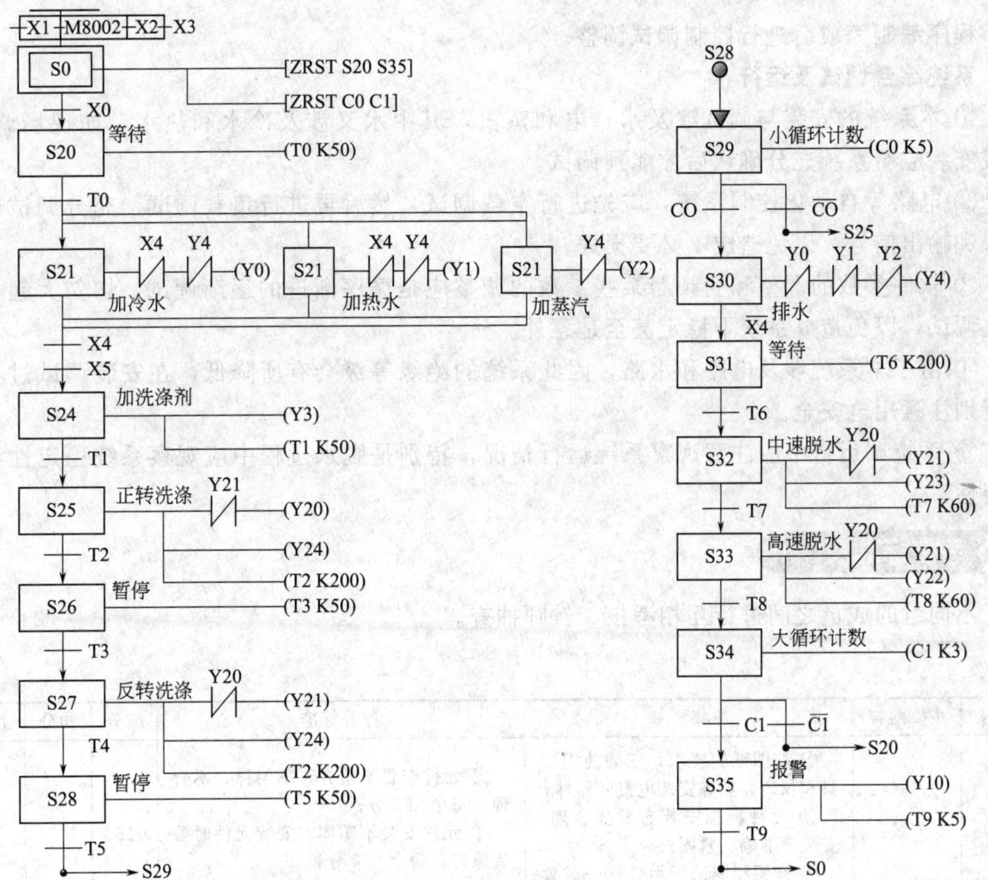

② 变频器参数（基本参数）见表 7.3.2。

表 7.3.2 变频器参数

参数号	设定值	功能
Pr.1	90	上限频率
Pr.2	0	下限频率
Pr.3	50	基准频率
Pr.4	80	高速脱水频率
Pr.5	50	中速脱水频率
Pr.6	30	低速洗涤频率
Pr.7	4	加速时间（具体视负载而定）
Pr.8	5	减速时间（具体视负载而定）
Pr.9	2	电子过流保护（由电动机额定电流确定）
Pr.14	0	适用于恒转矩负荷
Pr.20	50	加、减速基准频率
Pr.21	1	加、减速时间单位
Pr.77	0	参数写入选择（仅限于停止时可以写入）
Pr.78	0	反转防止选择（正转和反转均可）
Pr.79	2	操作模式（外部模式）

程序编制完成后进行控制调试调整。

系统综合调试及运行

① 本系统的安装与调试涉及水、电和蒸汽，其中水又涉及冷水和热水，如现场调试，完成安装应对系统充分确认后才能预调试。

② 电路等自动化控制系统，应先进行空载调试，然后再进行负载调试，充分调试所有输入和输出信号，以免造成不必要损失。

③ 软件参数的调整和变频器某些参数的调整应是循序渐进的逐渐调试，切勿大起大落的乱调试，以免造成系统不稳定甚至是意外。

④ 由于本系统涉及电路和水路，因此系统的绝缘等级会有所降低，在安装调试过程中应特别注意用电安全。

⑤ 系统试运行中应注意观察系统运行情况，特别是脱水过程中应观察系统稳定性和机械特性。

考核标准及评价

不同组的成员之间进行互相考核，教师抽查。

序号	主要内容	考核要求	评分标准	配分	扣分	得分
1	安装	① 按图纸的要求，正确使用工具和仪表，熟练安装电气元器件； ② 元件模拟安装布置要合理，安装要准确、紧固； ③ 按钮和调试指示灯统一放置并做好标签	① 元件布置不整齐、不匀称、不合理，每个扣 2 分； ② 元件安装不牢固、安装元件时漏装螺钉，每个扣 2 分； ③ 损坏元件，每个扣 4 分	15		

续表

序号	主要内容	考核要求	评分标准	配分	扣分	得分
2	接线	① 布线要求横平竖直，接线紧固美观； ② 电源和电动机配线、按钮接线要接到端子排上，要注明引出端子标号； ③ 导线不能乱线敷设	① 电动机运行正常，但未按电路图接线，扣2分； ② 布线不横平竖直，主、控制电路，每根扣1分； ③ 接点松动、接头露铜过长、反圈、压绝缘层，标记线号不清楚、遗漏或误标，每处扣1分； ④ 损伤导线绝缘或线芯，每根扣1分； ⑤ 导线乱线敷设扣15分	20		
3	参数设置	正确设置参数	① 设置参数前没有对变频器进行参数清除操作扣3分； ② 未按要求设置运行频率，每错一个扣2分； ③ 没有设置上、下限频率扣5分； ④ 未设置 Pr. 14 参数扣3分； ⑤ 不会设置其他参数，错一个扣1分	30		
4	PLC 程序	程序正确性	出错扣5分	10		
5	系统调试	在保证人身和设备安全的前提下，通电试验一次成功	一次试车不成功扣5分；二次试车不成功扣10分；三次试车不成功扣20分	25		
6	安全文明	在操作过程中注意保护人身安全及设备安全（该项不配分）	① 操作者要穿着和携带必需的劳保用品，否则扣5分； ② 作业过程中要遵守安全操作规程，有违反者扣5～10分； ③ 要做好文明生产工作，结束后做好清理板面、台面、地面，否则每项扣5分； ④ 损坏仪器仪表扣10分； ⑤ 损坏设备扣10～99分； ⑥ 出现人身事故扣99分			
备注			合计			
			考核员签字	年　月　日		

知识要点

7.3.1 水位开关的安装与调试

① 如图 7.3.6 所示为洗衣机水位开关原理图，该开关为三挡控制的水位开关，具有高、中、低三种水位。控制输出有 COM 公共端、常开 NO 及常闭 NC 三个触点。

② 某些洗衣机的水位开关无加压气囊和 U 形管，单靠软管内气体压力来驱动压力传感器，传递信号。

③ 请先用万用表在常态检查本开关的常开和常闭点的状态，然后固定常开触点或常闭

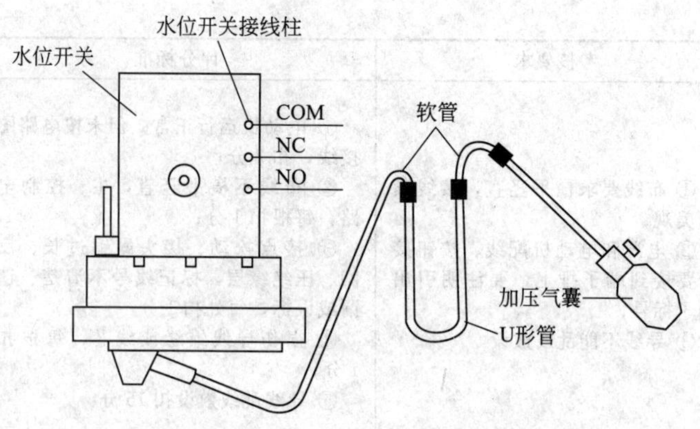

图 7.3.6　洗衣机水位开关原理图

触点，分别选择水位，压迫气囊，查看触点状态。

7.3.2　水位开关的维修

造成洗衣机水位开关失灵的故障原因主要有两种：一是水位开关触点烧坏，从而出现接触不良现象；二是水位开关气室漏气，气室中气压无法上升而引起压力开关不动作，或气室缓慢漏气而导致压力开关动作后复位。水位开关气室漏气的原因主要有：橡皮膜老化破裂、压力软管老化破裂、气嘴堵塞、压力软管与气嘴插接部位松脱等。

要点

故障检修思路如下。

① 对于水位开关接触不良故障的检测，可用万用表电阻挡测量各对触点的通断情况加以判断。

② 对于因气室漏气而造成水位开关失灵的故障，可按以下方法进行检修。

检查压力软管与气嘴之间绑扎是否牢固以及气嘴是否堵塞，可将压力软管的一端从洗衣机外桶连接处拔下，用嘴通过压力软管向水位开关的气室内吹气。边吹气，边检查软管与气嘴之间是否漏气，检查水位开关的出气管是否有空气排出，若无空气排出，软管与气嘴间也未漏气，则说明气嘴已堵塞，应及时排堵。

③ 水位开关橡皮膜是否漏气的判断。

当橡皮膜严重漏气时，用嘴通过软管向压力室吹气，橡皮膜基本不动，水位开关各触点无动作，排气导管有空气排出；当橡皮膜漏气不严重时，用嘴吹气，排气导管无空气排出，而相应的触点有动作。此时，洗衣机会出现开始工作正常，洗涤一段时间后水位开关自动断开，波轮停止转动，洗衣机无法进行程序转换的现象。水位开关橡皮膜是否漏气，还可采用U形管和加压气囊组成的测试装置进行检查。

当用手按压加压气囊时，U形管内的液体受压，压力传至橡皮膜上。若橡皮膜完好，会向上鼓起，使触点COM端与NC端断开，而COM端与ON端接通；若橡皮膜有漏气现象且较严重，则加压后橡皮膜不会鼓起，各触点也不会发生通断转换。在加压过程中，同时用万用表分别测量各触点间通断状态的转换情况。若加压过程中橡皮膜能鼓起，并且各触点也有上述通断转换，保持气囊气压状态，30min后各触点间又恢复原通断状态，则说明橡皮膜存在缓慢漏气现象。

全自动洗衣机水位开关普遍采用密封压接结构，拆开后无法保证其密封性，若触点烧坏或存在漏气现象，通常不易修复，只能更换同型号水位开关。

拓展与提高

① 如果将三挡水位传感器改为模糊模拟量水位传感器，请根据控制要求完成模拟系统设计和调试。

② 该任务的温度控制使用工业常用的温度控制器 omron E5CZ-C2MT，如果改为三菱 FX_{2N}-2LC 温度模块，应该如何设计，是否具有性价比？

③ 为了控制方便和便于监控洗衣机的状态，需要引入触摸屏进行控制监控，如果引入触摸屏，应该如何组态？

【思考与练习】

① 洗衣机为何有中速脱水和高速脱水两个阶段？请你观察家用洗衣机（滚筒和涡轮）有何区别，是否还可以使用其他方法进行脱水。

② 门锁开关和气动门锁之间有何关系？在本系统设计中如何体现？

③ 本例中震动开关触发时系统会停机，如果在此增加报警功能和暂停功能应该如何增加？

④ 本系统无急停按钮，新型控制系统都带有急停按钮，如果该系统增加急停按钮，应该如何设计？

⑤ 系统运行中负载较大，具有较强的惯性，如果仅仅依靠变频器自身特性制动可能会对变频有损害，可加入变频器制动器件或引入机械制动，你觉得哪种更可行？

附录1

三菱变频器参数

功能	参数号	名称	设定范围	最小设定单位	出厂设定	参考页	用户设定值
基本功能	0	转矩提升（注1）	0～30%	0.1%	6%/4%（注8）	63	
	1	上限频率	0～120Hz	0.01Hz（注3）	120Hz	64	
	2	下限频率	0～120Hz	0.01Hz（注3）	0Hz	64	
	3	基准频率（注1）	0～400Hz	0.01Hz（注3）	50Hz	65	
	4	3速设定（高速）	0～400Hz	0.01Hz（注3）	50Hz	66	
	5	3速设定（中速）	0～400Hz	0.01Hz（注3）	30Hz	66	
	6	3速设定（低速）	0～400Hz	0.01Hz（注3）	10Hz	66	
	7	加速时间	0～3600s/0～360s	0.1s/0.01s	5s/10s（注4）	67	
	8	减速时间	0～3600s/0～360s	0.1s/0.01s	5s/10s（注4）	67	
	9	电子过电流保护	0～500A	0.01A	额定输出电流（注5）	69	
准运行功能	10	直流制动动作频率	0～120Hz	0.01Hz（注3）	3Hz	70	
	11	直流制动动作时间	0～10s	0.1s	0.5s	70	
	12	直流制动电压	0～30%	0.1%	6%	70	
	13	启动频率	0～60Hz	0.01Hz	0.5Hz	71	
	14	适用负荷选择（注1）	0～3	1	0	72	
	15	点动频率	0～400Hz	0.01Hz（注3）	5Hz	73	
	16	点动加减速时间	0～3600s/0～360s	0.1s/0.01s	0.5s	73	
	18	高速上限频率	120～400Hz	0.1Hz（注3）	120Hz	64	
	19	基准频率电压（注1）	0～1000V，8888，9999	0.1V	9999	65	
	20	加减速基准频率	1～400Hz	0.01Hz（注3）	50Hz	67	
	21	加减速时间单位	0，1	1	0	67	
	22	失速防止动作水平	0～200%	0.1%	150%	74	

续表

功能	参数号	名称	设定范围	最小设定单位	出厂设定	参考页	用户设定值
标准运行功能	23	倍速时失速防止动作水平补正系数（注6）	0～200%，9999	0.1%	9999	74	
	24	多段速度设定（速度4）	0～400Hz，9999	0.01Hz（注3）	9999	66	
	25	多段速度设定（速度5）	0～400Hz，9999	0.01Hz（注3）	9999	66	
	26	多段速度设定（速度6）	0～400Hz，9999	0.01Hz（注3）	9999	66	
	27	多段速度设定（速度7）	0～400Hz，9999	0.01Hz（注3）	9999	66	
	29	加减速曲线	0，1，2	1	0	77	
	30	再生功能选择	0，1	1	0	78	
	31	频率跳变1A	0～400Hz，9999	0.01Hz（注3）	9999	79	
	32	频率跳变1B	0～400Hz，9999	0.01Hz（注3）	9999	79	
	33	频率跳变2A	0～400Hz，9999	0.01Hz（注3）	9999	79	
	34	频率跳变2B	0～400Hz，9999	0.01Hz（注3）	9999	79	
	35	频率跳变3A	0～400Hz，9999	0.01H（注3）	9999	79	
	36	频率跳变3B	0～400Hz，9999	0.01Hz（注3）	9999	79	
	37	旋转速度表示	0，0.01～9998	0.001r/min	0	80	
	38	5V（10V）输入时频率	1～400Hz	0.01Hz（注3）	50Hz（注2）	81	
	39	20mA输入时频率	1～400Hz	0.01Hz（注3）	50Hz（注2）	81	
输出端子功能	41	频率到达动作范围	0～100%	0.1%	10%	82	
	42	输出频率检测	0～400Hz	0.01Hz（注3）	6Hz	83	
	43	反转时输出频率检测	0～400Hz，9999	0.01Hz（注3）	9999	83	
第二功能	44	第二加减速时间	0～3600s/0～360s	0.1s/0.01s	5s/10s（注9）	67	
	45	第二减速时间	0～3600s/0～360s，9999	0.1s/0.01s	9999	67	
	46	第二转矩提升（注1）	0～30%，9999	0.1%	9999	63	
	47	第二V/F（基准频率）（注1）	0～400Hz，9999	0.01Hz（注3）	9999	65	
	48	第二电子过流保护	0～500A，9999	0.01A	9999	69	
显示功能	52	操作面板/PU主显示数据选择	0，23，100	1	0	84	
	55	频率监示基准	0～400Hz	0.01Hz（注3）	50Hz	85	
	56	电流监示基准	0～500A	0.01A	额定输出电流	850	
自动再启动功能	57	再启动惯性运行时间	0～5s，9999	0.1s	9999	86	
	58	再启动上升时间	0～60s	0.1s	1.0s	86	
加功能	59	遥控设定功能选择	0，1，2	1	0	87	

续表

功能	参数号	名称	设定范围	最小设定单位	出厂设定	参考页	用户设定值
行选择功能	60	最短加减速模式	0，1，2，11，12	1	0	90	
	61	基准电流	0～500A，9999	0.01A	9999	99	
	62	加速时电流基准值	0～200A，9999	1A	9999	90	
	63	减速时电流基准值	0～200A，9999	1A	9999	90	
	65	再试选择	0，1，2，3	1	0	92	
	66	失速防止动作降低开始频率（注6）	0～400Hz	0.01Hz（注3）	50Hz	74	
	67	报警发生时再试次数	0～10，101～110	1	0	92	
	68	再试等待时间	0.1～360s	0.1s	1s	92	
	69	再试次数显示和消除	0	1	0	92	
	70	特殊再生制动使用率	0～30％	0.1％	0％	78	
运行选择功能	71	适用电机	0，1，3，5，6，13，15，16，23，100，101，103，105，106，113，115，116，123	1	0	94	
	72	PWM 频率选择	0～15Hz	1Hz	1	95	
	73	0～5V/0～10V 选择	0，1	1	0	96	
	74	输入滤波器时间常数	0～8	1	1	97	
	75	复位选择/PU 脱离检测/PU 停止选择	0～3，14～17	1	14	97	
	77	参数写入禁止选择	0，1，2	1	0	99	
	78	反转防止选择	0，1，2	1	0	100	
	79	操作模式选择	0～4，6～8	1	0	100	
通用磁通矢量控制	80	电机容量（注6）	0.2～7.5kW，9999	0.01kW	9999	104	
	82	电机励磁电流	0～500A，9999	0.01A	9999（注3）	105	
	83	电机额定电压（注6）	0～1000V	0.1V	200V/400V	105	
	84	电机额定频率（注6）	50～120Hz	0.01Hz	50Hz	105	
	90	电机常数（R1）	0～50Ω，9999	0.001Ω	9999	105	
	96	自动调整设定/状态（注6）	0，1	1	0	105	
通讯功能	117	通讯站号	0～31	1	0	110	
	118	通讯速度	48，96，192	1	192	110	
	119	停止位长	0，1（数据长8） 10，11（数据长7）	1	1	110	
	120	有无奇偶校验	0，1，2	1	2	110	
	121	通讯再试次数	0～10，9999	1	1	110	
	122	通讯校验时间间隔	0，0.1～999.8s，9999	0.1s	9999	111	
	123	等待时间设定	0～150s，9999	1	9999	111	
	124	有无 CR，LF 选择	0，1，2	1	1	111	

续表

功能	参数号	名称	设定范围	最小设定单位	出厂设定	参考页	用户设定值
PID控制	128	PID动作选择	0，20，21	1	0	122	
	129	PID比例常数	0.1～1000%，9999	0.1%	100%	123	
	130	PID积分时间	0.1～3600s，9999	0.1s	1s	123	
	131	上限	0～100%，9999	0.1%	9999	123	
	132	下限	0～100%，9999	0.1%	9999	122	
	133	PU操作时的PID目标设定值	0～100%	0.01%	0%	123	
	134	PID微分时间	0.01～10.00s，9999	0.01s	9999	123	
附加功能	145	选件（FR-PU04-CH）用参数					
	146	厂家设定用参数，请不要设定					
电流检测	150	输出电流检测水平	0～200%	0.1%	150%	129	
	151	输出电流检测周期	0～10s	0.1s	0s	129	
	152	零电流检测水平	0～200.0%	0.1%	5.0%	130	
	153	零电流检测周期	0.05～1s	0.01s	0.5s	131	
子功能	156	失速防止动作选择	0～31，100	1	0	74	
	158	AM端子功能选择	0，1，2	1	0	84	
附加功能	160	用户参数组读选择	0，1，10，11	1	0	132	
	168	厂家设定用参数，请不要设定					
	169						
监视器初始化	171	实际运行时间清零	0	—	0	133	
用户功能	173	用户第一组参数注册	0～999	1	0	132	
	174	用户第一组参数删除	0～999，9999	1	0	132	
	175	用户第二组参数注册	0～999	1	0	132	
	176	用户第二组参数删除	0～999，9999	1	0	132	
端子安排功能	180	RL端子功能选择（注6）	0～8，16，18	1	0	134	
	181	RM端子功能选择（注6）	0～8，16，18	1	1	134	
	182	RH端子功能选择（注6）	0～8，16，18	1	2	135	
	183	MRS端子功能选择（注6）	0～8，16，18	1	6	135	
	190	RUN端子功能选择（注6）	0～99	1	0	135	
	191	FU端子功能选择（注6）	0～99	1	4	135	
	192	A，B，C，端子功能选择（注6）	0～99	1	99	135	

续表

功能	参数号	名称	设定范围	最小设定单位	出厂设定	参考页	用户设定值
多段速度运行	232	多段速度设定（8速）	0～400Hz，9999	0.01Hz（注3）	9999	66	
	233	多段速度设定（9速）	0～400Hz，9999	0.01Hz（注3）	9999	66	
	234	多段速度设定（10速）	0～400Hz，9999	0.01Hz（注3）	9999	66	
	235	多段速度设定（11速）	0～400Hz，9999	0.01Hz（注3）	9999	66	
	236	多段速度设定（12速）	0～400Hz，9999	0.01Hz（注3）	9999	66	
	237	多段速度设定（13速）	0～400Hz，9999	0.01Hz（注3）	9999	66	
	238	多段速度设定（14速）	0～400Hz，9999	0.01Hz（注3）	9999	66	
	239	多段速度设定（15速）	0～400Hz，9999	0.01Hz（注3）	9999	66	
	240	Soft-PWM设定	0，1	1	1	95	
子功能	244	冷却风扇动作选择	0，1	1	0	137	
	245	电机额定滑差	0～50%，9999	0.01%	9999	137	
	246	滑差补正响应时间	0.01～10s	0.01s	0.5s	137	
	247	恒定输出领域滑差补正选择	0，9999	1	9999	137	
停止选择	250	停止选择	0～100s，1000～1100s，8888，9999	1	9999	139	
附加功能	251	输出欠相保护选择	0，1		1	140	
	342	E2PROM写入有无选择	0，1	1	0	110	
校准功能	901	AM端子校准	—	—	—	140	
	902	频率设定电压偏置	0～10V　0～60Hz	0.01Hz	0V　0Hz	142	
	903	频率设定电压增益	0～10V　1～400Hz	0.01Hz	5V　50Hz	142	
	904	频率设定电流偏置	0～20mA　0～60Hz	0.01Hz	4mA　0Hz	142	
	905	频率设定电流增益	0～20mA　1～400Hz	0.01Hz	20mA　50Hz	142	
	990	选件（FR-PU04-CH）用参数					
	991						

注：1. 表示当选择通用磁通矢量控制模式时，忽略该参数设定。

2. 因为是校正后出厂的，每台变频器的设定值稍微有些差异。将频率设定的稍高于50Hz。

3. 使用操作面板时，设定值在100Hz以上时，设定单位为0.1Hz。由通信进行设定时，最小设定单位为0.01Hz。

4. 因变频器的容量不同，设定值有所不同，为（0.4～3.7K）/(5.5K，7.5K）的设定值。

5. 0.4～0.75K的设定值为变频器额定电流的85%。

6. 即使将Pr.77“参数写入禁止选择”设定为“2”，也不能在运行中更改设定值。

7. 上表中有底纹的参数，把Pr.77“参数写入禁止选择”设定为“0”（出厂设定）时，在运行中可以改变其设定。(但是，Pr.72、Pr.240仅在PU运行中可变更。)

8. 变频器容量的不同其设定值也不同，FR-E540-5.5K，7.5K-CHT为4%。

9. FR-E540-5.5K，7.5K-CHT出厂设定为10s。

松下 A4 系列驱动器参数一览表

<table>
<tr><th>编号 Pr</th><th>参数名称</th><th>相关模式</th><th>设置范围</th><th>功能与含义</th></tr>
<tr><td>00＊</td><td>轴地址</td><td>All</td><td>0～15</td><td>面板上旋转开关 ID 的设定值在控制电源接通时下载到驱动器。
通常用于串行通讯。
此设定值不影响伺服操作与功能</td></tr>
<tr><td>01＊</td><td>LED 初始状态</td><td>All</td><td>0～17</td><td>可以选择电源接通时在 7 段 LED 上初始显示的内容。
0：位置偏差脉冲总数
1：电机转速
2：转矩输出负载率
3：控制模式
4：I/O 信号状态
5：报警代码/历史记录
6：软件版本
7：警告状态
8：放电电阻负载率
9：过载率
10：惯量比
11：反馈脉冲总数
12：指令脉冲总数
13：外部反馈装置偏差脉冲总数
14：外部反馈装置反馈脉冲总数
15：电机自动识别功能
16：模拟量指令输入值
17：电机不转的原因
显示内容的细节请参考“10. 显示面板与操作按钮”</td></tr>
<tr><td>02＊</td><td>控制模式选择</td><td>All</td><td>0～6</td><td>选择伺服驱动器的控制模式。
设置的参数值在控制电源重新上电后才有效。
<table>
<tr><th>Pr02 值</th><th>控制模式</th><th>相关代码</th></tr>
<tr><td>0</td><td>位置控制</td><td>P</td></tr>
<tr><td>1</td><td>位置控制</td><td>S</td></tr>
<tr><td>2</td><td>位置控制</td><td>T</td></tr>
<tr><td>3 注</td><td>注：位置（第 1）/速度（第 2）控制</td><td>P/S</td></tr>
<tr><td>4 注</td><td>注：位置（第 1）/速度（第 2）控制</td><td>P/T</td></tr>
<tr><td>5 注</td><td>注：位置（第 1）/速度（第 2）控制</td><td>S/T</td></tr>
<tr><td>6</td><td>全闭环控制</td><td>F</td></tr>
</table>
注：当设成混合控制方式（Pr02＝3，4，5）时，用控制模式切换输入端子（C-MODE，X5 插头第 32 引脚）来选择第 1 或第 2 控制
C-MODE（与 COM－）开路：选择第 1 控制模式；
C-MODE（与 COM－）短路：选择第 2 控制模式；
切换 C-MODE 信号至少 10ms 后才能输入指令信号</td></tr>
</table>

续表

<table>
<tr><th>编号 Pr</th><th>参数名称</th><th>相关模式</th><th>设置范围</th><th>功能与含义</th></tr>
<tr><td>03</td><td>转矩限制选择</td><td></td><td></td><td>可以设置逆时针（CCW）和顺时针（CW）两个方向转矩限制信号（CCWTL，X5 插头第 16 引脚；CWTL，第 18 引脚）的输入是否有效。
<table>
<tr><td>Pr03 值</td><td>CCW</td><td>CW</td></tr>
<tr><td>0</td><td>CCWTL</td><td>CWTL</td></tr>
<tr><td>1</td><td colspan="2">CCW/CW 方向的限制值都由 Pr5F 设定</td></tr>
<tr><td>2</td><td>有 Pr5E 设定</td><td>由 Pr5F 设定</td></tr>
<tr><td>3</td><td colspan="2">GAIN/TL-SEL（与 COM－）开路：由 Pr5E 设定
GAIN/TL-SEL（与 COM－）短路：由 Pr5F 设定</td></tr>
</table></td></tr>
<tr><td>04 *</td><td>行程限位
禁止输入
无效设置</td><td>All</td><td>0～2</td><td>设置两个行程限位信号（CCWL，X5 插头第 8 引脚；CCWL，第 9 引脚）的输入是否有效。
0：行程限位动作发生时，按 Pr66 设定的时序发生动作
1：行程限位信号输入无效
2：CCWL 或 CWL 信号（与 COM－）断路，都会发生 Err38 行程限位禁止输入信号出错报警
设定此参数值必须在控制电源断电重启之后才能修改、写入成功</td></tr>
<tr><td>05</td><td>内部/外部速度
切换选择</td><td>S</td><td>0～3</td><td>选择速度控制模式下的速度指令种类。
0：模拟量速度指令输入（SPR，X5 插头第 14 引脚）
1：内部指令（第 1～4 内部速度：Pr53～Pr56 设定值）
2：内部指令（第 1～3 内部速度：Pr53～Pr55），模拟量指令输入（SPR）
3：内部指令（第 1～8 内部速度，Pr53～Pr56 和 Pr74～Pr77）
关于此参数，请参照“P22 ”的说明</td></tr>
<tr><td>06</td><td>零速箝位
（ZEROSPD）
选择</td><td>S，T</td><td>0～2</td><td>选择零速箝位信号（ZEROSPD，X5 插头第 26 引脚）的功能。
0：零速箝位无效
1：零速箝位
2：速度指令符号。与 com－开路为 ccw 方向；短路为 cw 方向。
转矩控制模式中，Pr06＝2 表示零速箝位无效</td></tr>
<tr><td>07</td><td>速度监视器
（SP）选择</td><td>All</td><td>0～9</td><td>选择模拟量速度监视器信号（SP，X5 插头第 43 引脚，或显示面板上的接线端子）的输出内容。
0～4：实际转速，单位：rpm/6V
0：47，1：188，2：750，3：3000，4：12000
5～9：指令速度，单位：rpm/6V
5：47，6：188，7：750，8：3000，9：12000</td></tr>
<tr><td>08</td><td>转矩监视器
（IM）选择</td><td>All</td><td>0～12</td><td>选择模拟量转矩监视器信号（IM，X5 插头第 42 引脚，或显示面板上的接线端子）的输出内容。
以下数值表示当监视器输出约 3V 时的值。
0：转矩指令 100％
1～5：位置偏差脉冲个数
1：31，2：125，3：500，4：2000，5：8000
6～10：全闭环偏差脉冲个数
6：31，7：125，8：500，9：2000，10：8000
11：转矩指令 200％
12：转矩指令 400％</td></tr>
</table>

续表

编号 Pr	参数名称	相关模式	设置范围	功能与含义
09	转矩限制控制（TLC）输出选择	All	0～8	分别用来选择转矩限制控制信号（TLC，X5 插头第 40 引脚）或零速检测信号（ZSP，第 12 引脚）的检测、输出内容。 0：转矩限制控制 1：零速检测 2：有任何报警 3：放电电阻过载报警 4：过载报警 5：电池报警 6：风扇锁定报警 7：外部反馈装置报警 8：速度一致性输出
0A	零速检测（ZSP）输出选择			
0B＊	绝对式编码器设置	All	0～2	选择绝对式编码器的用法： 0：用作绝对式编码器 1：用作增量式编码器 2：用作绝对式编码器，但不考虑计数器溢出 其设定值必须在控制电源断电重启之后才能修改、写入成功
0C＊	RS232C 波特率设置	All	0～5	分别用来选择 RS232C 或 RS485 方式的通讯速度。 0：2400 1：4800 2：9600 3：19200 4：38400 5：57600 （单位：bps，误差：±0.5％） 设定此参数值必须在控制电源断电重启之后才能修改、写入成功
0D＊	RS485 波特率设置			
0E＊	操作面板锁定设置	All	0～1	可以把操作面板锁定到监视器状态，以免发生误操作，比如修改参数设置等。 0：不锁定，全部功能可操作 1：锁定到监视器状态 即使此参数设为 1，通过通讯方式也可以进行修改参数。 请使用 PANATERM 软件或手持控制器将此参数复位到 0。 设定此参数值必须在控制电源断电重启之后才能修改、写入成功
0F	制造商参数			
10RT	第 1 位置环增益	P，F	0～3000	定义位置环增益的大小。 单位：1/s。 增大此增益值，可以提高位置控制的伺服刚性。 但是过高的增益会导致振荡
11RT	第 1 速度环增益	All	1～3500	定义速度环增益的大小。 如果 Pr20（惯量比）设置准确，则此参数单位是 Hz。 增大此增益值，速度控制的响应速度可以提高
12（RT）	第 1 速度环积分时间常数	All	1～1000	减小此参数值可以加快积分动作。 单位：ms。 设为 999 可以保持积分动作。 设为 1000 可以使积分动作无效
13（RT）	第 1 速度检测滤波器	All	0～5	选择速度检测滤波器的类型。 0～5：设定值越高，电机噪音越小，但响应会变慢

续表

编号 Pr	参数名称	相关模式	设置范围	功能与含义
14 (RT)	第 1 转矩滤波器时间常数	All	0～2500	定义插入到转矩指令后的初级延时滤波器的时间常数。 单位：×10μs。 设置转矩滤波器参数可以减轻机器振动
15 (RT)	速度前馈	P，F	0～2000	用来设置速度前馈值。 单位：×0.1%。 设得越高，可在较小的位置偏差达到较快反应；尤其是在需要高速响应的场合
16 (RT)	速度前馈滤波器时间常数	P，F	0～6400	可以设置速度前馈的初级延时滤波器的时间常数。 单位：×10μs
17 (RT)	制造商参数			
18 (RT)	第 2 位置环增益	All	0～3000	这些参数的功能与意义请参考上述的"第 1"参数。 只有启用了两档增益切换功能，才需要设置这些参数
19 (RT)	第 2 速度环增益	All	1～3500	
1A (RT)	第 2 速度环积分时间常数	All	1～1000	
1B (RT)	第 2 速度检测滤波器	All	0～5	
1C (RT)	第 2 转矩滤波器时间常数	All	0～2500	
1D	第 1 陷波频率	All	100～1500	用来设置抑制共振的第 1 陷波滤波器的频率。单位：Hz。 陷波滤波器可以模拟出机械的共振频率，从而抑制掉共振频率。 100～1499：滤波器有效 1500：无效 注：如果同时也设置了自适应滤波器，那么此参数可能会改变。这两者合用时，请使用第 2 陷波滤波器
1E	第 1 陷波宽度选择	All	0～4	设置抑制共振的第 1 陷波滤波器的陷波宽度。 较大的设定值可以获得较大的陷波宽度。 这两者合用时，请使用第 2 陷波滤波器
1F	制造商参数			
20	惯量比	All	0～10000	设置机械负载惯量对电机转子惯量之比率。单位：% 设定值（%）＝（负载惯量/转子惯量）×100 实时自动增益调整时，此参数可自动估算并每 30min 在 EEPROM 中刷新保存

续表

<table>
<tr><th>编号 Pr</th><th>参数名称</th><th>相关模式</th><th>设置范围</th><th>功能与含义</th></tr>
<tr><td>21</td><td>实时自动
增益设置</td><td>All</td><td>0～7</td><td>用来设置实时自动增益调整功能的运行模式。
根据负载惯量在运行时的变化情况，此参数值设得越大，响应越快。
但是由于运行条件的限制，实时的调整也可能不稳定。
通常情况请设成1或4。如果电机用于垂直轴请设成4～6。
因增益切换而发生振动时，请设定为7以后使用
<table>
<tr><th>Pr21</th><th>实时自动调整</th><th>运行时负载惯量的变化情况</th></tr>
<tr><td>0</td><td>无效</td><td>—</td></tr>
<tr><td>1</td><td rowspan="3">常规模式</td><td>没有变化</td></tr>
<tr><td>2</td><td>变化很小</td></tr>
<tr><td>3</td><td>变化很大</td></tr>
<tr><td>4</td><td rowspan="3">垂直轴模式</td><td>没有变化</td></tr>
<tr><td>5</td><td>变化很小</td></tr>
<tr><td>6</td><td>变化很大</td></tr>
<tr><td>7</td><td>无增益切换</td><td>没有变化</td></tr>
</table></td></tr>
<tr><td>22</td><td>实时自动
增益的机械
刚性选择</td><td>All</td><td>0～15</td><td>可以选择实时自动增益调整时的机械刚性。
此参数值设得越大，响应越快。
如果此参数突然设得很大，系统增益会发生显著变化，导致机器有较大冲击。
建议先设一个较小值，在监视机器运行状况的同时逐步选择较大的刚性</td></tr>
<tr><td>23</td><td>自适应
滤波器模式</td><td>P，S，F</td><td>0～2</td><td>设置自适应滤波器的工作模式。
0：无效
1：有效
2：保留（自适应滤波器的频率被保留）</td></tr>
<tr><td>24</td><td>振动抑制
滤波器
切换选择</td><td>P，F</td><td>0～2</td><td>请选择正确的切换模式以选通合适的振动抑制滤波器。
0：不切换（第1、第2滤波器都有效）
1：通过振动抑制控制切换选择端子（VS-SEL，X5插头第26引脚）来选择第1或第2滤波器；此时
VS-SEL端子（与COM－）开路：选择第1滤波器（Pr2B、Pr2C）；
VS-SEL端子（与COM－）短路：选择第2滤波器（Pr2D、Pr2E）。
2：根据转动方向来切换滤波器
逆时针（CCW）方向转动：选择第1滤波器（Pr2B、Pr2C）；
顺时针（CW）方向转动：选择第2滤波器（Pr2D、Pr2E）</td></tr>
<tr><td>25</td><td>常规自动调
整模式设置</td><td>All</td><td>0～7</td><td>设置常规自动增益调整时电机的运行模式
<table>
<tr><th>Pr25</th><th>旋转圈数</th><th>旋转方向</th></tr>
<tr><td>0</td><td rowspan="4">2</td><td>CCW→CW</td></tr>
<tr><td>1</td><td>CW→CCW</td></tr>
<tr><td>2</td><td>CCW→CCW</td></tr>
<tr><td>3</td><td>CW→CW</td></tr>
<tr><td>4</td><td rowspan="4">1</td><td>CCW→CW</td></tr>
<tr><td>5</td><td>CW→CCW</td></tr>
<tr><td>6</td><td>CCW→CCW</td></tr>
<tr><td>7</td><td>CW→CW</td></tr>
</table></td></tr>
</table>

续表

编号 Pr	参数名称	相关模式	设置范围	功能与含义
27 (RT)	速度观测器	P，S	0～1	这是一个瞬时的速度观测器，可以改善速度检测的精度，从而既可以获得高响应，又能减弱电机停止时的振动。 0：瞬时速度观测器无效 1：观测器有效；此时，首先要尽可能准确的设置好惯量比（Pr20），设定 Pr21 实时自动增益调整为 0 以外（有效）时，Pr27 为 0（无效）
28	第 2 陷波频率	All	100～1500	设置抑制共振的第 2 陷波滤波器的频率。单位：Hz。 陷波滤波器可以模拟出机械的共振频率，从而抑制掉共振频率。 100～1499：滤波器有效 1500：无效
29	第 2 陷波宽度选择	All	0～4	设置抑制共振的第 2 陷波滤波器的陷波宽度。 较大的设定值可以获得较大的陷波宽度
2A	第 2 陷波深度选择	All	0～99	设置抑制共振的第 2 陷波滤波器的陷波深度。 较大的设定值可以获得较小的陷波深度和相移（相位延迟）
2B	第 1 振动抑制滤波器频率	P，F	0～2000	振动抑制滤波器可以用来抑制在机械负载的前端发生的振动。 单位：×0.1Hz。 100～2000：振动抑制滤波器有效。 0～99：振动抑制滤波器功能无效
2C	第 1 振动抑制滤波器	P，F	－200～2000	设置第 1 振动抑制滤波器（Pr2B）时，如果出现转矩饱和，那么可以将此参数值设得较小。如果需要较快的运行，可以设得大一点。 通常请设为 0。单位：0.1Hz
2D	第 2 振动抑制滤波器频率	P，F	0～2000	与上述第 1 振动抑制滤波（Pr2B、Pr2C）参数的意义相同
2E	第 2 振动抑制滤波器	P，F	200～2000	
2F	自适应滤波器频率	P，S，F	0～64	根据代表号码来选择自适应滤波器的频率。 自适应滤波器功能有效（Pr23≠0）时，其频率（Pr2F）是自动设定，而不能手工修改。 0～4：滤波器无效 5～48：滤波器有效 49～64：有效与否取决于参数 Pr22 设定值 如果自适应滤波器功能有效，此参数可自动估算并每 30min 在 EEPROM 中刷新保存。 如果下次上电开机时自适应滤波器功能生效，那么存储在 EEPROM 里的数据就作为运行的初始值。 如果此参数要清零、复位，请先将自适应滤波器功能取消，再重新使之有效
30 (RT)	第 2 增益动作设置	All	0～1	可以用来选择是否采用两档增益切换。 0：选择第 1 增益设置（Pr10～Pr14），此时 PI/P（比例积分/比例）操作可切换 1：可以在第 1 增益设置（Pr10～Pr14）和第 2 增益设置（Pr18～Pr1C）之间切换 PI/P 操作的切换，可通过增益切换端子（GAIN，X5 插头第 27 引脚）进行。 如果 Pr30＝0 并且 Pr03＝3，则固定为 PI 操作

续表

<table>
<tr><th>编号 Pr</th><th>参数名称</th><th>相关模式</th><th>设置范围</th><th>功能与含义</th></tr>
<tr><td>31
(RT)</td><td>第 1 控制
切换模式</td><td>All</td><td>0～10</td><td>定义在第 1 控制切换模式中两档增益设置切换的触发条件。
<table>
<tr><th>Pr31</th><th>增益切换条件</th></tr>
<tr><td>0</td><td>固定到第 1 增益</td></tr>
<tr><td>1</td><td>固定到第 2 增益</td></tr>
<tr><td>2</td><td>增益切换端子（GAIN）有信号输入即选择第 2 增益</td></tr>
<tr><td>3</td><td>转矩指令有较大变化，即选择第 2 增益</td></tr>
<tr><td>4</td><td>固定到第 1 增益</td></tr>
<tr><td>5</td><td>有速度指令输入，即选择第 2 增益</td></tr>
<tr><td>6</td><td>位置偏差较大变化，即选择第 2 增益</td></tr>
<tr><td>7</td><td>有位置指令输入，即选择第 2 增益</td></tr>
<tr><td>8</td><td>（定位）没有到位即选择第 2 增益</td></tr>
<tr><td>9</td><td>速度即选择第 2 增益</td></tr>
<tr><td>10</td><td>位置指令＋速度，即选择第 2 增益</td></tr>
</table>
如果 Pr31＝2 且 Pr03＝3，则固定为第 1 增益的设置。
触发条件的内容可能由于控制模式的不同而不同</td></tr>
<tr><td>32
(RT)</td><td>第 1 控制
切换延迟时间</td><td>All</td><td>0～10000</td><td>当 Pr31＝3，5～10 时，可以设置从第 2 增益设置切换到第 1 增益设置时的延迟时间。单位：×166μs</td></tr>
<tr><td>33
(RT)</td><td>第 1 控制
切换水平</td><td>All</td><td>0～20000</td><td>当 Pr31＝3，5，6，9，10 时，可以设置增益切换的触发水平。
单位：取决于 Pr31 的设置</td></tr>
<tr><td>34
(RT)</td><td>第 1 控制
切换迟滞</td><td>All</td><td>0～20000</td><td>当 Pr31＝3，5，6，9 或 10 时，可以设置增益切换的触发判断动作的迟滞幅宽。
单位：取决于 Pr31 的设置</td></tr>
<tr><td>35
(RT)</td><td>位置环
增益切换时间</td><td>P，F</td><td>0～10000</td><td>增益切换时，如果从小位置环向大位置环切换可以用这个参数对位置环增益设置切换延时，从而抑制切换过程中的快速冲击。
切换时间＝（Pr35＋1）×166μs</td></tr>
<tr><td>36
(RT)</td><td>第 2 控制
切换模式</td><td>S，T</td><td>0～5</td><td>定义在第 2 控制切换模式中两档增益设置切换的触发条件。
<table>
<tr><th>Pr31</th><th>增益切换条件</th></tr>
<tr><td>0</td><td>固定到第 1 增益</td></tr>
<tr><td>1</td><td>固定到第 2 增益</td></tr>
<tr><td>2</td><td>增益切换端子（GAIN）有信号输入即选择第 2 增益</td></tr>
<tr><td>3</td><td>转矩指令有较大变化，即选择第 2 增益</td></tr>
<tr><td>4</td><td>速度指令有较大变化，即选择第 2 增益</td></tr>
<tr><td>5</td><td>有速度指令输入，即选择第 2 增益</td></tr>
</table>
触发条件的内容可能由于控制模式的不同而不同。
如果 Pr36＝2 且 Pr03＝3，则固定为第 1 增益的设置</td></tr>
<tr><td>37</td><td>第 2 控制
切换延迟时间</td><td>S，T</td><td>0～10000</td><td>当 Pr36＝3～5 时，可以设置从第 2 增益设置切换到第 1 增益设置时的延迟时间。
单位：×166μs</td></tr>
<tr><td>38</td><td>第 2 控制
切换水平</td><td>S，T</td><td>0～
20000</td><td>当 Pr36＝3～5 时，可以设置增益切换的触发水平。
单位：取决于 Pr36 的设置</td></tr>
<tr><td>39</td><td>第 2 控制
切换迟滞</td><td>S，T</td><td>0～
20000</td><td>当 Pr31＝3～5 时，可以设置增益切换的触发判断动作的迟滞
单位：取决于 Pr36 的设置</td></tr>
<tr><td>3A</td><td>制造商参数</td><td></td><td></td><td></td></tr>
<tr><td>3B</td><td>制造商参数</td><td></td><td></td><td></td></tr>
<tr><td>3C</td><td>制造商参数</td><td></td><td></td><td></td></tr>
</table>

续表

<table>
<tr><th>编号 Pr</th><th>参数名称</th><th>相关模式</th><th>设置范围</th><th>功能与含义</th></tr>
<tr><td>3D</td><td>JOG 速度设置</td><td>All</td><td>0～500</td><td>设置 JOG（试运转）速度。
单位：rpm。
使用前请参照操作说明</td></tr>
<tr><td>3E</td><td>制造商参数</td><td></td><td></td><td></td></tr>
<tr><td>3F</td><td>制造商参数</td><td></td><td></td><td></td></tr>
<tr><td>40</td><td>指令脉冲
输入选择</td><td>P，F</td><td>0～1</td><td>用来选择是否直接通过差分电路输入指令脉冲信号。
0：通过光耦电路输入
［X5 插头，PULS1：第 3（或 1）引脚，PULS2：第 4 引脚，SIGN1：第 5（或 2）引脚，SIGN2：第 6 引脚］
1：通过差分专用电路输入
（X5 插头，PULSH1：第 44 引脚，PULSH2：第 45 引脚，SIGNH1：第 46 引脚，SIGNH2：第 47 引脚）</td></tr>
<tr><td>41 *</td><td>指令脉冲旋
转方向设置</td><td>P，F</td><td>0～1</td><td>根据输入的指令脉冲的类型来设置相应的旋转方向和脉冲形式。
<table>
<tr><th>Pr41</th><th>Pr42</th><th>指令脉冲类型</th><th>信号名</th><th>CCW 指令</th><th>CW 指令</th></tr>
<tr><td rowspan="3">0</td><td>0 或 2</td><td>正交脉冲，A、B 两相 90°相差</td><td>PULS
SIGN</td><td>A相
B相
B相脉冲超前A相90°</td><td>B相脉冲滞后A相90°</td></tr>
<tr><td>1</td><td>CW 脉冲
＋CCW 脉冲</td><td>PULS
SIGN</td><td></td><td></td></tr>
<tr><td>3</td><td>指令脉冲
＋指令方向</td><td>PULS
SIGN</td><td>H高电平</td><td>L低电平</td></tr>
<tr><td rowspan="3">1</td><td>0 或 2</td><td>正交脉冲，A、B 两相 90°相差</td><td>PULS
SIGN</td><td>A相
B相
B相脉冲滞后A相90°</td><td>B相脉冲超前A相90°</td></tr>
<tr><td>1</td><td>CW 脉冲
＋CCW 脉冲</td><td>PULS
SIGN</td><td></td><td></td></tr>
<tr><td>3</td><td>指令脉冲
＋指令方向</td><td>PULS
SIGN</td><td>L低电平</td><td>H高电平</td></tr>
</table></td></tr>
<tr><td>42 *</td><td>指令脉冲
输入方式</td><td>P，F</td><td>0～3</td><td>设定此参数值必须在控制电源断电重启之后才能修改、写入成功</td></tr>
<tr><td>43</td><td>指令脉冲
禁止输入
无效设置</td><td>P，F</td><td>0～1</td><td>此参数设为 1，则指令脉冲禁止输入端子（INH，X5 插头第 33 引脚）被屏蔽</td></tr>
</table>

续表

<table>
<tr><th>编号 Pr</th><th>参数名称</th><th>相关模式</th><th>设置范围</th><th>功能与含义</th></tr>
<tr><td>46＊</td><td>反馈脉冲
逻辑取反</td><td>All</td><td>0～3</td><td>可以设置从反馈信号接口（X5 插头，OB＋：第 48 引脚，OB－：第 49 引脚）。
输出的 B 相信号的逻辑电平是否取反以及反馈信号的来源。
用此参数可以设置 B 相信号对于 A 相的相位关系。
<table>
<tr><th colspan="2"></th><th>电机逆时针(CCW)转动</th><th>电机顺时针(CW)转动</th></tr>
<tr><td>Pr46</td><td>A相(OA)</td><td></td><td></td></tr>
<tr><td>0或
2</td><td>B相(OB)
不取反</td><td></td><td></td></tr>
<tr><td>1或
2</td><td>B相(OB)
取反</td><td></td><td></td></tr>
</table>
设定 Pr46 参数值必须在控制电源断电重启之后才能修改、写入成功。
<table>
<tr><th>Pr46</th><th>B 相信号逻辑</th><th>反馈信号来源</th></tr>
<tr><td>0</td><td>不取反</td><td>编码器</td></tr>
<tr><td>1</td><td>取反</td><td>编码器</td></tr>
<tr><td>2＊</td><td>不取反</td><td>外部反馈装置</td></tr>
<tr><td>3＊</td><td>取反</td><td>外部反馈装置</td></tr>
</table>
＊全闭环控制模式下才可以把 Pr46 设为 2 或 3</td></tr>
<tr><td>47＊</td><td>外部反馈
置 Z 相脉冲</td><td>F</td><td>0～32767</td><td>如果反馈脉冲信号来源于外部反馈装置（即 Pr02＝6 且 Pr46＝2 或 3），可用此参数来设置 Z 相脉冲的输出位置，即与 A 相脉冲的相位关系（在 4 倍频处理之前）。
① Pr47＝0：
Z 相信号不输出。
② Pr47＝1～32767：
Z 相信号只有在驱动器控制电源接通后、越过外部反馈装置的绝对 0 位置时与 A 相同步。此后 Z 相信号按本参数设置的 A 相输出脉冲间隔来输出</td></tr>
<tr><td>48</td><td>指令脉冲
分倍频第 1 分子</td><td rowspan="2">P，F</td><td rowspan="2">0～10000</td><td rowspan="4">用来对指令脉冲的频率进行分频或倍频设置。分倍频比率计算公式如下：
$$\frac{\text{分倍频分子（Pr48或Pr49）}\times 2^{\text{分倍频分子倍率（Pr4A）}}}{\text{指令脉冲分倍频分母（Pr4B）}}$$
或
$$\frac{\text{编码器分辨率}}{\text{每转所需指令脉冲数（Pr4B）}}$$
① 如果分子（Pr48 或 Pr49）＝0，则实际分子（$\text{Pr48}\times 2^{\text{Pr4A}}$）计算值等于编码器分辨率，Pr4B 即可设为电机每转一圈所需的指令脉冲数。
② 如果分子（Pr48 或 Pr49）≠0，那么分倍频比率根据上式计算。而每转所需指令脉冲数的计算如下式：
$$\text{每转所需指令脉冲数}=\text{编码器分辨率}\times\frac{\text{Pr4B}}{\text{Pr48（或 Pr49）}\times 2^{\text{Pr4A}}}$$
注：实际分子（$\text{Pr48}\times 2^{\text{Pr4A}}$）计算值的上限是 4194304/（Pr4D 设定值＋1）</td></tr>
<tr><td>49</td><td>指令脉冲
分倍频第 2 分子</td></tr>
<tr><td>4A</td><td>指令脉冲
分倍频
分子倍率</td><td>P，F</td><td>0～17</td></tr>
<tr><td>4B</td><td>指令脉冲
分倍频分母</td><td>P，F</td><td>0～10000</td></tr>
</table>

续表

编号 Pr	参数名称	相关模式	设置范围	功能与含义
4C	平滑滤波器	P，F	0～7	设置插入到脉冲指令后的初级延时滤波器参数。 提高此参数值，可以进一步平滑指令脉冲，但会延迟对脉冲指令的响应。 0：滤波器无效 1～7：滤波器有效
4D	FIR 滤波器	P，F	0～31	可以设置指令脉冲的 FIR 滤波器。 FIR 滤波器用来对指令脉冲微分取平均值，平均值＝Pr4D 值＋1。 设定此参数值必须在控制电源断电重启之后才能修改、写入成功
4E	计数器清零输入方式	P，F	0～2	设置计数器清零信号（CL，X5 插头第 30 引脚）的功能。 0：用电平方式对位置偏差计数器和全闭环偏差计数器清零（CL 与 COM－端子短路至少 100μs） 1：用下降沿清零（开路→100μs 以上的短路） 2：无效，屏蔽此端子的输入
4F	制造商参数			
50	速度指令增益	S，T	10～2000	用来设置电机转速与加到模拟量速度指令/模拟量速度限制输入端子（SPR，X5 插头第 14 引脚）的电压的比例关系。 此参数设定值＝输入 1V 电压时所需电机转速（rpm）
51	速度指令逻辑取反	S	0～1	可以设置输入的模拟量速度指令（SPR，X5 插头第 14 引脚）的逻辑电平。 0：输入“＋”电压指令则逆时针（CCW）旋转 1：输入“＋”电压指令则顺时针（CW）旋转 如果 Pr06＝2［零速箝位（ZEROSPD）选择］，那么这个参数的设置是无效的
52	速度指令零飘调整	S，T	0～2047	用来调整输入的模拟量速度指令/模拟量速度限制（SPR，X5 插头第 14 引脚）的零漂
53	第 1 内部速度	S	0～20000	分别设置内部速度指令的第 1～4 速度。 单位：rpm。 取决于于 Pr73（过速水平）的设定值
54	第 2 内部速度			
55	第 3 内部速度			
56	第 4 内部速度	S，T		
57	速度指令滤波器	S，T	0～6400	设置插入到模拟量速度指令/模拟量速度限制（SPR，X5 插头第 14 引脚）之后的初级延时滤波器的参数。 单位：×10μs
58	加速时间设置	S	0～5000	设置速度控制模式时的加速时间。 此参数设定值＝电机从 0 加速到 1000rpm 所需时间×500
59	减速时间设置	S	0～5000	设置速度控制模式时的加速或减速时间。 此参数设定值＝电机从 1000rpm 减速到 0 所需时间×500
5A	S 形加减速时间设置	S	0～500	设置速度控制模式时的 S 形加减速时间。 单位：×2ms
5B	转矩指令选择	T	0～1	选择输入模拟量转矩指令或者模拟量速度限制。 <table><tr><th>Pr5B</th><th>转矩指令</th><th>速度限制</th></tr><tr><td>0</td><td>SPR/TRQR/SPL</td><td>Pr56</td></tr><tr><td>1</td><td>CCWTL/TRQR</td><td>SPR/TRQR/SPL</td></tr></table>
5C	转矩指令增益	T	10～100	设置电机转矩与加到模拟量转矩指令输入端子（SPR/TRQR，X5 插头第 14 引脚或 CCWTL/TRQR，第 16 引脚）的电压的比例关系。 单位：×0.1V/100％

续表

<table>
<tr><th>编号 Pr</th><th>参数名称</th><th>相关模式</th><th>设置范围</th><th>功能与含义</th></tr>
<tr><td>5D</td><td>转矩指令逻辑取反</td><td>T</td><td>0～1</td><td>设置输入的模拟量转矩指令（X5 插头第 14 引脚或 16 引脚的逻辑电平）。
0：输入“＋”电压指令则有逆时针（CCW）方向的转矩输出
1：输入“＋”电压指令则有顺时针（CW）方向的转矩输出</td></tr>
<tr><td>5E</td><td>第 1 转矩限制</td><td rowspan="2">All</td><td rowspan="2">0～500</td><td rowspan="2">设置电机输出转矩的第 1 或第 2 限制值。
单位：%。
转矩限制的选择请参考 Pr03（转矩限制选择）的说明。</td></tr>
<tr><td>5F</td><td>第 2 转矩限制</td></tr>
<tr><td>60</td><td>定位完成范围</td><td>P，F</td><td>0～32767</td><td>可以设置定位完成的范围，即允许的脉冲个数。
如果位置偏差脉冲数小于此设定值，定位完成该位置控制模式是编码器的反馈脉冲数。
全闭环控制模式是外部反馈装置的反馈脉冲</td></tr>
<tr><td>61</td><td>零速</td><td>All</td><td>10～20000</td><td>可以设置零速检测信号（ZSP，X5 插头第 12 引脚，或 TLC，第 40 引脚）的检测阀值。单位：rpm。
如果检测的是速度一致性，那么要根据速度指令来设置合适的速度。
注：零速检测与速度一致性检测之间存在 10rpm 的迟滞</td></tr>
<tr><td>62</td><td>到达速度</td><td>S，T</td><td>10～20000</td><td>可以设置速度到达信号（COIN＋，X5 插头第 39 引脚，COIN－，第 38 引脚）的检测阀值。单位：rpm。
注：到达速度的检测存在 10rpm 的迟滞</td></tr>
<tr><td>63</td><td>定位完成信号输出设置</td><td>P，F</td><td>0～3</td><td>可以设置定位完成信号（COIN）的输出条件。
<table><tr><th>Pr63</th><th>COIN 输出条件</th></tr><tr><td>0</td><td>如果位置偏差脉冲数在定位完成范围之内，则 COIN 信号有输出（ON）</td></tr><tr><td>1</td><td>如果没有位置指令，且位置偏差脉冲数在定位完成范围之内，则 COIN 信号有输出</td></tr><tr><td>2</td><td>如果没有位置指令，零速检测信号有输出（ON），并且位置偏差脉冲数减少到定位完成范围之内，则 COIN 信号有输出</td></tr><tr><td>3</td><td>如果没有位置指令，并且位置偏差脉冲数减少到定位完成范围之内，则 COIN 信号有输出，此后（有输出后），COIN 在下一个指令到达之前一直保持有输出（ON）</td></tr></table></td></tr>
<tr><td>65</td><td>主电源关断时欠电压报警时序</td><td>All</td><td>0～1</td><td>可以设置在伺服使能状态中从主电源关断开始、由 Pr6D（主电源关断检测时间）设定的那一段检测时间里的时序。
0：对应于 Pr67（主电源关断时报警时序），伺服关断（SRV－ON 信号断开）
1：主电源欠电压报警（Err13）发生时伺服跳闸
如果 Pr6D＝1000，则此参数被屏蔽。
如果由于 Pr6D 设得太大，导致在检测到主电源关断之前主电源逆变器上 P-N 间相电压就已跌落至规定值之下，那么就会出现一个电压故障（Err13）</td></tr>
</table>

续表

<table>
<tr><th>编号 Pr</th><th>参数名称</th><th>相关模式</th><th>设置范围</th><th>功能与含义</th></tr>
<tr><td>66 *</td><td>行程限位时顺序设置</td><td>All</td><td>0～2</td><td>设置行程限位信号（CWL，X5 插头第 8 引脚；CCWL，X5 第 9 引脚）有效之后电机减速过程中及停止的驱动条件。
<table>
<tr><th colspan="2">Pr66</th><th>减速过程中</th><th>电机停转后</th><th>偏差计数器内容</th></tr>
<tr><td colspan="2">0</td><td>DB</td><td>驱动禁止发生限位报警方向的转矩指令＝0</td><td>保持</td></tr>
<tr><td colspan="2">1</td><td>驱动禁止方向的转矩指令＝0</td><td>驱动禁止方向的转矩指令＝0</td><td>保持</td></tr>
<tr><td rowspan="2">2</td><td>控制模式 P，F</td><td>伺服锁定（位置指令＝0</td><td>驱动禁止方向的位置指令＝0</td><td>减速前或后即清零</td></tr>
<tr><td>S，T</td><td>零速箝位（速度指令＝0）（减速时间＝0）</td><td>驱动禁止方向的速度指令＝0</td><td>减速前或后即清零</td></tr>
</table>
（DB：动态制动器动作）
如果 Pr66＝2，减速过程中的转矩限制就是 Pr6E 的设定值。
设定此参数值必须在控制电源断电重启之后才能修改、写入成功</td></tr>
<tr><td>*6C *</td><td>外接制动电阻设置</td><td>All</td><td>0～3</td><td>对制动电阻及其过载保护（Err18）功能进行设置。
<table>
<tr><th>设定值</th><th>保护功能</th></tr>
<tr><td>0</td><td>只用内置制动电阻，并对其启用保护功能</td></tr>
<tr><td>1</td><td>若制动电阻操作限制值超过 10%，则过载报警 Err18 发生后伺服跳闸，用外置电阻时设置</td></tr>
<tr><td>2</td><td>不启用保护功能，用外置电阻时设置</td></tr>
<tr><td>3</td><td>不用制动电阻电路，完全依靠内置电容放电</td></tr>
</table></td></tr>
<tr><td>6D *</td><td>主电源关断检测时间</td><td>All</td><td>35～1000</td><td>设置从主电源关断到主电源检测功能启动的延迟时间。
单位：×2ms。
如果设为 1000，则取消断电检测功能。
设定此参数值必须在控制电源断电重启之后才能修改、写入成功</td></tr>
<tr><td>6E</td><td>紧停时转矩设置 0～3</td><td>All</td><td>0～500</td><td>对以下情况的转矩限制值进行设置：
① 若 Pr66＝2，行程限位时的减速过程
② 若 Pr67＝8 或 9，减速过程
③ 若 Pr69＝8 或 9，减速过程
如果此参数设为 0，就是使用通常的转矩限制</td></tr>
<tr><td>6F</td><td>制造商参数</td><td></td><td></td><td></td></tr>
<tr><td>70</td><td>位置偏差过大水平</td><td>P，F</td><td>0～32767</td><td>设置位置偏差脉冲数过大的检测范围。
单位：×256×编码器分辨率。
位置控制模式是编码器的反馈脉冲数。
全闭环控制模式是外部反馈装置的反馈脉冲。
如果此参数设为 0，则位置偏差过大检测功能被取消</td></tr>
<tr><td>71</td><td>模拟量指令过大水平</td><td>S，T</td><td>0～100</td><td>用来设置输入的模拟量速度指令或转矩指令（SPR，X5 插头第 14 引脚）在零漂补偿后检测电压是否过高的判断水平。
单位：×0.1V。
如果此参数设为 0，则模拟量指令过大检测功能被取消</td></tr>
</table>

续表

编号 Pr	参数名称	相关模式	设置范围	功能与含义
72	过载水平	All	0～500	可以设置电机的过载水平。单位：%。 如果设为 0，则过载水平即为 115%。通常请设为 0。 此参数值最高可设为电机额定转矩的 115%。 如果需要较低的过载水平，请预先设置此参数
73	过速水平	All	0～20000	设置电机的过速水平。单位：rpm。 如果设为 0，则过速水平即为电机最高速度×1.2。通常请设为 0。 此参数值最高可设为电机最高转速的 1.2 倍。 注：7 线制绝对式编码器的检测误差为±3rpm； 5 线制增量式编码器时是±36rpm
74	第 5 内部速度	S	－20000～20000	分别设置内部速度指令的第 5～8 速度。 单位：rpm。 取决于 Pr73（过速水平）的设定值
75	第 6 内部速度			
76	第 7 内部速度			
77	第 8 内部速度			
78 *	外部反馈脉冲分倍频分子	F	0～32767	设置全闭环控制模式时编码器与外部反馈装置分辨率之比率（分倍频比率）。 编码器分辨率 Pr78×2Pr79 外部反馈装置分辨率＝Pr7A Pr78＝0：分子即等于编码器分辨率，Pr7A 即可设为外部反馈装置的分辨率； Pr78≠0：根据上式设置外部反馈装置每转分辨率。 注： · 分辨率：电机转一圈对应的脉冲数。 · 实际分子（Pr78×2Pr79） 计算出来的上限是 131072。 超过此值的计算结果是无效的，并自动以上限值替代。 · 请在伺服 OFF 状态下修改此参数
79 *	外部反馈脉冲分倍频分子倍频	F	0～17	
7A *	外部反馈脉冲分倍频分母	F	1～32767	
7B *	混合控制偏差过大水平	F	1～10000	可以设置全闭环控制模式中分别由电机编码器与外部反馈装置检测出的位置的容许偏差。 单位：×16×外部反馈装置的分辨率。.
7C *	外部反馈脉冲方向设置	F	0～1	设置外部反馈装置的绝对式数据的逻辑。 0：当检测的数据头正向运动（计数器数据＋向变化）时串行数据增大 1：当检测的数据头负向运动（计数器数据－向变化）时串行数据减小
7D	制造商参数			
7E	制造商参数			
7F	制造商参数			

注：1. 号码带 * 之参数，其设定值必须在控制电源断电重启之后才能修改成功。

2. 号码标有 RT 之参数，其设定值在执行实时自动增益调整时自动的修改。如果手动设置其数值，请先将 Pr21（实时自动增益调整设置）设为“0”，即取消实时自动调整功能，再输入新的数值。

3. All 表示全部的控制模式。

参 考 文 献

唐修波．变频技术及应用．北京：中国劳动社会保障出版社，2006.